前沿信息技术的安全与应用丛书

卫星互联网安全概论

张小松 等 著

科学出版社

北京

内 容 简 介

本书作为国内第一部系统介绍卫星互联网安全的专著，聚焦于卫星互联网安全威胁的全面分析和防范技术的系统讨论，从理论、技术、架构、验证方面对卫星互联网安全进行系统梳理和阐述。

本书既可作为高等院校网络空间安全、通信信息工程等专业高年级本科生、研究生的参考教材，也可作为卫星互联网安全研究和设计人员的参考资料。

图书在版编目（CIP）数据

卫星互联网安全概论 / 张小松等著. —北京：科学出版社，2023.5
（前沿信息技术的安全与应用丛书）
ISBN 978-7-03-073923-0

Ⅰ. ①卫… Ⅱ. ①张… Ⅲ. ①卫星－互联网络－安全技术－研究
Ⅳ. ①TN927

中国版本图书馆 CIP 数据核字（2022）第 223055 号

责任编辑：张海娜　纪四稳 / 责任校对：王萌萌
责任印制：赵　博 / 封面设计：无极书装

科学出版社 出版
北京东黄城根北街 16 号
邮政编码：100717
http://www.sciencep.com

中煤（北京）印务有限公司印刷
科学出版社发行　各地新华书店经销

＊

2023 年 5 月第 一 版　　开本：720 × 1000　B5
2025 年 5 月第三次印刷　　印张：22
字数：433 000
定价：150.00 元
（如有印装质量问题，我社负责调换）

序 一

作为 21 世纪一类前沿信息技术与系统的基础设施，卫星互联网已引起世人极大的关注，世界科技强国正积极投入研制与建设。卫星互联网由于其信号覆盖广、灵活度高、通信距离远、偏远地区通信成本低等优势，必将成为传统地基互联网的有力补充。相较于传统的地基互联网，卫星互联网系统复杂、空中信道开放、网络结构动态变化、应用与部署环境更加复杂，任何一个微小的失误，都可能带来无法挽回的后果。由于突破了地基互联网接入的边界控制手段和传输区域限制，系统异构层次丰富，系统自身不仅仅面临传统的网络安全威胁，而且面临其他的未知威胁，这种叠加产生的安全隐患更大，这些安全威胁涵盖卫星星座空间段、地面段以及用户端，甚至横跨多个卫星、基站、终端与供应链。网络安全威胁更为广泛，也更为隐蔽，可以说网络安全问题伴随着卫星互联网系统的设计、生产、发射、运维全生命周期。因此，全面分析论证卫星互联网的安全威胁，研究并提出针对各类威胁的应对技术思路和方法，已成为迫在眉睫的问题。

《卫星互联网安全概论》正是在上述背景下撰写的一部系统性的学术专著。该书从跨学科的"大"安全角度，阐述了卫星互联网系统相关的背景、理论与技术原理，并将卫星互联网面临的各种安全威胁进行总体归类，分别从物理层、通信链路层、计算机系统层、网络层、数据业务层这五大层次上，阐明了构建卫星互联网安全威胁模型所面临的问题。书中从信号、链路、网络、数据多方面详细剖析了卫星互联网的安全威胁及对应的安全防御技术，包括信号层级的干扰、欺骗、窃听及对应的防御技术，链路层级的无线接入及通信链路协议安全机制，网络层级的节点异常检测机制，数据层级的轻量级数据加密技术等；同时介绍了当下卫星互联网的仿真验证技术与平台；最后基于主动网络安全的理念提出了卫星互联网靶场架构。该书作者张小松教授等在网络空间安全领域进行了二十余年的探索与实践，对卫星互联网安全技术有全面且深入的思考。相信该书的出版对我国卫星星座系统与卫星通信的安全体制的设计工作会有有益的启示并产生积极的作用。

郭桂蓉

中国工程院院士

2023 年 3 月 13 日

序 二

卫星互联网包含天基、地基和终端等昂贵复杂的资产和基础设施，其设计、制造、发射和运维等越来越依赖于网络应用和软件服务，是网络空间向天地一体化方向的发展。随着网络技术的发展，攻击卫星系统的技术成本和经济成本都在不断降低，借助于价格低廉的通用地面硬件设施及网络攻击工具，入侵卫星互联网接入系统、应用系统，拦截卫星通信，嗅探、干扰、控制与破坏卫星互联网的运行，逐步成为黑客的一种常用攻击手段。

2022 年 2 月俄乌冲突爆发后，其外溢效应扩散到了卫星层面。2022 年 3 月 2 日，一个隶属于 Anonymous 的黑客组织"NB65"宣布关闭了俄罗斯航天局的控制中心。法国电信运营商 Orange 旗下公司 Nordnet 宣布其供应商 ViaSat 由于出现了网络安全事件，卫星服务部分中断，导致近 9000 名用户无法正常上网。这类安全事件，给国家太空资产带来了潜在威胁和风险，可能引发严重的太空卫星交通事故、卫星控制权丧失、卫星通信中断和产生太空垃圾等，必须引起高度的重视。

在卫星互联网项目建设过程中，无论是星间、星地还是地面用户的互联网信息传输服务，都离不开计算机软硬件系统和网络技术的支撑，使得以往针对计算机网络的安全威胁，包括漏洞利用、服务嗅探、网络劫持、注入攻击、恶意程序、拒绝服务等，同样延伸到了卫星互联网，将带来系统崩溃、信号中断、越权认证、数据窃取等严重问题，因此，需要系统研究卫星互联网面临的各种威胁以及相应防御方法，保障卫星互联网系统的安全运行。

《卫星互联网安全概论》一书重点关注卫星互联网技术安全，基于以往的卫星安全事件统计分析，描述卫星互联网在物理链路、应用系统等五个方面面临的严重安全威胁，进而从接入层、终端层、业务层、数据层等四个层面构建了卫星互联网安全机制。结合人工智能等新技术的发展，对智能化漏洞挖掘、网络流量检测、区块链天基节点路由抗毁等关键技术进行了详细的描述。该书提出通过建设卫星互联网靶场，对卫星互联网安全技术进行有效的仿真验证，并从主动网络安全的视角提出了建立卫星互联网威胁遏制体系，以应对未来贯穿天基、地基和终端的多点多模态组织性协同攻击。

　　该书的出版对于卫星互联网安全技术的科研和教学人员有积极的参考价值,可为我国卫星互联网技术安全机制的设计与实现提供有益的借鉴意义。

中国工程院院士

2023 年 3 月 10 日

序 三

2022 年俄乌冲突中，美国 SpaceX 公司的星链（Starlink）充分表现出其在军事上的用途和优势。乌克兰依靠星链卫星互联网快速恢复网络通信，在很短时间内迅速建立起高效的战场态势感知和作战指挥能力。同时公开资料显示，美军的多种武器与星链进行了系统整合，如美军 C-12 运输机上成功对接了星链 610Mbit/s 的网络服务，美军 F-35 战斗机成功与星链完成整合等。毫无疑问，星链为快速灵活构成作战体系提供了良好的服务。

我国的低轨卫星互联网建设起步较晚。2020 年，我国正式明确新基建的概念范围，其中信息基础设施部分主要包括以 5G、物联网、工业互联网、卫星互联网为代表的通信网络基础设施。但是按照国际电信联盟的规定，覆盖我国的任何境外卫星均具有在我国境内开展卫星互联网业务的技术能力，其卫星通信链路不受我国监管。目前星链、OneWeb 等境外卫星星座网络已经成功部署应用，对我国国家安全和网络主权形成严峻挑战。

《卫星互联网安全概论》一书作者张小松教授及其团队从事计算机网络安全研究已有二十多年，获得了包括国家科技进步奖一等奖在内的诸多成果，为我国网络安全做出了重要贡献。该书系统地介绍了卫星互联网在物理层、通信链路层、计算机系统层、网络层和数据业务层存在的安全威胁，提出主动安全的卫星互联网威胁遏制体系，内容丰富实用。相信该书的出版对我国从事卫星互联网建设与安全的科技工作者和高校师生，具有积极的参考和借鉴意义。

费爱国

中国工程院院士

2023 年 3 月 28 日

序 四

20 世纪 70 年代初，卫星通信已经进入实用阶段，凭借其信号覆盖范围广、系统灾难容忍强、接入灵活度高等独特优势，受到各国的高度重视，国际海事卫星系统的第一代海事卫星正式投入营运，在为全球船舶提供可靠的搜救保障通信服务方面发挥了不可替代的作用。半个多世纪过去，海事卫星系统已发展至第五代，其业务也从最初仅为海洋船舶提供全球海事卫星通信服务，发展到为全球提供可用高速移动宽带服务，卫星通信技术向着高速宽带互联的方向迅速发展。2015年 SpaceX 公司发起的星链商业星座项目，是高通量、低时延与低成本的卫星互联网服务进入民用领域的一个里程碑，不高于 50 万美元的单颗卫星制造成本、一箭 140 多颗卫星的发射能力以及高达 11 次的运载火箭回收重复使用技术，使该项目无可争议地成为全球在建规模最大、建设速度最快的卫星宽带互联网项目。与传统的地基互联网相比，卫星互联网突破了地面互联网接入的边界控制手段和传输区域限制，系统结构更加复杂，技术难度更高，自身面临的各种安全威胁更大，横跨空间段的卫星、地面段的基站、用户段的终端、设计制造的供应链，纵跨电磁干扰等物理安全、窃听与劫持等链路安全、病毒木马等网络安全、备份加密等数据安全、社会工程多个方面，同时，卫星互联网的部署也从政治、经济、军事等方面给国家安全带来严峻的挑战。系统、全面地分析研判卫星互联网的安全威胁，研究并提出针对性的威胁应对技术思路和方法，已迫在眉睫。

《卫星互联网安全概论》一书正是在这一背景下应运而出。该书站在系统的视角，以卫星互联网安全相关的理论与技术为基础，从物理层、通信链路层、计算机系统层、网络层和数据业务层等角度，全面分析和介绍了卫星互联网面临的各种威胁，探讨了卫星互联网靶场概念和设计方案，并基于主动网络安全的理念，提出了卫星互联网威胁的遏制体系。该书作者张小松教授及其团队深耕网络空间安全领域多年，有其独特的科学视野和对当代卫星网络安全技术发展的判断。相信该书的出版，对我国卫星互联网的战略规划以及我国星座系统的安全体制设计，均具有积极的借鉴意义。

吴佑仁

中国工程院院士

2023 年 3 月 11 日

前　言

作为新兴的战略型信息基础设施，卫星互联网已经成为全球主要国家关注和重点投资建设的热点，其重大的经济、政治、军事意义在大国博弈的争端中已经凸现。国外以星链、OneWeb 等为代表的低轨巨型卫星星座项目已投入实际运营，还在规划建设新一代"千星星座"乃至"万星星座"的卫星互联网低轨星座项目。我国的卫星互联网工程也在紧锣密鼓地规划和实施中。然而，任何信息系统的设计、建设和运维都离不开安全这一话题，尤其对复杂性远高于地面互联网的卫星互联网，其面临着来自天基、地基的自然环境以及软硬件脆弱性、产业链缺陷和运维管理漏洞等多种威胁，传统应对地面计算机系统和网络威胁的方法及技术已不足以应对卫星互联网的安全威胁，有必要从理论、技术、架构、验证等方面对卫星互联网安全进行系统性的梳理和阐述。

基于作者 20 多年在计算机系统和网络安全领域的研究，本书聚焦于卫星互联网安全威胁的全面分析和防护技术的系统讨论。全书共 6 章，第 1 章从卫星通信、卫星网络、卫星互联网三个递进层次对卫星互联网的基本原理及发展情况进行概要性介绍。第 2 章以卫星安全事故的统计分析为依据，从物理层、通信链路层、计算机系统层、网络层和数据业务层五个层面对卫星互联网面临的各种安全威胁进行系统分类，并简要介绍掌握卫星互联网安全需要的相关基础理论与技术，如信道编码理论、轻量级密码算法等。第 3 章和第 4 章从信号、链路、网络、数据四个层面对卫星互联网的安全技术进行深入的介绍和讨论。第 5 章从仿真验证的角度探讨卫星互联网靶场的设计方案和部分技术细节，介绍当前主流的卫星仿真验证工具。第 6 章基于主动网络安全的理念，提出卫星互联网威胁的遏制体系，讨论其中的关键要素和实现技术，最后介绍基于区块链技术的卫星互联网天基节点路由抗毁及安全组网方案。

本书由电子科技大学网络空间安全学院张小松教授组织架构和统稿，杨解清、何俊鹏、朱宇坤、许峰华、陈瑞东参与了相关章节的撰写工作。李雄、汪小芬、赵志为参与了本书相关章节的审稿工作，何映江、肖森中绘制了本书大部分图片，在此对他们的付出表示衷心感谢。

限于作者水平，书中难免存在疏漏或不足之处，欢迎广大读者批评指正。

目　　录

第1章 卫星互联网概述

2019 年，SpaceX 公司星链（Starlink）低轨卫星的批量成功发射和组网，使"卫星互联网"这一新兴技术迅速引起了公众广泛的关注，成为众多商业资本追逐的热土和全球新一轮空间竞争的焦点。从技术和功能的角度来看，卫星互联网是以卫星通信为基础的新型空间网络信息基础设施，通过一定数量的人造地球卫星形成卫星星座（satellite constellation），融合地面网络基础设施，构建起覆盖全球的高速宽带互联网接入服务。卫星互联网包含卫星所组成的天基部分、地面站与用户段，地面站会与互联网进行交互，其总体示意图如图 1-1 所示。与传统卫星网络通信服务相比，卫星互联网具有覆盖范围广、传输时延低、使用成本低、灾难容忍能力强、接入灵活性高等特点，已经从原来地面通信的重要补充、备份和延伸角色，发展成为未来新一代互联网基础设施的主流技术之一。在讨论卫星互联网安全之前，本章首先系统介绍与卫星互联网相关的卫星通信、卫星网络的概念、模型和技术，以及国内外卫星互联网技术和产业的发展现状。

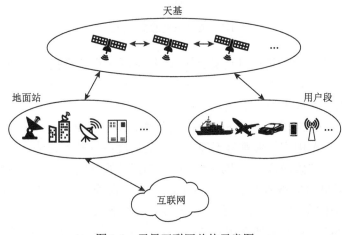

图 1-1　卫星互联网总体示意图

1.1　卫　星　通　信

1.1.1　卫星通信概述

卫星通信（satellite communication，SATCOM）是利用人造地球卫星作为中继站来转发无线电波,从而实现多个地球站、航天器、空间站之间的单向或双向通信的技术。典型的卫星通信由卫星、地面站、地面站与卫星之间的上行链路和下行链路、卫星控制站构成,如图 1-2 所示。

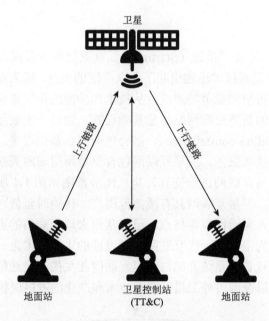

卫星

上行链路

下行链路

地面站　　　　卫星控制站　　　　地面站
　　　　　　　(TT&C)

图 1-2　典型卫星通信示意图

卫星通信的概念最早可以追溯到 1945 年阿瑟·克拉克提出的静止卫星通信设想,此后以苏联和美国为主导,全球卫星通信进入了密集试验阶段,1965 年,美国成功发射地球同步静止卫星"晨鸟"(Early Bird),标志着卫星通信进入实用阶段。在过去的 50 多年时间里,卫星通信作为地面通信的重要补充、备份和延伸,凭借其覆盖范围广、灾难容忍能力强、灵活度高等独特优势,在偏远地区通信、航海通信、应急通信、军事通信、科考勘探等领域发挥了不可替代的作用。

国际上卫星通信技术发展起步较早,美国一直处于领先水平,欧洲紧随其后。1958 年美国发射了世界上第一颗通信卫星"斯科尔号";2011 年美国发射了容量达 140Gbit/s 的高通量卫星 ViaSat-1;2017 年美国进一步发射容量高达 300Gbit/s 的 ViaSat-2,它是世界上容量最大的卫星;而目前正在研制中的 ViaSat-3 星座,每颗卫星甚至有望提供 1000Gbit/s 的容量。欧洲方面,全球固定通信卫星运营按业务收入规模排名,欧洲卫星公司(Ses Global,SES)与 Eutelsat 两家通信卫星公司分列第一和第三,截至 2022 年底,SES 拥有 66 颗通信卫星,Eutelsat 则拥有 39 颗通信卫星。

我国的卫星通信技术发展起步相对较晚,但是发展速度很快。1984 年,我国第一颗通信卫星"东方红二号"发射升空，1997 年"东方红三号"通信卫星的成功发射标志着我国卫星通信进入了商业运营时代。2016 年我国第一颗移动通信卫星"天通一号"成功发射，2017 年我国第一颗 Ka 频段的高通量卫星"实践十三号（中星 16）"成功发射。然而，与国外的高通量卫星相比，我国通信卫星在平台性能和载荷上仍有明显差距，目前在轨的"实践十三号"总容量仅为 20Gbit/s，远低于欧美高通量卫星平均 100Gbit/s 的主流水平，即使 2020 年 7 月我国发射的"亚太 6D"卫星容量达到了 50Gbit/s，是"实践十三号"的 2.5 倍，但仍与西方高通量卫星有很大差距，而美国即将发射的 ViaSat-3 高达 1000Gbit/s 的容量还将与"亚太 6D"拉开更大的差距。可见，我国通信卫星技术的发展还任重道远。

1.1.2　卫星通信原理

1. 卫星及分类

卫星通信的核心是人造地球卫星，一直在太空围绕地球运行，其轨道为圆形或椭圆，卫星轨道平面与地球赤道平面的夹角称为轨道倾角 φ，是确定卫星轨道空间位置的一个重要参数。由于卫星和地球、太阳之间复杂的相对运动，要想随时确定卫星轨道的空间位置，除应知半长轴、半短轴和轨道倾角参数，还需要了解升交点赤经和近地点幅角两个参数。整体的地心赤道坐标系如图 1-3 所示。

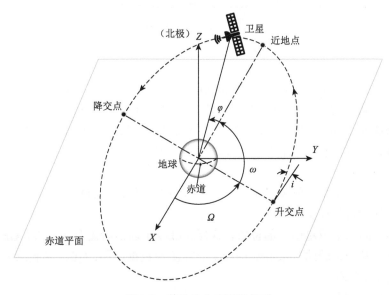

图 1-3　整体地心赤道坐标系

人造地球卫星绕地球运行，当它从地球南半球向北半球运行时，穿过地球赤道平面的那一点称为升交点。升交点赤经（Ω）是从春分点到地心的连线与从升交点到地心的连线的夹角。近地点幅角（ω）是从升交点到地心的连线与从近地点到地心的连线的夹角。

半长轴（a）、偏心率（e）、轨道倾角（φ）、升交点赤经（Ω）和近地点幅角（ω）称为卫星轨道的五要素（或根数）。要知道卫星的瞬时位置，还必须测量它过近地点的时间（t_p），上述参数合称为卫星轨道的六要素。

卫星根据轨道高度可分为四类，分别为地球同步轨道（geostationary Earth orbit，GEO）卫星、低地球轨道（low Earth orbit，LEO）卫星、中地球轨道（medium Earth orbit，MEO）卫星，以及高椭圆轨道（highly elliptical orbit，HEO）卫星，这四种卫星工作的轨道如图1-4所示[1]。由于工作轨道高度不同，各类卫星也有着各自不同的特点与功能。

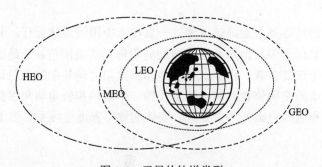

图1-4　卫星的轨道类型

1）GEO卫星

GEO卫星工作轨道高度为35786km，如图1-5所示，该类卫星由于在GEO上运行，其轨道周期等于地球的自转周期，这意味着该种卫星能够24h为某个特定区域提供服务。此外，该种类卫星具有较高的高度，单个卫星具有较广的服务范围，但同时也具有传输时延长的缺点，因此GEO卫星不适合提供时延敏感的服务。

一部分通信卫星、气象卫星与导航卫星目前工作在GEO上。对于GEO通信卫星，与地球自转保持同步意味着终端的卫星天线不必旋转来跟踪它们，而是可以固定地指向通信卫星所在的位置，这样就减少了通信所需的成本。GEO气象卫星能够对某一区域的气象参数进行实时监测和数据收集，GEO导航卫星的精度可以达到1m左右。

2）LEO卫星

LEO卫星工作轨道高度为500～1500km，部分LEO卫星工作轨道甚至会低于

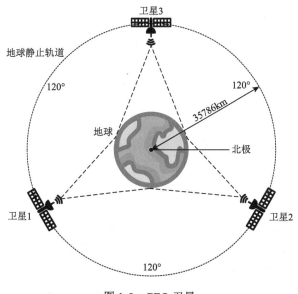

图 1-5　GEO 卫星

500km。LEO 卫星轨道高度低，信号具有更低的衰减与传输时延，因此可以提供高带宽、低时延的通信服务；LEO 卫星距离地球较近，因此单个卫星的信号覆盖范围比较小，但是可以通过构建大型卫星星座来解决这个问题。相比于其他轨道卫星，LEO 卫星需要的发射能耗最低，这意味着 LEO 卫星更便于部署和维护。同样，LEO 卫星也受到轨道衰减的影响，需要定期重新升轨以保持稳定的轨道，当卫星上储备的能源消耗殆尽时，为避免发生太空碰撞并产生太空垃圾，需要以合适的方式进行卫星脱轨操作。

　　LEO 卫星非常适用于提供电话通信与互联网服务，目前的载人空间站都在 LEO 上运行，在轨的国际空间站就处于轨道高度约 400km 的 LEO 上。

　　3）MEO 卫星

　　MEO 卫星工作轨道高度在 2000～35786km。MEO 卫星通常 2～8h 绕地球运行一周，但有些可能需要长达 24h 才能绕地球运行一周。MEO 卫星的特点介于 GEO 卫星与 LEO 卫星之间，此类卫星具有比 LEO 卫星更大的覆盖范围，具有比 GEO 卫星更高的带宽和更低的信号衰减与传输时延。

　　在应用上，MEO 卫星可以实现电话、导航等服务。此外，由于 MEO 卫星位于 LEO 卫星与 GEO 卫星之间，MEO 卫星还可以为这两种卫星提供中继传输与回程服务。

　　4）HEO 卫星

　　HEO 是一种具有近地点和远地点的椭圆轨道，HEO 卫星在远地点附近区域的运行速度较慢，此时卫星轨道高度大于 35786km，并且它的运行速度低于地球的自转速度，HEO 卫星在近地点的运行速度会很快，所以卫星到达和离开远地点的过程会很长，而经过近地点的过程则极短。

HEO 卫星信号可覆盖地球上的任何一点，包括高纬度和极地地区，俄罗斯等国家大量使用 HEO 卫星以实现对极地和近极地区的信号覆盖。

2. 卫星通信的频段和服务

卫星通信的信号频段分配是一个复杂的过程，这是因为电磁频谱的无线电频率部分虽然覆盖了很大的频率范围，但只有一部分适合于卫星通信。在 100MHz 以下，电离层会引起高度衰减。此外，300MHz～1GHz 的频谱由于地面应用非常拥挤，可能出现不同应用之间的干扰。

卫星通信的频段选择需要在几个限制条件之间权衡。一般情况下，频段越低，传播距离越远，频段越高，传播带宽越大。对于某些应用，如移动卫星服务（mobile satellite service，MSS），传播距离至关重要而服务所需的带宽相对较小，所以通常使用较低的频段。其他应用，如直接入户（direct to home，DTH）广播和宽带数据服务，由于需要大的带宽，只能使用更高的频段。高频具有方向性，使用定向天线可避免相同频率链路之间的干扰。卫星通信中使用到的频段如表 1-1 所示。

表 1-1　频段名称

名称	符号	频率	频段	波长	传播特性	主要用途
甚低频	VLF	3～30kHz	超长波	100～10km	空间波为主	海岸潜艇通信；远距离通信；超远距离导航
低频	LF	30～300kHz	长波	10～1km	地波为主	越洋通信；中距离通信；地下岩层通信；远距离导航
中频	MF	0.3～3MHz	中波	1km～100m	地波与天波	船用通信；业余无线电通信；移动通信；中距离导航
高频	HF	3～30MHz	短波	100～10m	天波与地波	远距离短波通信；国际定点通信
甚高频	VHF	30～300MHz	米波	10～1m	空间波	电离层散射通信（30～60MHz）；流层余迹通信；人造电离层通信（30～144MHz）；对空间飞行体通信；移动通信；电视广播
超高频	SHF	0.3～3GHz	分米波	1～0.1m	空间波	中继通信（352～420MHz）；对流层散射通信（700～1000MHz）；中容量微波通信（1700～2400MHz）
特高频	UHF	3～30GHz	厘米波	10～1cm	空间波	空间波大容量微波中继通信（3600～4200MHz）；大容量微波中继通信（5850～8500MHz）；数字通信；卫星通信；国际海事卫星通信（部分在4000～6000MHz）
极高频	EHF	30～300GHz	毫米波	10～1mm	空间波	空间波再入大气层时的通信；波导通信

根据表 1-1，卫星通信常用的各频段名称与对应的频率如下。

L 频段：1～2GHz。

S 频段：2～4GHz。

C 频段：4～8GHz。

X 频段：8～12GHz。

Ku 频段：12～18GHz。

K 频段：18～27GHz。

Ka 频段：27～40GHz。

Q 频段：40～60GHz。

V 频段：60～75GHz。

W 频段：75～110GHz。

毫米频段：110～300GHz。

大多数卫星通信系统在信号频谱的 C、X、Ku 或 Ka 频段工作。这些频段既支持带宽通信，又避开了拥挤的特高频（ultra high frequency，UHF）频段，还低于雨衰较严重的极高频（extreme high frequency，EHF）频段。例如，卫星电视一般在固定卫星服务的 C 频段运行，或在直播卫星的 Ku 频段运行。军事通信则主要在 X 或 Ku 频段链路运行，Ka 频段则越来越多被用于甚小口径天线终端（very small aperture terminal，VSAT）通信和美国空军的军事战略与战术中继系统 Milstar。

卫星通信的频谱由联合国组织国际电信联盟（International Telecommunication Union，ITU）分配和管理，规划为三个区域：1 区包括欧洲、非洲和蒙古国，2 区为南、北美洲和格陵兰岛，3 区则是部分亚洲地区、澳大利亚和西南太平洋。

ITU 同时还发布了无线电规则（radio regulation，RR），其中涉及了以下类型的卫星服务。

（1）使用固定地面终端的卫星服务，简称固定卫星服务（fixed satellite service，FSS），即地面站不经常改变位置的所有卫星服务，包括点对点通信服务、企业网络服务、VSAT 服务以及使用期间保持固定的可移动终端，如卫星新闻采集（satellite news gathering，SNG）终端服务等。

（2）使用便携式地面终端的卫星服务，也就是 MSS。MSS 主要用于电话通信，其终端可以安装在船舶、飞机或车辆上，或者像便携式卫星电话一样，可以由人携带。移动卫星服务的主要供应商是国际海事卫星组织。MSS 分为三大类，分别是海上移动卫星服务（maritime MSS，MMSS）、航空移动卫星服务（aeronautical MSS，AMSS）以及陆地移动卫星服务（land MSS，LMSS）。

（3）广播卫星服务（broadcasting satellite service，BSS），本质上是一种固定卫星服务，用来直接向消费者提供实时广播，如足球比赛等体育赛事转播，以及音频和视频娱乐服务等，包括：

①卫星电视服务（broadcasting satellite service-television，BSS-TV），向消费者提供传统电视信号。

②高清卫星电视服务（BSS-HDTV），向消费者提供高清电视信号。

③高品质卫星音频服务（BSS-sound），为固定和移动消费终端提供高质量的音频信号，也称为卫星数字音频无线电服务（satellite digital audio radio service，SDARS）。

（4）其他服务，包括：

①空间运营服务（space operation service，SOS），涉及航天器操作的无线电通信服务，包括跟踪、遥测和指挥等。

②气象卫星服务（meterological satellite service，MeSS），用于提供云层覆盖和温度的可见光与红外线昼夜图像。

③业余卫星服务（amateur satellite service，ASS），用于业余无线电爱好者通信。

④地球探测卫星服务（Earth exploration satellite service，EESS），用于探测地球特性及其自然现象。

⑤无线电测定卫星服务（radio determination satellite service，RDSS），用于无线电定位。

⑥无线电导航卫星服务（radio navigation satellite service，RNSS），用于全球定位系统。

⑦空间参考服务（spatial reference service，SRS），用于空间参考。

⑧卫星间服务（inter-satellite service，ISS），用于卫星组网服务。

RR 规定了不同服务的无线电频谱分配规则，这些规则非常详尽。表 1-2 列出了针对不同服务的卫星通信频段具体分配情况，表中使用字母或名称识别频段，有的频段使用分数形式表示上行链路频率和下行链路频率。例如，"6/4 频段"是 C 频段的另一个名称。"14/11 频段"和"18/12 频段"都是指 Ku 频段的不同部分。

表 1-2　卫星通信的频段分配具体情况

服务	使用情况	频段	频段（上/下行链路频率，单位GHz）	典型的频率/GHz	
				上行链路	下行链路
固定卫星服务（FSS）	较旧的系统（如智能卫星组织）	C	6/4	5.85～7.075	3.4～4.2
	政府部门	X	8/7	7.90～8.40	7.25～7.75
	国际商用通信业务（如美国电信卫星组织）	Ku	14/11	13.75～14.8	10.7～11.7
	双向多媒体业务（如千兆比特级卫星宽带数字传输等）	Ka	30/20	28.0～30.0	17.7～19.7
	正在开发的技术	V	50/40	50	40

续表

服务	使用情况	频段	频段（上/下行链路频率，单位GHz）	典型的频率/GHz	
				上行链路	下行链路
移动卫星服务（MSS）	非地球静止的系统	甚高频、超高频	—	0.148～0.150 0.454～0.460	0.137～0.138 0.400～0.401
	主要是地球静止的系统（如国际海事卫星组织）	L		1.626～1.660	1.525～1.560
	非地球静止的卫星电话系统（如球状之星）	L/S		1.610～1.625（L）	2.483～2.500（S）
	国际移动电信 2000（IMT-2000）	S		1.98～2.01	2.17～2.20
	非地球静止的系统	S		2.65～2.69	2.50～2.54
广播卫星服务（BSS）		S		2.67～2.69	2.50～2.52
		Ku	18/12	17.7～18.2	11.2～12.2
		Ka	25/22	24.75～25.25	21.4～22.0
空间运营服务（SOS）	遥测、跟踪和命令	S	—	2.025～2.120	2.2～2.3

3. 卫星通信系统

卫星通信系统利用卫星中的转发器反射或转发无线电信号，实现两个或多个地球站之间的通信，由空间段和地面段两部分组成[2]。

1）空间段

空间段是卫星通信系统的核心，主要包括在轨运行的通信卫星，以及对卫星进行跟踪、遥测及控制的地面测控系统。其中，每个卫星都由有效载荷和保障系统两大类系统构成。有效载荷用于直接完成特定的航天任务，保障系统则用于保障卫星从火箭起飞到工作寿命终止期间卫星上所有分系统的正常工作，由结构系统、热控制系统、电源系统、姿控系统、轨控系统及测控系统构成。

有效载荷包括天线和转发器。天线承担了接收上行链路信号和发射下行链路信号的任务，为卫星网络提供了基本的覆盖功能。转发器是构成通信卫星中接收和发射天线之间通信信道互联部件的集合。现代卫星一般还具有星上处理（on board processing，OBP）和星上交换（on board switching，OBS）功能转发器。其中，星上交换功能转发器通常可分为以下几种：

（1）透明转发器，提供信号转接能力，即接收从地球站发来的信号，对信号进行放大和频率变换后再转发给地球站。部署透明转发器的卫星称为透明卫星。

（2）星上处理转发器，除了具备透明转发器的功能，在将信号从卫星发向地球站之前，还具备数字信号处理（digital signal processing，DSP）、再生和基带信号处理的功能。具有星上处理转发器的卫星称为星上处理卫星。

（3）星上交换转发器，除了具备星上处理转发器的功能，还提供交换功能。同样，具有星上交换转发器的卫星称为星上交换卫星。随着互联网技术的迅速发展，人们也在进一步开展星上路由技术的试验。

此外，尽管卫星控制中心（satellite control center，SCC）、网络控制中心（network control center，NCC）或网络管理中心（network management center，NMC）通常位于地面，但它们也常常被认为是空间段的一部分：

（1）SCC 为负责卫星正常运行的地面系统，它通过遥测链路监测卫星上各个子系统的工作状态，通过遥控链路控制卫星保持在正确的轨道上。SCC 利用专用链路（不同于通信链路）与卫星进行通信，从卫星接收遥测数据，向卫星发送遥控信息。通常，在地面的不同地点再设置一个备份中心，以提高系统的可靠性和可用性。

（2）NCC 或 NMC 的主要功能是对网络中的数据流、星上与地面的相关资源进行管理，实现对卫星网络的高效利用。

综上，卫星互联网空间段组成与卫星的结构如图 1-6 和图 1-7 所示。

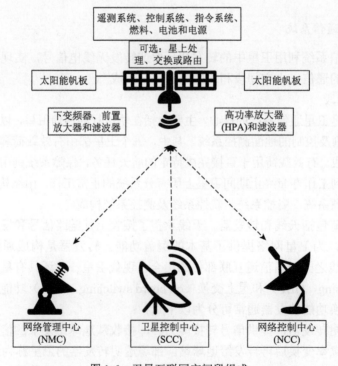

图 1-6　卫星互联网空间段组成

图 1-7　卫星的结构

SoC 指单片系统（system on chip），SiP 指封装内系统（system in package），FPGA 指现场可编程门
阵列（field programmable gate array）

2）地面段

卫星地面段由地面测控系统及地面应用系统组成，主要完成向卫星发送信号和从卫星接收信号的功能，同时也提供了到地面网络或用户终端的接口。其中，地面测控系统由跟踪测量系统、遥测系统、遥控系统、实时计算机处理系统、显示记录系统、时间统一系统、通信系统以及事后数据处理系统各分系统共同组成。卫星互联网地面段组成如图 1-8 所示。

卫星地面应用系统根据卫星应用领域差异而有所不同，但地面段总体设备如图 1-9 所示，包括最简单的电视单收站、船（车、机）载站、固定站、便携站，以及用于国际通信网的终端地球站等。一个典型的地球站由接口设备、信道终端设备、发送/接收设备、天线与馈线设备、伺服跟踪设备和电源设备组成，各设备功能如下：

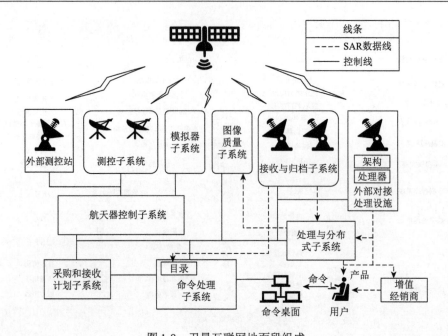

图 1-8　卫星互联网地面段组成

SAR 指合成孔径雷达（synthetic aperture radar）

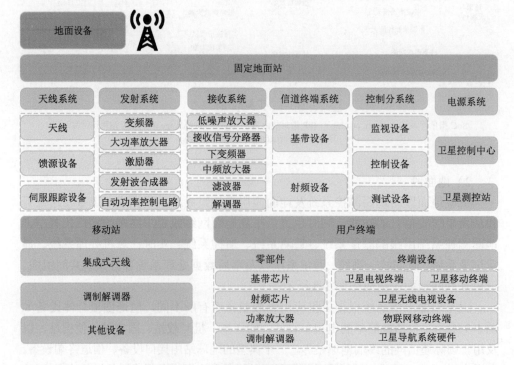

图 1-9　卫星互联网地面段总体设备

（1）接口设备，处理来自用户的信息，实现电平变换、信令接收、信源编码、信道加密、速率变换、复接、缓冲等功能，并送往信道终端设备；同时将来自信道终端设备的信息进行反变换，并发送给用户。

（2）信道终端设备，处理来自接口设备的信息，实现编码、成帧、扰码、成形滤波、调制等功能，使其适合在卫星线路上传输；同时将来自卫星线路上的信息进行反变换，使之成为可被接口设备接收的信息。

（3）发送/接收设备，将已调制的中频信号转换为射频信号，并进行功率放大，必要时进行合路；对来自天线的信号进行低噪声放大，并将射频信号转换为中频信号送入解调器，必要时进行分路。

（4）天线与馈线设备，将来自功率放大器的射频信号变成定向辐射的电磁波；同时收集卫星发来的电磁波，送至低噪声放大器。

（5）伺服跟踪设备，根据卫星方位变化动态调整天线的方位角与仰角，以确保天线随时都对准卫星，保障卫星通信信号的不间断。

（6）电源设备，为地面站通信系统提供可靠和不间断的电源供给。

1.2　卫　星　网　络

1.2.1　卫星网络的发展

卫星通信作为地面通信的补充、备份和延伸，在军事等领域发挥着重要的作用。将多个在轨卫星与地面站组网连接，形成一个由天基和地基节点互联互通的网络体系，具有更大的战略应用价值，这就是卫星网络。

在冷战时期，美苏两国为在太空领域博得先机，花费大量人力、财力与物力开展大型卫星的研制。由于这一时期的卫星造价高昂，卫星基本上只服务于国家级军事或政治活动，且卫星的数据传输会有严格的容量限制与安全要求，当目标想要从卫星获取数据时，只能获取其所需的信息而没有额外信息。在这一时期，美苏主要利用卫星与地面基础设施构建的卫星网络来阻碍对手在各种军事或政治活动中的情报搜集。冷战时期的卫星网络就是"旧空间"的典型代表，它为后续卫星及其网络的发展奠定了技术与应用基础。

冷战结束后，随着科技的进步，消费微电子行业蓬勃发展，卫星的研制和发射成本不断降低，进而使低成本发射大量卫星对太空进行认知与探索成为可能，这意味着卫星不仅可以用于国家级军事或政治活动，也具备无限的商业价值与潜力。如今，太空已经成为非常宝贵的商业资源，并形成了巨大的全球航天市场，在 2017 年估值就已经超过 2690 亿美元[3]。由于航天市场具有很高的潜在商业价值，吸引了全球各地的政府机构、企业和个人组织参与其中，并促使卫星网络的发展逐渐以利润驱动为导向，卫星相关产品的研发形成了一种更贴近于当代信息技术行业的商业模式[4]。在这种商业模式下，卫星相关产品会按照标准化的模块组件设计与生产，并通过小规模敏捷开发团队来更快地进行项目的迭代。由于这一时期的卫星网络已经具备产品化、标准化、市场化与敏捷化的特性，与"旧空间"时代的卫星网络大相径庭，以示区分，当代卫星网络被赋予"新空间"一词。图 1-10 总结了"旧空间"与"新空间"时代卫星网络所适用的不同领域以及各自的特点。

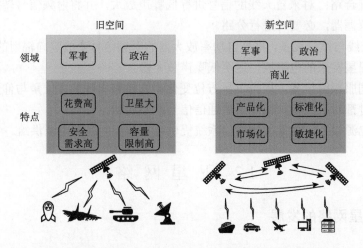

图 1-10   "旧空间"与"新空间"时代卫星网络的对比

资本和商业对卫星关注度的急剧增加，意味着有更多的企业和机构参与到太空业务里来，这不仅分担了卫星工程存在的各种风险，也使卫星领域的创新应用不断增加、技术不断发展[5]。2018 年，全球共发射 328 颗小卫星，是 2012 年发射量的 6 倍，其中有一半的卫星属于商业卫星。此外，在当代的卫星和地面控制系统中常常会采用太空市场上的商用现货（commercial off-the-shelf，COTS）模块化零件，这使得政府和机构能够用更少的施工时间和成本完成卫星网络的构建与部署。

"新空间"时代的航天市场促使卫星产业朝着不同方向发展，其中大型卫星星座的开发与运营最具商业价值与潜力[6]。卫星星座是指由成百上千个小型卫星（质量不超过 600kg）组成的卫星集群，这些卫星集群可以脱离地面站并通过星际链路相互连接组成网络。相比于传统大型卫星，卫星星座具有节点多、覆盖面广和灾难容忍能力强等特点，这也构成了卫星互联网的基础。

"新空间"时代的卫星网络为现代社会提供了许多重要服务，包括通信、导航、遥感、成像及气象支持，不但涵盖蜂窝移动通信、远程医疗、货物跟踪、零售业务和互联网接入等业务，还为地面通信提供冗余和备份功能，在全球广播、通信、预警、气象、导航、侦察、遥感和监视方面扮演着重要的角色。以全球定位系统（global positioning system，GPS）为例，这种服务能够计算出高精确度的时间和位置信息，支持路线规划、车辆管理以及对实时性要求比较高的金融或能源领域应用，现已成为诸多行业必不可少的工具。当前，许多拥有全球导航卫星系统（global navigation satellite system，GNSS）的机构或部门，也在不断发展全球地面设备市场[7]。自 2012 年以来，GNSS 设备收入一直保持稳定增长，到 2016 年，该类型设备收入已达 846 亿美元，占地面设备总收入（1134 亿美元）的 74.6%。

"新空间"时代的卫星网络在现代战争中同样发挥着主导作用，2004 年伊拉克战争中，美国的低高轨军用卫星制导了美军将近 68% 的武器装备[8]。在设计方面，军用卫星系统具有更严格的安全要求，均采用了加密和抗干扰等技术。除了专用军事卫星，美国在布什时代还通过了一项立法，允许美军介入军事冲突时，可以在必要情况下获得对商业卫星的使用权[9, 10]。不仅是大型卫星，越来越多的小型卫星及其组成的卫星星座也逐渐用于军事领域。在 2012~2018 年，美国和俄罗斯分别发射了 39 颗与 20 颗军用小型卫星以组建卫星星座，预计这些卫星星座会在未来战争中发挥不可或缺的作用[3]。

1.2.2 卫星网络的参考模型

1969 年美国国防部高级研究计划局（Defense Advanced Research Projects Agency，DARPA）在研究阿帕网（ARPANET）时，为将不同厂商设计的多种异构网络连接合并成一个网络集群，设计了一种网络共享协议的传输控制协议/互联网协议（transmission control protocol/internet protocol，TCP/IP）参考模型[11]。利用这种参考模型，网络集群能够横跨多种类型的网络来提供一些基本服务，包括文件传输、电子邮件和远程登录，这个网络集群演变到现在就是家喻户晓的互联网。1983 年，国际标准化组织（International Organization for Standardization，ISO）基于该 TCP/IP 模型，提出了开放式系统互联（open system interconnection，OSI）参考模型[12]。

卫星网络的参考模型就是基于 OSI 参考模型构建的，它的基本组成以及在不同层次中的协议如图 1-11 所示[11]。在图中，参考模型依据 OSI 分成五层，分别是应用层、传输层、网络层、链路层和物理层（标准划分为七层，表示层和会话层都可归入应用层，本书采用五层表达方式）。链路层、物理层以及部分网络层包含了不同型号或厂商的卫星、地面站、有线/无线网络特有的一些网络层或链路层协议。为统一这些协议并实现卫星之间的网络交互，传输层与网络层采用了网络共享协议，包括人们熟知的传输控制协议（TCP）、用户数据报协议（user datagram protocol，UDP）和互联网协议（IP）。基于这些协议，卫星通信体系可以在没有集中管理的情况下在异构节点之间构建大型交互式网络并进行数据的收发。应用层则包含了为实现卫星网络基本服务的各种协议，包括常见的超文本传输协议（hypertext transfer protocol，HTTP）、简单邮件传送协议（simple mail transfer protocol，SMTP）、文件传输协议（file transfer protocol，FTP）、连接终端和应用程序的协议Telnet、域名系统（domain name system，DNS）、实时传输协议（real-time transport protocol，RTP）和实时传输控制协议（real-time transport control protocol，RTCP）等。

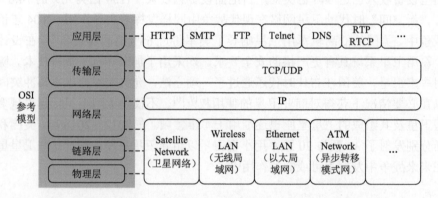

图 1-11　卫星网络的 IP 协议参考模型

1.2.3　卫星网络的传输特点

1. 卫星网络的拓扑结构

卫星网络的数据传输可以通过网状拓扑结构或者星型拓扑结构实现[13]。

图 1-12 展示了一个典型的网状卫星网络的拓扑结构[14]，在图中，每个节点都能够与其他任意一个节点通信。网状卫星网络的节点由一组地面站组成，这些地面站可以通过射频载波组成的卫星链路相互通信。图 1-13 展示了具有三个地面站的网状卫星网络。在网状卫星网络中，多个载波可以基于频分多址（frequency division multiple access，FDMA）方式来同时访问单个指定卫星，并且在这些载波中，有一些载波能够基于 FDMA、时分多址（time division multiple access，TDMA）、码分多址（code division multiple access，CDMA）或者多种方式来同时访问某个指定的转发器。

网状卫星网络中的卫星可以是弯管（bendpipe）卫星，也可以是路由转发卫星。当网状卫星网络中的卫星是弯管卫星时，网络中任意两个地面站之间的射频链路质量必须足够高，从而保证为终端用户提供的服务具有足够低的误码率。为

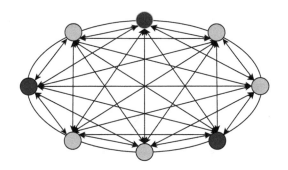

图 1-12 典型的网状卫星网络的拓扑结构

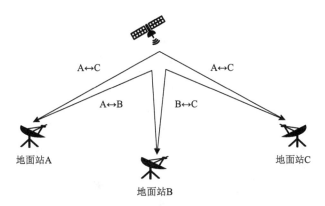

图 1-13 一个网状卫星网络的实例

保证射频链路的高质量，每个地面站需要有足够强的辐射功率和高性能的信息接收系统，也就是具有较高的等效全向辐射功率（equivalent isotropically radiated power，EIRP）和接收天线增益与接收系统噪声温度的比值（antenna gain/noise temperature，G/T）。而当网状卫星网络中的卫星是路由转发卫星时，网状卫星网络的星载信号解调机制对地面站的 EIRP 和 G/T 需求值就比较低。

星型网络拓扑的每个节点只能与一个中央节点通信[15]，这个中央节点通常称为 Hub。根据 Hub 的数量，星型网络可以分为单星型拓扑网络和多星型拓扑网络。图 1-14 展示了一个典型的单星型网络拓扑结构和多星型网络拓扑结构，两个图中的节点都指的是地面站，其中深色节点是 Hub 地面站，而其余节点是普通地面站。Hub 地面站一般是一个大型地面站，拥有几米到几十米长的天线，在卫星网络中拥有比其他地面站更高的 EIRP 和 G/T，在星型卫星网络下的地面站体系中，普通的地面站只能和 Hub 地面站进行通信。图 1-15 给出了一组带有一个 Hub 地面站与四个普通地面站的星型卫星网络实例。在图中，四个普通地面站的信号会通过卫星转发，然后交由 Hub 地面站统一管理。在这个架构中，从任意一个地面站到

Hub 地面站的链路可称为入站链路或返回链路，从 Hub 地面站到其他任意地面站的链路可称为出站链路或前向链路。

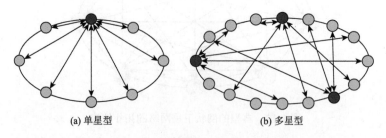

(a) 单星型　　　　　　　　　　　　　　(b) 多星型

图 1-14　典型的星型卫星网络拓扑结构

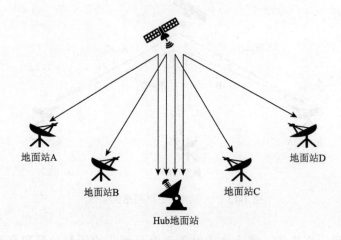

图 1-15　一个星型卫星网络的实例

　　总的来说，星型网络拓扑对地面站 EIRP 和 G/T 值的整体限制比网状网络拓扑要小。此外，由于星型网络拓扑通过 Hub 地面站集中管理，广泛应用在 VSAT 小型地面站网络中。

　　2. 卫星网络的链路与连接性

　　卫星网络体系中，可根据数据传输方式将链路分为两种[16]，即单向链路和双向链路。当使用单向链路时，一部分地面站只负责发送信息，而另一部分地面站只负责接收信息；当使用双向链路时，各个地面站都可以接收和发送信息，此时具有链路连接的两个地面站需要开通双向电信服务。在面向广播的卫星网络中，单向链路非常常见，并且卫星网络架构基本都采用星型网络拓扑，而双向链路则既存在于星型网络拓扑的卫星网络中，也存在于网状网络拓扑的卫星网络中。

　　卫星网络的连接性则是指各节点之间相互连接的方式[17]。图 1-16 展示了卫星网络中不同节点的连接类型,包括一对一(单播)、一对多(广播)、一对多(多播)、多对一(复用/聚集)和多对多等。

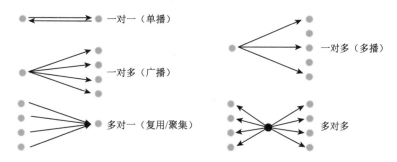

图 1-16 卫星网络中不同节点的连接类型

节点之间的连接又分为两种级别,分别是服务级连接与星载连接[11],卫星网络的地面节点之间一般采用服务级连接模式,而太空节点与地面节点之间采用星载连接模式。

服务级连接定义了多个客户前置设备(customer premise equipment,CPE)或网络设备、多个卫星终端或网关之间的连接类型,并以此提供终端用户所需的服务。服务级连接依赖于与会话层、网络层和数据链路层的交互。图 1-17 展示了通信服务的两个实例,其中图 1-17(a)为网络访问服务的实例,图 1-17(b)为虚拟专用网络(virtual private network,VPN)服务的实例。

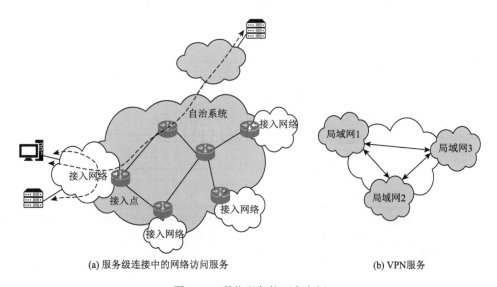

(a) 服务级连接中的网络访问服务　　　　　　　(b) VPN服务

图 1-17 通信服务的两个实例

　　网络访问服务的架构基本都是星型网络拓扑架构，用户端请求的流量会以多对一的形式从多个网络节点汇集到入网点（point of presence，POP），再从POP反馈给用户终端。在网络访问服务中，CPE会根据用户终端的互联网服务提供商（internet service provider，ISP）来择取最合适的POP。而VPN服务的架构基本都是网状网络拓扑结构，该服务将不同的局域网（local area network，LAN）以单播的形式进行互联，进而将不同的LAN整合，形成一个大型的LAN。值得注意的是，VPN多播服务是一个例外，在VPN多播服务中，不同LAN之间是以多对多的形式来进行连接的。

　　星载连接与卫星调度网络资源的方式有紧密联系，这种调度方式取决于卫星提供的网络覆盖情况以及卫星资源在卫星上、下行链路上的组织形式。

　　网络的覆盖情况分为两种，一种为全球覆盖，另一种为多波束覆盖。在卫星网络全球覆盖的情况下，任何用户原则上都可以进行网络的互联；而在多波束覆盖的情况下，同一个覆盖区不同波束用户的网络互联，既需要波束自身能够进行星载连接，还需要波束用户有对应的卫星资源。

　　星载连接模式下的卫星资源分为五种，分别是波束、信道、载波、时隙以及信元/数据包。图1-18展示了这五种卫星资源。波束拥有充足的频率资源，可以对应一个或多个信道，在Ka频段中波束通常为125MHz或250MHz；信道相当于经过转发器传输的频率资源，通常为36MHz或72MHz；载波可以是由卫星终端或地

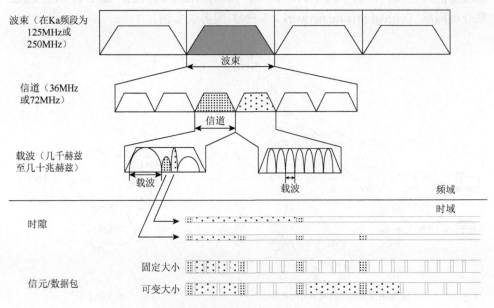

图1-18　星载连接下五种卫星资源

面站传输的 FDMA 载波，或由多个卫星终端共享的多频时分多址（multifrequency-TDMA，MF-TDMA）载波，其频率取决于地面站无线电的容量，通常在几千赫兹至几十兆赫兹之间；时隙通常是指 TDMA 中的时隙；信元/数据包则对应于链路层与网络层中不同类型的数据包。

3. 卫星网络的路由

路由是为网络中、多个网络之间或跨多个网络的流量选择路径的过程，发生在 OSI 网络参考模型中的网络层。网络流量会在路由中分组传输，经过多个中间节点最后到达目的地，这些节点称为路由器，路由器会存储路由表，网络流量通常会根据路由表，来寻找从源到目的地的最佳路径。目前，地面无线网络发展成熟，传统点对点路由问题已经有相当多较好的解决方案，如有针对静态路由的最短路径算法，也有针对动态路由的距离向量路由算法、链路状态最短路由优先算法等。

为使用卫星互联网，在卫星网络上搭载可行与高效的路由是必不可少的，这种机制称为卫星路由。关于卫星路由的研究一直是卫星网络通信研究的重点，它建立在传统地面路由的基础之上，是为了让由多个卫星组成的卫星通信网络进行卫星间通信时，可以根据源卫星和目的卫星之间给定的链路代价来选择最佳路径。与地面无线路由不同的是，卫星互联网是建立在由大量小型卫星组成的卫星网络中，在这种环境下卫星路由的搭建一来需要关注小型卫星有限的星上处理和存储能力，二来需要关注连续高动态性的网络拓扑结构，三来还要注意卫星间链路数据传输可能的长延迟[18]。卫星网络的这些特性决定了卫星路由无法直接套用地面网络的相关路由机制。

早期卫星通信是借助于 GEO 卫星中继实现的，该方法利用了弯管卫星来完成地面两点之间的数据转发。然而，这种固定形式的数据传输，卫星路由无法使用，卫星通信需要付出很多不必要的链路通信代价。此后，随着全球大量 LEO 卫星的部署，卫星路由技术逐渐发展。卫星路由可从卫星网络路由拓扑的空间段架构上，分为单层卫星路由和多层卫星路由[19]。在单层卫星路由拓扑中，卫星都部署在相同高度的轨道，并在一个或多个轨道面上运行。在该拓扑结构中，每颗卫星之间依然可以通过星际链路相互通信，以及通过馈电链路和用户链路来与地面关口站和用户终端进行信息交互，图 1-19 就是一个典型的单层卫星路由拓扑结构的示意图。在单层卫星路由中，LEO 卫星星座组成的路由拓扑会随时间变化，这使得路由算法设计需要重点考虑星座的时变特性。此外，对于实际场景，卫星路由还需以尽可能少的数据包头信息，以鲁棒、分散的方式利用 IP 地址、物理位置和网络拓扑之间的映射，来实现从地面终端到多颗卫星再到地面终端的网络连接。

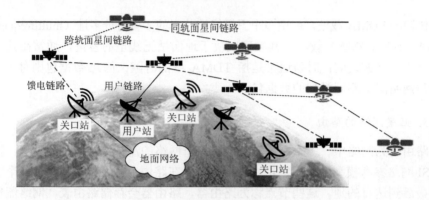

图 1-19　单层卫星路由拓扑结构

目前针对单层卫星路由拓扑结构的路由算法有基于有限状态机（finite state machine，FSM）的算法、动态虚拟拓扑路由（dynamic virtual topology routing，DVTR）算法、紧凑显式多路径路由（compact explicit multi-path routing，CEMR）算法以及显式负载均衡（explicit load balancing，ELB）算法等。以 DVTR 算法为例，这是一种面向连接的路由算法，它会将卫星网络各个节点的连接情况基于时间片来进行划分，图 1-20 展示了同一个卫星系统在 n 个不同时间片下的 n 种不同的网络拓扑结构。在该算法中，卫星网络的路由计算转化为计算 n 个静态虚拟拓扑与虚拟路径，然后在每个时间片可以使用传统无线网络静态路由的算法如最短路径算法进行路径选取。

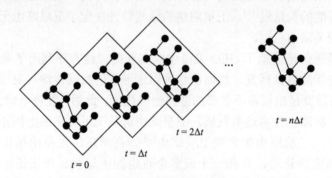

图 1-20　DVTR 算法划分时间片的一个实例

多层卫星路由拓扑则包含了不同轨道高度的卫星，这些卫星可以组合成不同的混合星座，如多层 LEO、LEO/GEO、GEO/MEO/LEO 混合星座等。一个典型的多层卫星路由拓扑结构如图 1-21 所示，该拓扑结构就包含了 GEO/MEO/LEO 混合星座，相比于单层卫星路由拓扑，这种多层空间结构的拓扑为路由策略的设计带来了更多的自由度和挑战。首先，由于多层空间段下卫星数较多，在进行路由策略研究时，有必要对卫星集群进行分组管理；其次，路由设计的策略需要根据卫星间的通信距离进行分工，如短距离只采用 LEO 层进行路由，而长距离则需通过 MEO 层或 GEO 层进行路由；最后，多层卫星之间的通信环境还要根据实时的数据传输时延以及卫星链路的拥塞情况随时进行调整与变化。

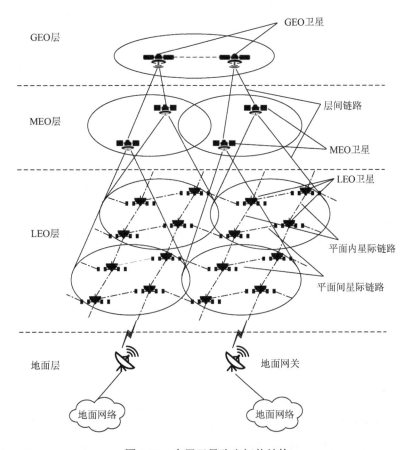

图 1-21 多层卫星路由拓扑结构

多层卫星路由拓扑下的路由算法目前有多层卫星路由（multilayer satellite routing，MLSR）算法、卫星分组路由协议（satellite grouping and routing protocol，SGRP）算法以及分层卫星路由协议（hierarchical satellite routing protocol，HSRP）算法等。以 HSRP 算法为例，该算法专门用于长距离卫星间的传输和管理，也是一种服务质量（quality of service，QoS）自适应和分层的多媒体数据路由协议，其算法流程如图 1-22 所示。该算法会将不同轨道层的卫星路由拓扑分层处理，先生成同一轨道层的拓扑结构，然后在不同层之间进行拓扑结构信息的聚合处理，最后达到对整个多层卫星路由的掌握与管理。这种分层处理有效减少了高轨道与低轨道之间通信带来的长延迟并有效简化了多层卫星路由复杂的拓扑结构。

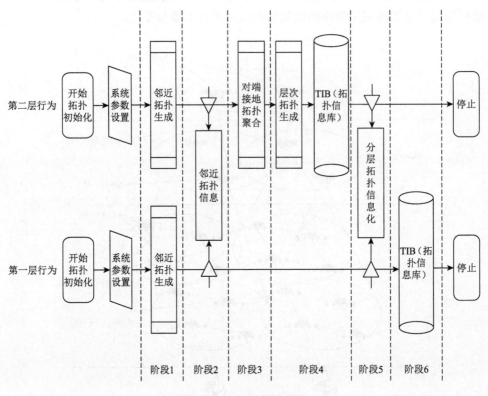

图 1-22　HSRP 算法流程

在未来，卫星路由方面的研究会从多个方向继续演进：一是研究会更多地关注路由传输的带宽延迟和数据包丢失率的降低、稳定性的提高以及星上计算资源的最大化利用，从而以更高效的方式进行通信传输；二是随着卫星规模的不断扩大，如何在超过万颗卫星的巨型卫星星座上搭载合适的卫星路由成为一个热门话题；三是卫星互联网会更多以天地一体化形式来提供服务，卫星路由将结合传统地面无线通信 5G/6G，形成天地一体化路由；四是卫星路由会结合人工智能、机器学习等技术并行发展，在大数据时代，如何利用人工智能技术实现最优化网络流量特征建模，实现在复杂环境下最佳路由路径的选取，同样是未来不可忽视的一个方向。

1.2.4　卫星网络的应用

如前所述，卫星网络具有覆盖面广、灾难容忍能力强等独特优势，在偏远地区通信覆盖、航海、应急通信等领域具有不可替代的优势[20]。因此，卫星网络应用的场景非常广阔，以下将以应急通信、远程医疗、航空 WiFi 等应用为例进行说明。

1. 应急通信

由于常规的有线、无线通信基础设施在偏远地区（如沙漠、孤岛和受灾地区）的部署，维护成本都很高，当车辆、船只或飞机在这些偏远地区需要紧急求助时，往往很难与外界进行通信，也无法利用这些基础设施实现实时数据处理和共享，进而接入智能交通系统以获得援助。为了解决各式交通工具在这些偏远地区的应急通信难题，可以通过卫星网络来构建轨道边缘计算系统[21]，借由星地、星际等链路为偏远地区的交通工具提供 24h 的通信连接。图 1-23 展示了天地一体化网络的轨道边缘计算系统架构。

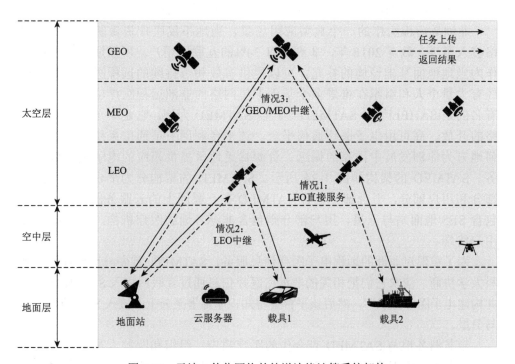

图 1-23　天地一体化网络的轨道边缘计算系统架构

如图 1-23 所示，天地一体化网络的架构主要分为地面层、空中层和太空层，地面层包含了车辆或船只以及地面有线/无线通信基础设施，空中层包含了航空飞机与无人机，太空层则包含了在不同轨道运行的 LEO、MEO、GEO 卫星。当车辆、船只或飞机在偏远地区发射紧急求助信号时，通过卫星网络能以三种不同的形式来与外界取得联系。首先，由于低轨卫星具有高带宽、低时延的特性，求助者可以直接与低轨卫星取得联系，低轨卫星直接为求助者提供边缘计算应急服务；当低轨卫星无法提供边缘计算应急服务时，低轨卫星可以作为一个中继器，将应急求助信号转发给求助者附近的地面站，让这些地面站通过云服务器提供边缘计算应急服务；当地面站距离求助者较远，低轨卫星一次中继无法直接转发至地面站时，信号就会通过高轨或中轨卫星，在星际路由中实现二次中继或多次中继，中继过后信息同样可以传达给车辆或船只附近的地面站，再通过这些卫星将应急服务信息反向中继发送回求助者。

2. 远程医疗

远程医疗是指利用远程通信和信息技术将医疗服务扩展到医疗服务欠缺、偏远的社区[22]。而卫星互联网作为一种通信手段，可以在地面通信基站无法覆盖的地区实现宽带网络通信，从而在这些地区开展远程医疗服务。

非洲是远程医疗的一个典型应用场景，当地不仅医疗资源匮乏，而且网络接入最少，截至 2018 年，非洲仅有 34%的互联网用户。所以通过卫星通信作为当地地面基础设施的补充，可以提供有效和可持续的远程医疗服务。已经有大量个人和组织在推进多个基于卫星网络的非洲远程医疗项目，其中最有名的是 SAHEL[22]和 SATMED[23]。以 SATMED 为例，它是一个基于卫星网络的开放、高可用电子医疗通信平台。该平台利用卫星通信系统，可以在任何地方为非洲发展中国家的偏远、资源贫乏地区提供相应的电子医疗信息服务。SATMED 的架构如图 1-24 所示。SATMED 的架构分为平台部分、传输部分和用户部分，平台部分包含 SATMED 在互联网上的云服务器，传输部分包含 SES 地面站与卫星，用户部分则包含非洲各地的医疗机构、地面站以及用户终端。

为了实现对非洲的远程电子医疗信息服务，SATMED 首先与世界各地的医科大学协商，请求它们把相关的非涉密医疗信息通过互联网接入 SATMED 平台并构建电子医疗知识库，然后该平台会将知识库部署至云上并接入 SES 的地面站与卫星。

当非洲各地与 SATMED 有合作的医疗政府、组织和医护人员想要获取知识库服务时，会下载一个 SATMED 电子健康应用程序，通过当地地面站建立与 SATMED 卫星的连接；然后该卫星会去请求 SATMED 的地面站以获得知识库服务；最后，卫星会将获得的信息反馈给各个地区的需求者。

SATMED 是一个免费的电子医疗信息平台，自 2014 年 11 月部署以来，已为塞拉利昂、尼日尔、厄立特里亚、贝宁等多个国家和地区的医疗人员及机构提供了埃博拉等多种流行病毒的信息支持。

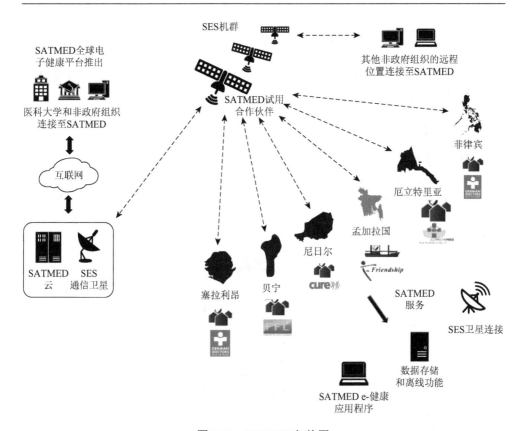

图 1-24　SATMED 架构图

3. 海洋作业及科考

卫星海洋学是地球观测学的一个分支，它通过记录、测量和分析利用卫星网络在海域获取的图像与数据，进而得到有关海洋的真实信息，这些信息不仅能让研究人员进一步了解地球的结构，也能为海域附近的居民提供天气预报、降水量测定与海啸预警等服务。

传统的海洋科考方式是通过海洋科考船去当地海域进行现场勘探，相比于传统海洋勘探方法，使用卫星进行海洋科考和作业具有以下两点优势[24]：

（1）利用卫星进行海洋科考的数据采样成本较传统方式低，例如，仅花费 5000 美元/日即可对西非尼日利亚的水域进行采样。

（2）利用卫星，研究人员可以对任何地区的海域进行实时采样，不仅可以避免恶劣天气、海盗或战争带来的影响，提高采样的质量，同时可以获得多分布的、带有海洋表面特征的精致细节及海洋真实的空间结构。

当然，使用卫星进行海洋勘探并非没有局限性：一是卫星海洋勘探无法勘探海面之下的事物、参数与结构，只能遥测海洋的一部分参数和特性；二是遥测可能受到恶劣天气的干扰。

因此，在实际的海域勘探中，无论是采取实地勘探还是卫星勘探，抑或两者结合，都要根据勘探的目标参数与当地现实条件情况来权衡。

4. 航空 WiFi

以前为了航空通信信号的稳定与安全，客运飞机不会给乘客提供互联网服务。随着航空技术的发展，航空通信信号愈发稳定，如今，客运飞机已经有条件为乘客提供机上 WiFi。目前航空客机上的 WiFi 主要有两种配置方式[24]，如图 1-25 所示。

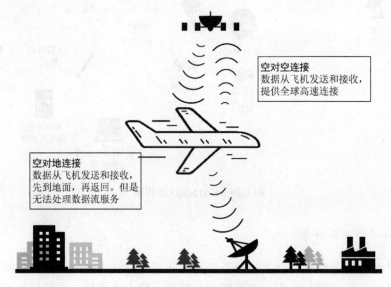

图 1-25　两种机上 WiFi 的区别

第一种选择是空对地 WiFi，这种方式通过机载设备连接地面上的 4G 或 5G 基站，然后把机载设备作为一个热点，给飞机上的客户提供互联网服务。显然，当飞机横跨海洋、沙漠、湖泊等附近没有蜂窝基站的地区时，机上的互联网连接就会中断，乘客的互联网服务体验较差。此外，空对地连接也无法处理数据流服务。

第二种选择是空对空 WiFi，该方式通过大量卫星建立互联链路，可以在不依赖特定地区地面站的情况下提供机上的互联网服务[25]。一般而言，提供实时高带宽互联网服务的卫星星座需实现对地球的全覆盖，如 SpaceX 公司的星链卫星星座。

目前 SpaceX 已经与多家航空公司进行谈判，计划利用星链为航空客机提供卫星互联网服务[26]。在终端方面，SpaceX 还专门为航空客机设计和制造新型天线，具有比地面站天线更好的性能与稳定性，以适应飞行中的航空客机与动态卫星星座之间高带宽网络流量的收发。

5. 自然灾害预测

为维持地球生态环境的稳定性与人类生活家园的安全，自然灾害的防范必不可少。常见的自然灾害包括森林火灾、地震、海啸、龙卷风等，其背后都有一定的自然规律和原因。例如，森林火灾发生的客观原因可能是该林区二氧化碳含量过高、当地气候恶化并持续干旱或高温等。显然，如果能实时获取这些环境数据，就能对自然灾害进行预警。

卫星网络具有覆盖范围广、灾难容忍能力强的优势，可在自然灾害预警领域发挥关键的作用。以森林火灾预警为例，意大利的许多公司与机构合作实现了一个远程通信、定位和实时环境的检测（Telecommunication，Localization and Real-time Environment Detection，TALED）系统[27]，并将其应用到坎帕尼亚森林火灾高发区域的火灾预测。该系统使用了卫星物联网技术，并专门设计了一种共享协议，以获得相关生物化学数据供进一步分析使用。在信息采集过程中，工作人员将机动车作为载体，先为其搭载天线以接收卫星信号，之后，他们会把这些机动车部署在森林各个位置以获取相关物理化学数据。图 1-26 展示了一辆机动车正使用 TALED 系统获取森林附近的相关物理化学数据。

图 1-26　带天线的机动车使用 TALED 系统获取森林相关信息

1.2.5　典型的卫星网络系统

本节系统介绍目前运营的典型卫星网络系统，包括国际海事卫星系统（international maritime satellite system，INMARSAT）、铱系统（Iridium）、Thuraya（舒拉亚）卫星系统和 VSAT 卫星通信系统，这四种商用的卫星网络系统基本占据了目前全球 90%以上的卫星通信市场，近年来在各行各业得到了广泛应用，相应的通信技术也得到了迅速发展。

INMARSAT 是最早的 GEO 卫星移动系统，目的是增强海上船舶与陆地的通信连接，增强船舶安全保障[28]；Iridium 是由美国摩托罗拉（Motorola）公司提出的全球卫星移动通信方案[29]，可实现地球任意地方、任何时刻的全球个人通信；Thuraya 卫星系统由阿拉伯联合酋长国（简称阿联酋）Thuraya 卫星通信公司运营[30]，为所覆盖的欧洲、非洲、中东和亚洲的 100 多个国家或地区 23 亿人口提供卫星电话服务；VSAT 是 20 世纪 80 年代中期开发的一种卫星通信系统，设备结构紧凑、固体化、智能化、价格便宜、安装方便、对使用环境要求不高，且不受地面网络的限制，组网灵活，广泛应用于新闻、气象、民航、人防、银行、石油、地震和军事等部门以及边远地区通信。

1. INMARSAT

1）系统概述

20 世纪 60 年代末，国际海事组织（International Maritime Organization，IMO）利用海事卫星为船舶提供可靠的全球海上遇险与安全系统（global maritime distress and safety system，GMDSS）。经过多次国际会议的研究，1976 年 IMO 通过了《国际海事卫星组织公约》和《国际海事卫星组织业务协定》，并于 1979 年生效，同年 7 月成立了政府间经济合作卫星系统 INMARSAT。此后，INMARSAT 发展迅速，在 100 多个国家和地区应用，占有全球移动卫星通信市场 48%的份额，业务从海事通信发展到航空、陆地移动通信领域，包括电话、传真、数据服务等多种业务类型，业务遍布海上作业、矿物开采、救灾抢险、野外旅游、军事应用等领域。

INMARSAT 主要由空间段、地面段和用户段组成，其系统结构如图 1-27 所示。

2）INMARSAT 空间段

前三代 INMARSAT 卫星定位在印度洋区、大西洋西区、大西洋东区、太平洋区。在第三代 INMARSAT 卫星中，引用了点波束技术，使得每颗三代卫星可以控制 5 个波束转发器，同时具备实时对功率和频段进行动态分配的功能，在获取某特定区域消息时，可具备更高的功率和更大的容量。

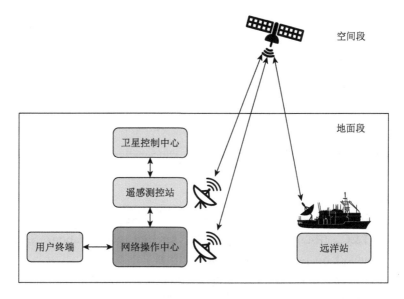

图 1-27　INMARSAT

第四代 INMARSAT 共三颗卫星，分布在各大洲的上空，其容量是第三代 INMARSAT 卫星的 16 倍。除具备上三代卫星的通信功能外，还支持以 IP 分组交换数据的形式进行通信业务数据传输，提供了增强的数字移动通信服务能力。

前四代海事卫星使用 L 频段通信，频率资源有限，随着宽带卫星技术的发展，INMARSAT 也在宽带卫星通信系统上发力。鉴于 Ku 频率与轨位资源紧张，INMARSAT 在宽带卫星通信领域选择了 Ka 频率，推出了第五代海事卫星系统 Global Xpress。

第五代 INMARSAT 海事卫星系统的卫星由波音公司制造，卫星采用点波束方式，一共有 72 个固定波束（每个波束下行支持 50Mbit/s），6 个移动波束（可灵活机动调整到需要的区域，每个波束 150Mbit/s），单颗卫星容量 4.5GB，这相比于第四代海事卫星系统的容量有数十倍的增加。

表 1-3 给出了 INMARSAT 的发展历程。

表 1-3　INMARSAT 的发展历程

节点	发射时间	卫星特点	服务
第一代（3 颗）	20 世纪 70 年代末80 年代初	租用美国 Marisat、欧洲 Marecs 和国际通信卫星组织的 Intelsat-V 卫星	为海洋船只提供全球海事卫星通信服务和必要的海难安全呼救通道
第二代（4 颗）	20 世纪 90 年代初	第二代卫星的容量为第一代的 2.5 倍	为空中、陆地移动用户电话、用户电报、传真和数据等提供服务
第三代（5 颗）	1996～1998 年	容量为第二代的 8 倍，1 个全球波束，5 个宽点波束	分别定点在印度洋区、大西洋西区、大西洋东区、太平洋区上空

续表

节点	发射时间	卫星特点	服务
第四代（3 颗）	2005~2008 年	容量为第三代的 16 倍，功率是第三代的 60 倍，是当时世界上最大、能力最强的商业卫星	绝大部分作为 IP 分组交换数据进行传输，提供增强的数字移动通信服务的能力，同时也支持语音和 ISDN 等服务
第五代（4 颗）	2013 年 12 月至今	全球宽带的速度比第四代要快 100 倍；终端用户大幅提升上网速度	提供世界首个全球可用高速移动宽带服务

注：ISDN 指综合业务数字网（integrated services digital network）。

3）INMARSAT 地面段

INMARSAT 卫星系统的地面段由 SCC、4 个测控（tracking，telemetry and command，TT&C）中心和 2 个卫星接入站（satellite access station，SAS）、网络运行中心（network operations center，NOC）组成：

（1）SCC 负责卫星在轨道上的位置保持和确保星上设备的正常运转；

（2）4 个 TT&C 中心负责传递卫星的状态数据给 SCC；

（3）SAS 之间通过数据通信网连接，管理全球网络中的带宽业务部分；

（4）NOC 负责整个网络的控制和管理，NOC 与 SCC 协调工作，根据网络流量和地理流量动态地给各个波束重新配置和分配信道。

4）INMARSAT 用户段

INMARSAT 的用户段是标准的移动终端，拥有多种类型，包括海上/陆地业务的 INMARSAT-A、INMARSAT-B、INMARSAT-C、INMARSAT-M、Mini-M 终端以及基于太空标准 INMARSAT-Aero 的终端。

（1）INMARSAT-A。

INMARSAT-A 是 1976 年启用的第一个系统，采用模拟调频（frequency modulation，FM）通信制式，信道带宽 50kHz，能提供语音、传真、高速数据（56kbit/s 或 64kbit/s）、电传等服务。船用终端天线采用动中通形式，并可通过按键启动遇险告警。遇险告警在 INMARSAT 系统中处于最高级别。陆用移动终端是便携式的，可以装在手提箱里，并可在几分钟之内开始工作。INMARSAT-A 的用户终端照片如图 1-28 所示。

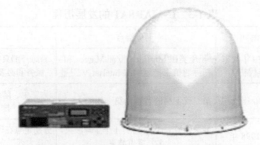

图 1-28　INMARSAT-A 用户终端照片

（2）INMARSAT-B、INMARSAT-M 和 Mini-M。

　　INMARSAT-B 系统是 INMARSAT-A 的数字式替代产品，除具备 INMARSAT-A 的功能，还可以提供 16kbit/s 语音编码速率的电话、9.6kbit/s 的数据以及 2.4kbit/s 的音频数据、64kbit/s 高速数据和 50Baud 的电传等业务。采用全数字化设计，能充分利用空间段功率和带宽资源，语音带宽由 INMARSAT-A 系统的 50kH 减小到 20kHz，系统容量将是 INMARSAT-A 系统的 2.5 倍，使用的卫星功率只是 INMARSAT-A 系统的一半。INMARSAT-B 的用户终端照片如图 1-29 所示。

图 1-29　INMARSAT-B 用户终端照片

　　INMARSAT-M 系统是 INMARSAT-B 系统的简化版本，通信标准略低于 INMARSAT-B 系统，只提供 6.4kbit/s 语音编码速率的电话、2.4kbit/s 三类传真和 2.4kbit/s 数据通信，质量为 15kg 左右，有海事和陆用两种类型。

　　Mini-M 是一种小型 M 站，于 1996 年底推向市场，使用第三代 INMARSAT 卫星的点波束，是一个全天候、全球覆盖的移动通信终端，可提供 4.8kbit/s 语音编码速率的电话、2.4kbit/s 传真和数据。

（3）INMARSAT-C。

　　INMARSAT-C 主要用于数据通信，于 1991 年开始在全球运营，采用全数字化的存储转发进行信息传递，可以提供 600bit/s 低速数据、电传和传真业务。INMARSAT-C 终端装有 GPS，可提供全球定位服务。INMARSAT-C 的用户终端照片如图 1-30 所示。

图 1-30　INMARSAT-C 用户终端照片

　　INMARSAT-C 陆用终端小巧，体积只有公文包大小，质量仅 3kg，可装在手提箱中；车载式的卫星终端拥有全向天线，能在行进中通信；便携式或固定式的终端采用小型定向天线，可方便携带及降低功耗。

　　（4）基于 INMARSAT-Aero 标准的终端。

　　INMARSAT-Aero 标准由 INMARSAT 和太空工业界制定，解决了地面短波通信传播距离有限以及可靠性差的问题。基于该标准的终端可为全球（除两极）飞行的航班客机提供双向电话、传真、数据、电子邮件通信，以及浏览世界新闻、金融信息等服务，既能提供个人通信，还可用于空中交通管制。

　　目前，INMARSAT 已经成为全球业务覆盖最广的卫星移动通信系统，累计提供了如下 27 种服务，具体服务如表 1-4 所示。

表 1-4　INMARSAT 系统服务内容

服务内容	产品	简介
宽带服务	Fleet Broadband	提供覆盖全球的语音和宽带数据服务，并可对性能和天线进行个性化定制
	Swift Broadband	用单一天线提供高质量语音和高速数据通信服务
	Low Profile BGAN	远程遥控宽带服务
	Fleet Media	为船员提供电影、电视等娱乐
	Fleet One	针对小型船只之间通信场景，提供语音和宽带数据服务
	Isat Hub	针对手机和平板电脑打电话、发信息场景提供通信服务
	Xpress Link	针对固定月费场景提供高速宽带通信服务
	BGAN	针对固定 IP 和高流量要求场景提供宽带通信服务
	BGAN HDR	针对传输高质量的视频场景提供服务
	BGAN Link	针对固定 IP 和高流量要求场景提供宽带通信服务
	Swift 64	针对高质量视频通话场景提供服务

续表

服务内容	产品	简介
语音服务	Isat Phone	手持卫星电话，在全球任何地点，提供清晰和独立的语音服务
	Fleet One	针对小型船只之间通信场景，提供语音和宽带数据服务
	Fleet Phone	为打电话是主要需求的用户提供低价的通话服务
	Isat Phone Link	低价固定电话服务
M2M	BGAN M2M	针对在人力不能及或远距离长期监控和操作固定、移动设备的场景提供数据服务
	Isat M2M	针对追踪、监控、操控远距离设备的场景，提供全球双向、陆地数据传输速率的信息服务
	Isat Data Pro	针对跟踪和监控移动、固定设备提供双向、短波数据交换服务
安全服务	海事安全	海上安全标准超过了 IMO 的标准
	航空安全	提供符合国际民航组织（ICAO）标准的航空通信安全服务
Global Xpress 服务	全球通用 GX 服务	提供全球覆盖的高速宽带
	政府 GX 服务	全球第一个满足政府用户特定需求的 Ka 频段网络
	陆地 GX 服务	拥有足够带宽、实用性强、高速等特点，提供商用的语音、数据和其他应用服务
	空中 GX 服务	针对政府用户特定需求的 Ka 频段网络场景，提供数据传输等相关服务
	海事 GX 服务	提供高速的宽带网络，将海事通信上升到一个新的高度
VSAT 和 TVRO 服务	Xpress Link	融合 Ku 频段和 L 频段的优势而设计的解决方案，通过收取一定月费来提供高速宽带服务
	TVRO	通过 INMARSAT 提供的单一电视接收（TVRO）天线，在深海区域也可以接收到电视信号

2. Iridium

1）系统概述

和 INMARSAT 采用 4 颗高轨道地球同步卫星提供通信服务不同，Iridium 由 66 颗低轨卫星组成，采用了两类星际链路，即轨道内星际链路和轨道间星际链路。由于 Iridium 费用昂贵，普通用户较少使用。目前，美军成为 Iridium 最大的用户。Iridium 采用网状总线结构或者环状总线结构，主要由空间段、地面段和用户段三部分组成，如图 1-31 所示。

Iridium 的一个先进之处是采用了星上处理和星间链路技术，相当于把地面蜂窝网部署在太空中，实现了地面的无缝隙通信；另外一个先进之处是 Iridium 解决了卫星网与地面蜂窝网之间的跨协议漫游。

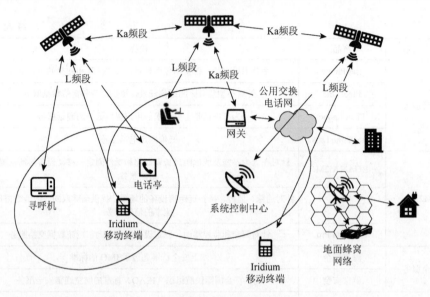

图 1-31　Iridium

2）Iridium 空间段

Iridium 空间段包括低地球轨道上 77 颗（66 颗正在运行，11 颗备用）小型卫星组成的星座，其星座设计可以确保在全球任何地区随时都有 2 颗以上的通信卫星覆盖。Iridium 星座网提供手持终端到关口的接入信令链路、关口站到关口站的网络信令链路、关口站到系统控制段的管理链路。每个卫星天线可提供 960 条语音信道，每颗卫星最多能有 2 个天线指向 1 个关口站，因此每颗卫星最多能提供 1920 条语音信道。Iridium 卫星可向地面投射 48 个点波束，形成 48 个相同小区的网络，每个小区的直径为 689km，组合起来构成直径为 4700km 的覆盖区。

Iridium 的卫星采用三轴稳定设计，每颗卫星寿命为 5～8 年，相邻平面上卫星按相反方向运行。每个卫星有 4 条星际链路，1 条为前向，1 条为反向，另外为交叉链路。星际链路数据传输速率高达 25Mbit/s，在 L 频段内按 FDMA 方式划分为 12 个频段，在此基础上再利用 TDMA 结构，设置帧长 90ms，每帧可支持 4 个 50kbit/s 用户连接。

3）Iridium 地面段

Iridium 地面段由网络控制中心、卫星控制中心和地面关口站组成。网络控制中心负责空间运营、网络操作和寻呼终端控制。卫星控制中心包括遥测、遥控站，负责卫星姿态控制、轨道控制等。地面关口站包括交换分系统、地球终端、地球终端控制器、消息发起控制器、关口站管理分系统五个部分，它的四个外部接口分别为关口站到卫星的接口、关口站到国际交换中心的接口、关口站到 Iridium 商务支持系统的接口、关口站到系统控制段的接口。

4）Iridium 用户段

Iridium 的用户段主要包括信息收发装置（message transceiving device，MTD）和手持机（Iridium subscriber unit，ISU），也包括太空终端、太阳能电话等。Iridium 的手持机终端照片如图 1-32 所示。

ISU 包括用户识别模块（subscriber identity module，SIM）卡和无线电话机两个主要部件，可以向用户提供语音、数据（2.4kbit/s）和传真（2.4kbit/s）业务服务。而 MTD 则与寻呼机相似，有数字式和字符式两种。

3. Thuraya

1）系统概述

Thuraya 由 3 颗在轨服役卫星组成，分别是 Thuraya-1、Thuraya-2、Thuraya-3。这 3 颗卫星均由美国波音公司发射。该系统结合全球移动通信系统（global system for mobile communication，GSM）和 GPS，能够为移动用户提供包括语音、数据、传真和短信等通信服务。Thuraya 向用户终端所能提供的服务分为电信服务、传送服务、增值服务。此外，Thuraya 在轨设计寿命为 10～12 年。图 1-33 展示了 Thuraya 的基本组成，它包括空间段、地面段和用户段。

图 1-32 Iridium 手持机终端照片

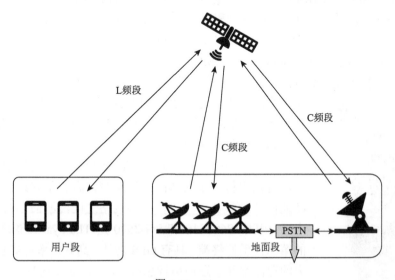

图 1-33 Thuraya

PSTN 指公用电话交换网（public switched telephone network）

2）Thuraya 空间段

Thuraya-1 卫星于 2000 年 10 月 21 日成功发射，位于东经 28.5°，是中东地区第一颗移动通信卫星。Thuraya-2 卫星于 2003 年 6 月 10 日发射，位于东经 44°，轨道距地球 35786km。Thuraya-3 卫星于 2008 年发射，位于东经 98.5°。Thuraya 卫星系统设计容量为 13750 个卫星信道，最大支持 175 万用户，地面关口站位于阿联酋，服务整个卫星信号覆盖区域，为亚太地区的行业用户和个人用户提供手持移动通信和卫星 IP 业务。

Thuraya 的 3 颗卫星的设计充分考虑了优化热点波束覆盖区域的信号接收问题，卫星具备高功率的特性，可以灵活地将总功率的 20%分配给任何一个点波束。Thuraya 卫星设计还具备多点波束和移动通信有效载荷的优点，结合 L 频段直径为 12.25m 的收发公用天线和星上数字处理器，形成动态相控阵天线。系统采用灵活的通信流量自适应技术，能够重新配置波束覆盖。

3）Thuraya 地面段

Thuraya 地面段包括位于阿联酋的地面网关、网络运行中心以及卫星控制设备，利用同时融合 GSM、GPS 的卫星网络向用户提供通信服务，在覆盖范围内移动用户之间可以实现单跳通信。

Thuraya 地面段的主信关站建在阿联酋的阿布扎比，区域性信关站基于主信关站设计，可以根据当地市场的具体需要建立和配置相应的功能，独立运作并且通过卫星和其他区域信关站连接，提供和 PSTN/PLMN（PLMN 指公共陆地移动网（public land mobile network））的多种接口。地面段控制设备可以分为三类：命令和监视设备、通信设备，以及轨道分析和决策设备。命令和监视设备监视并控制卫星的工作姿态，分为卫星操作中心（satellite operation center，SOC）和卫星有效载荷控制点（satellite payload control point，SPCP）。SOC 负责控制和监视卫星的结构及健康，而 SPCP 负责控制和监视卫星的有效载荷。通信设备则用于通过一条专用链路传输指令及接收空间状态和流量报告。轨道分析和决策设备则计算卫星的空间位置，控制卫星以保持和地球的同步。

4）Thuraya 用户段

Thuraya 用户段是双模（GSM 和卫星）的移动卫星终端，包括手持、车载和固定终端等，融合了陆地和卫星移动通信两种服务，可以在两种网络之间漫游而不会使通信中断。其中 SO-2510 和 SG-2520 是 Thuraya 卫星通信公司的第二代手持终端，具有 GPS 功能、高分辨率的彩色屏幕、大的存储空间、通用串行总线（universal serial bus，USB）接口，并且支持多国语言。图 1-34 为 Thuraya 终端的外观照片。

图 1-34　Thuraya 终端

4. VSAT

1）系统概述

VSAT 也称为卫星小数据站（小站）或个人地球站（private Earth station，PES），这里的"小"指的是 VSAT 卫星通信系统中小站设备的天线口径小，通常为 0.3～1.4m。VSAT 以通信卫星为中继，通过卫星与地面有线网络实现互联互通，能够提供数据和语音业务[31]。VSAT 的频率包括 L、S、C、Ku 和 Ka 频段，主要工作在 Ku 和 C 频段。

目前全球有多达上百颗工作在 Ku 和 C 频段的卫星提供 VSAT 服务，覆盖我国和周边地区的 Ku 和 C 频段卫星资源也非常丰富，包括亚洲卫星公司的亚洲4 号和亚洲 5 号、亚太卫星公司的亚太 5 号和亚太 7 号，以及中国卫通公司的中星 6A 和中星 10 号等，能为我国政府、军队、金融、能源、交通等部门提供可靠的通信服务。

VSAT 由空间段和地面段组成，如图 1-35 所示。

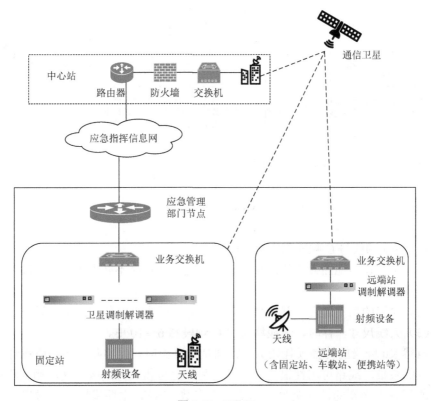

图 1-35　VSAT

2）VSAT 空间段

VSAT 的空间部分是 C 频段或 Ku 频段同步卫星转发器。C 频段电波具有传播条件好、受降雨影响小、可靠性高等特点。同时，工作在 C 频段的小站设备简单，可利用地面微波成熟技术，开发容易，成本较低。但由于存在与地面微波线路干扰的问题，功率通量密度不能太大，限制了天线尺寸进一步小型化，而且在干扰密度强的大城市选址困难。为了减小天线尺寸，通常采用扩频技术降低 C 频段的功率谱密度，但同时也限制了数据传输速率的提高。卫星转发器根据转发机理分为两类，即透明转发器和再生转发器，工作原理如图 1-36 所示。透明转发器的原理是不对通信信号做任何处理，当卫星接收到来自地面站发射的信号后，经低噪声放大器（low-noise amplifier，LNA）放大，再与卫星转发器的本振频率进行混频，将混频后的信号过滤后经过行波管放大器（traveling-wave tube amplifier，TWTA）放大，送到卫星天线直接发射到地面。再生转发器与透明转发器不同，它将接收到的地面信号进行解调解码，还原成基带数据，再经过转发器的交换处理后，重新调制，再经过功率放大，由天线发射到地面。

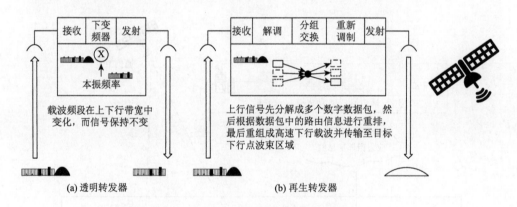

图 1-36　VSAT 卫星转发器示意图

通常 Ku 频段与 C 频段相比具有以下优点：

（1）不存在与地面微波线路相互干扰问题，架设时不必考虑地面微波线路，可以随意安装；

（2）允许的功率通量密度较高，天线尺寸可以更小，传输速率可以更高；

（3）天线尺寸一样时，天线增益比 C 频段高 6～10dB。

虽然 Ku 频段的传播损耗较大，特别是在降雨时，但实际上在线路设计时都有一定的余量，线路可用性很高，在多雨和卫星覆盖边缘地区，使用稍大口径的天线即可获得必要的性能余量。因此，大多数 VSAT 主要采用 Ku 频段，只有 ContelASC 公司（现 GTE Spacenet 公司）的扩频系统工作在 C 频段。当其他非扩频系统工作在 C 频段时，则需要较大的天线和较大的功率放大器，并占用卫星转发器较多的功率。

　　3）VSAT 地面段

　　VSAT 的地面段由主站、小站和网络控制单元（network control unit，NCU）组成。其中主站的作用是汇集卫星的数据然后向各个小站分发数据，小站是卫星通信网络的主体，VSAT 就是由许多小站组成的，站点越多每个站分摊的费用就越低。一般小站直接安装于用户处，与用户的终端设备连接。为了降低成本，对于小站数目不多（300～400 个）的 VSAT 网，可采用天线尺寸为 2～5m 的小型主站。典型的主站和小站参数如表 1-5 所示[32]。

表 1-5　典型的主站和小站参数

参数	数值/范围	
	主站	小站
发送频段/GHz	5.925～6.425（C 频段） 14.0～14.5（Ku 频段）	5.925～6.425（C 频段） 14.0～14.5（Ku 频段）
接收频段/GHz	3.625～4.2（C 频段） 10.7～12.75（Ku 频段）	3.625～4.2（C 频段） 10.7～12.75（Ku 频段）
天线形式	轴对称反射器	偏置单反射器
天线尺寸/m	8～10（大型） 5～8（中型） 2～5（小型）	1.8～3.5（C 频段） 1.2～1.8（Ku 频段）
极化方式	圆极化（C 频段） 线极化（Ku 频段）	圆极化（C 频段） 线极化（Ku 频段）
极化间隔/dBm	35（轴向）	35（轴向）
功率放大器输出功率/W	100～200TWTA（C 频段） 5～100TWTA（Ku 频段） 5～20SSPA（C 频段） 3～5SSPA（Ku 频段）	3～30SSPA（C 频段） 0.5～5SSPA（Ku 频段）
接收机噪声温度/K	35～55（C 频段） 80～120（Ku 频段）	35～55（C 频段） 80～120（Ku 频段）
EIRP/dBW	—	36～42（C 频段） 43～53（Ku 频段）
G/T/(dB/K)	—	13～14（C 频段） 14～18（Ku 频段，晴天） 19～23（Ku 频段，99.99%的时间）

注：SSPA 指固态功率放大器（solid state power amplifier）。

　　（1）主站：主站称为中心站（中央站）或枢纽站，是 VSAT 网的核心。VSAT 典型主站的构成如图 1-37 所示。它与普通地球站一样，使用大型天线，天线直径一般为 3.5～8m（Ku 频段）或 7～13m（C 频段），并配有高功率放大器（high power amplifier，HPA）、LNA、上/下变频器、调制解调器及数据接口设备等。在以数据业务为主的 VSAT 网中，主站既是业务中心也是控制中心。作为业务中心（网络的中心节点），主站通常与主计算机放在一起或通过其他（地面或卫星）线路与主计算机连接；同时在主站内还有一个 NCC 负责对全网进行监测、管理、控制和维护。在以语音业务为主的 VSAT 网中，控制中心与业务中心可以在同一个站，也可以不在同一个站，通常把控制中心所在的站称为主站或中心站。由于主站涉及整个 VSAT 网的运行，发生故障会影响全网正常工作，故主站设备皆有备份。为了便于重新组合，主站一般采用模块化结构，设备之间采用高速局域网的方式互联。

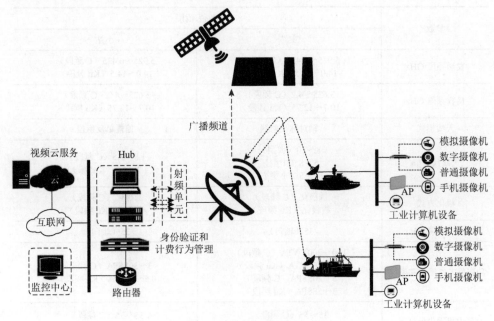

图 1-37　VSAT 典型主站

AP 指无线接入点

（2）小站：VSAT 小站由小口径天线、室外单元和室内单元组成，一个一体化的 VSAT 典型小站如图 1-38 所示。VSAT 天线有正馈和偏馈两种形式，正馈天线尺寸较大，而偏馈天线尺寸小、性能好（高增益、低旁瓣），且结构上不易积冰雪。通常采用直径为 1～2.5m（C 频段不超过 3.5m，而单收站可小于 1m）的偏馈抛物面天线。室外单元主要包括 GaAs 场效应管（field effect transistor，FET）固态功放、低噪声场效应放大器、上/下变频器和相应的检测电路装置，整个单元可以装在一个小金属盒子内直接挂在天线反射器背面。室内单元主要包括调制解调器、编码/译码器和数据接口设备等。室内外两单元之间以同轴电缆连接，传送中频信号和供电电源，整套设备结构紧凑、造价低廉、全固态化、安装方便、环境要求低，可直接与其数据终端（计算机、数据通信设备、传真机、电传机等）相连，不需要地面中继线路。输入信号和协议的转换都在小站接口设备中完成。例如，在语音接口中将标准的公用电话网协议转换为 VSAT 网络协议，而在数据接口中将数据协议（如 TCP/IP）转换为 VSAT 协议。原始语音、数据相应的协议和地址在 VSAT 主站的接收端回复。

图 1-38　一体化的 VSAT 典型小站

1.3　卫星互联网

在对卫星互联网下定义之前，先介绍卫星星座的概念。卫星星座是由一组人造卫星组成的系统[33]，只要有足够数量的卫星，就可以提供永久性覆盖全球的通信，也就是说卫星星座能保证在地球上任何地方、任何时间都至少有一颗卫星的通信信号覆盖。卫星星座的卫星通常部署在一组互补的轨道平面上，并随时与分布在全球的地面站进行通信，即星地通信，而卫星星座之间的通信则称为星际通信。

卫星星座的卫星通常采用 MEO 卫星和 LEO 卫星[34]，因为这些卫星的星地通信具有更高的带宽、更低的通信损耗与时延。具体来说，相比于 GEO 卫星超过 600ms 的往返传播延迟，MEO 卫星的时延低至 125ms，而 LEO 卫星的时延更是低至 30ms，甚至比光纤链路的时延还低。由于卫星星座的这些优势，且卫星的发射成本不断降低，利用卫星星座来提供低时延、高带宽、全球覆盖的互联网服务成为科技和产业界关注的前沿和热点，催生了卫星互联网的高速发展以及全球卫星星座建设的热潮。

1.3.1　卫星互联网的定义和特点

卫星互联网设计之初是为了实现传统互联网所能提供的大部分服务[11]，它本质上是一种基于卫星网络的低成本宽带接入技术，也称为宽带卫星网络。卫星互联网与卫星通信、卫星网络的关系如图 1-39 所示。卫星互联网是由一个或多个网关（一般是大型地面站或者星型网络拓扑中的 Hub 地面站）以及数个具有收发功能的卫星终端组成，它利用通信卫星信道（转发器）上的卫星资源，来提供多种类型（如单播、多播、广播和复用）的双向链路连接。由于所针对的市场不同，卫星终端和网关的特性在结构与功能上会有很大差异：消费市场需要廉价、模块化且功能高度集成的卫星终端，而专业卫星市场则需要高端、个性化且能够聚合 LAN 流量的卫星终端。此外，卫星互联网可以根据实际需求情况选择不同的拓扑架构，包括单星型、多星型、网状或混合型的网络拓扑架构。

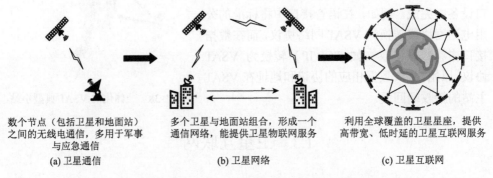

数个节点（包括卫星和地面站）　　　多个卫星与地面站组合，形成一个　　　利用全球覆盖的卫星星座，提供
之间的无线电通信，多用于军事　　　　通信网络，能提供卫星物联网服务　　　高带宽、低时延的卫星互联网服务
与应急通信

(a) 卫星通信　　　　　　　　　　　(b) 卫星网络　　　　　　　　　　　(c) 卫星互联网

图 1-39　卫星通信、卫星网络和卫星互联网的关系

卫星提供的互联网服务是基于知名的数字视频广播（digital video broadcast，DVB）系列标准设计的[35]。在最初的 DVB-S（digital video broadcasting-satellite）和 DVB-S2（digital video broadcasting-satellite-second generation）标准中，设计了用于传输视频和音频流数据的格式，随后又扩展到支持 IP 数据报，之后又开发了卫星专用标准 DVB-RCS（digital video broadcasting-return channel via satellite），用于规定卫星终端到网关的数据流规范。此外，欧洲电信标准化协会（European Telecommunications Standards Institute，ETSI）和互联网工程任务组（Internet Engineering Task Force，IETF）也设计了多项涉及 IP 网络协议和网络架构的实施细节标准，这些标准都推动了卫星广播系统以及卫星互联网服务的发展。

1.3.2　卫星互联网的协议栈结构

卫星互联网的协议栈在图 1-11 中卫星网络 IP 参考模型基础上，在物理层、链路层和网络层进行了拓展。因为卫星互联网是一种特性比较接近于地面无线通信的无线电技术，所以卫星互联网的协议栈结构主要关注卫星网络 IP 参考模型的底层[11]，即物理层和链路层。图 1-40 展示了卫星互联网的协议栈结构，该协议栈包括卫星物理（satellite physic，SPHY）层、卫星介质访问控制（satellite medium access control，SMAC）层、卫星链路控制（satellite link control，SLC）层与网络层。其中 SPHY 层相当于传统协议栈的物理层，SMAC 层、SLC 层相当于传统协议栈的链路层。此外，卫星独立服务访问协议（satellite independent-service access protocol，SI-SAP）则位于链路层与网络层之间。

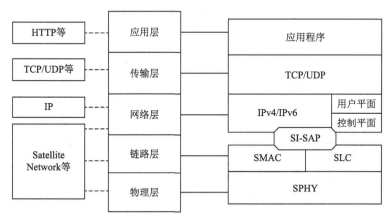

图 1-40　卫星互联网的协议栈结构

1. SPHY 层

SPHY 层是卫星互联网协议栈的最底层，该层用于从 SMAC 层接收数据帧，并以数据包的形式将接收的数据通过物理介质进行传输。

2. SMAC 层

SMAC 层位于 SPHY 层之上以及网络层之下，和 SLC 层同属于链路层，它主要负责为网络层提供传输服务并向物理层发送和接收数据包。

在用户平面中，SMAC 层与 SPHY 层绑定在一起，以便发送突发网络流量并接收所有 TDMA 的 MPEG-2 数据包。此外，SMAC 层能够根据数据包标识符，对将要传递到协议栈上层的数据包进行过滤操作。

在控制平面中，SMAC 层支持回传信道卫星终端（return channel satellite terminal，RCST）的登录和同步：在无线电通信交互中，SMAC 层会先向 SPHY 层发送特定的公共信令信道（common signalling channel，CSC）值、48 位介质访问控制（medium access control，MAC）地址和 24 位的终端容量值用于登录，然后使用特定同步（synchronization，SYNC）值进行容量与同步请求。

3. SLC 层

SLC 层由一组与控制相关的功能和机制构成，旨在保证 IP 数据包能够转发至物理层并控制这些数据包在卫星节点之间的传输。图 1-41 展示了 RCST 中 SLC 层的功能架构。

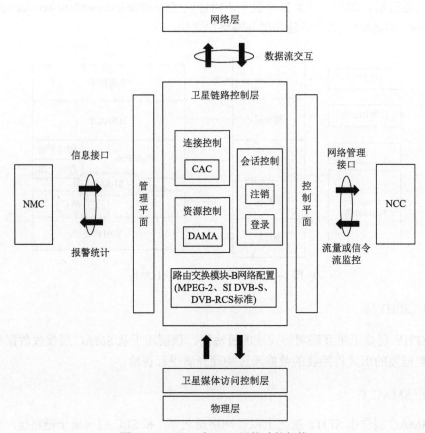

图 1-41　RCST 中 SLC 层的功能架构

CAC 指控制分析中心（control analysis center），DAMA 指按需分配多路访问（demand assignment multiple access）

SLC 层主要包含以下三个功能：

（1）会话控制功能。建立起一个通信设备之间的半永久性信息交互环境，并在交互完毕之后关闭该环境，会话控制是基于 DVB-RCS 标准，通过会话控制上下文中的 RCST 与 NCC 之间的信令信息交换实现的。此外，会话控制的流程包括前向链路获取、登录/注销流程和同步流程等。

（2）资源控制功能。资源控制基于 DVB-RCS 定义的时隙分配流程标准，主要负责卫星容量的请求与生成、缓冲区调度、流量控制、消息分配处理和信令发射控制。

（3）连接控制功能。连接控制主要负责单个 RCST 与 NCC 之间和多个 RCST 之间连接的建立、释放和修改。

正如图 1-41 所示,只要 SLC 层能够提供实时的配置参数、登录参数和在空口上传输的流量包,RCST 就可通过管理平面与信息接口向 NMC 上报统计的报警次数,也可以通过控制平面与网络管理接口向 NCC 报告物理参数值来实现对流量和信令流的监控。

4. 网络层

网络层提供与交换机和路由器接口的端到端连接,以便将数据流量传输到各个网络服务应用,如语音传输、IP 多播、互联网访问和 LAN 互联。

网络层同样分为用户平面和控制平面。在用户平面,网络层主要有两个接口,一个是带有 SLC 层的 IP 数据报,另一个是 RCST 和用户终端之间的 IP 数据报。而在控制平面,网络层需要实现 IP 路由和地址解析以支持所提供的服务。

卫星互联网中的 IP 路由能够跨越各种不同类型的网络来进行互联网连接,它的功能组织在一个"客户端-服务器"架构的去中心化路由器中,这些路由功能一部分位于充当客户端角色的 RCST 或网关中,而另一部分则位于充当路由服务器的 NCC 中。每次客户端需要路由 IP 数据包时,它都会向路由服务器询问获取该数据包所需的信息,并将路由服务器发送的路由信息保存起来。每次 IP 数据包进入卫星互联网时,RCST 或网关会尝试获取目标设备 MAC 地址以确定数据包的发送目标。RCST 或网关会先在其路由表中查找,若在路由表中不存在,则通过连接控制协议(connection control protocol,C2P)来向 NCC 发出地址解析请求。

综上,RCST 会像路由器那样去执行 IP 路由功能。当 RCST 接收到一个 IP 数据包时,它都会获取目标设备 MAC 地址或下一跳路由的 MAC 地址从而实现数据包的转发。此外,NCC 集中管理相关节点地址以及连接这些节点的路径信息,这些信息对于实现卫星互联网上各个节点的互联是必不可少的。这里的节点指的是托管在 RCST 子网上的任何用户设备,该设备具有唯一的 IP 地址标识且该标识属于 RCST 的子网掩码之一。

另外,卫星互联网上常用的一种传输和存储包含视频、音频与通信协议各种数据的标准格式是 MPEG-2 TS(传输流),该数据格式会要求提供各个 RCST 的多协议封装 MAC 地址。为此,NCC 使用了一种地址解析机制,这种机制能够将用户设备的 IP 地址与 RCST 的多协议封装 MAC 地址相互关联。

此外,为了加快连接建立过程,地址解析和连接建立会在同一个事务中进行,来自 RCST 的连接建立请求中也包含一个地址解析请求,同样 NCC 在提供连接参数时也会响应地址解析请求。

下面进一步分析卫星互联网信道特性对 TCP 的影响。TCP 是一个面向连接的、用户终端之间的端到端协议[11],为主机中的进程对提供可靠的进程间通信，它从 IP 协议栈获取相关数据报。原则上，TCP 能够在各式各样的通信系统上运行，包括 LAN、分组交换网络、电路交换网络、无线移动网络以及卫星互联网。

在卫星通信中，TCP 的可靠传输会受以下多个信道特性的影响[36]，导致卫星互联网传输性能降低：

（1）长反馈回路。由于卫星数据的传播延迟，TCP 发送方需要花费大量时间确认数据包是否已被目标成功接收。这种延迟会降低远程登录等交互式应用程序的可用性，给 TCP 拥塞控制算法带来挑战。

（2）大延迟带宽。大延迟带宽中的延迟指的是往返时延（round-trip time，RTT），带宽指的是网络路径中瓶颈链路的容量。为充分利用可用信道的容量，延迟带宽技术需要 TCP 定义一种"传输中"的数据包状态，表明数据包已传输但尚未被接收节点确认。卫星互联网环境中数据传输的延迟可能会很大，因此必然存在大延迟带宽的情况。

（3）传输错误。在卫星信道上的数据传输比地面网络的数据传输存在更高的误码率与 TCP 丢包率。TCP 丢包一般有多种原因，如网络拥塞或者接收器损坏，实际数据传输过程中有可能无法知道丢包原因，但即使是在不知道丢包原因的情况下，为避免拥塞机制崩溃，TCP 仍然必须先假设丢包是由网络拥塞引起的，并通过减小滑动窗口来尝试缓解拥塞。

（4）非对称使用。卫星网络的通信一般是非对称的，返回信道的数据传输速率受限，这种非对称通信会对 TCP 的性能产生影响。

（5）可变 RTT。在 LEO 卫星星座中，RTT 随时都在变化。

（6）间歇性连接。当需要对地面某个区域提供持续的互联网服务时，除了 GEO 卫星以外的其他卫星，其 TCP 连接必须不时地在多颗卫星与地面站之间切换，如果切换过程执行不当，可能会导致数据包丢失。

为降低卫星通信的信道特性对 TCP 的影响，目前已提出多种方法来提升卫星互联网中 TCP 连接的数据传输性能[37]，如 TCP 欺骗。

TCP 欺骗的原理是在卫星链路完成数据传输之前，路由器直接向发送方发送 TCP 确认信息，形成传播延迟短的错觉。当路由器收到接收方发回的确认信息时，就不再将其返回给发送方；而当接收方没有发回 TCP 确认信息时，说明接收方可能没有收到全部的数据报，此时由该路由器来负责重新传输接收方丢失的数据报。

1.3.3 全球卫星星座项目的建设情况

受 SpaceX 公司星链项目的影响，全球主要发达国家与重要企业陆续开始策划并实施各自的卫星星座项目，并演变为大国之间博弈的战略竞争，进一步向军事领域拓展。目前，全球计划部署的巨型星座就多达 18 个，SpaceX 星链项目是公认的部署速度最快、卫星数量最多且成功组网并投入商用的巨型星座系统。OneWeb、LeoSat 等也紧随其后，发射并部署由数百颗卫星组成的星座系统。此外，亚马逊的 Kuiper、加拿大通信公司的 Telesat 也计划发射千颗卫星的卫星星座项目。本节将介绍目前在线运行的典型卫星星座，分别是星链（Starlink）、Planet、鹰眼 360、OneWeb 及 LeoSat。

1. 星链

1）星链概述

2015 年，SpaceX 公司投入 100 亿美元发起一项名为"星链"的项目[38]，该项目计划于 2019～2024 年在太空 LEO 上搭建约 12000 颗卫星并形成大型的 LEO 卫星星座。SpaceX 拟利用这些卫星搭建起地球上除了南北极以外其余地区信号全覆盖的星链网络，并提供高密度、高通量、低时延与低成本的互联网服务。SpaceX 声称这种卫星互联网服务能与现有光纤网络相媲美，并只有 25～35ms 的网络延迟，还承诺将持续提高卫星互联网服务质量，在未来为单用户提供的访问速率将高达 1Gbit/s，时延低至 10ms。目前，星链已为全球 22 个国家的超 14 万活跃用户提供星链宽带服务，这些国家主要是美国、加拿大、英国、德国等，在亚洲包括日本、印度、巴基斯坦等国家，目前还未向我国提供接入服务。

该项目于 2015 年正式启动，并在 2018 年 2 月发射了两颗测试卫星。随着SpaceX 在火箭复用技术的愈加成熟以及卫星制造成本的不断降低，星链项目的卫星部署节奏正在逐渐加快：2019 年 5 月起，SpaceX 每月基本都会发射火箭并部署平均 2～3 批卫星至前四个轨道层；2020 年 3 月起，随着单颗卫星成本压缩至 50 万美元以下，SpaceX 更是每天至少制造 6 颗卫星；2021 年 12 月 18 日，SpaceX 在发射轨道第四层的星链卫星任务中，历史性创下一箭 11 飞 11 次回收复用纪录[39]；截至 2021 年 12 月 19 日，该项目已无可争议地成为全球在建规模最大、建设速度最快的卫星宽带互联网项目。

表 1-6 列出了星链项目约 12000 颗卫星的发射规划以及当前建设情况。从该规划表中可以得知，星链项目的卫星部署规划根据卫星工作轨道的不同共分为两个阶段，第一阶段部署的卫星高度都为 550km 左右，第二阶段部署的卫星高度则在 340km 左右。截至 2023 年 3 月 3 日，该项目已发射第一阶段的 3812 颗卫星，其中 3462 颗已正常工作并投入星链项目的运行。SpaceX 会争取在 2024 年完成第一阶段，也就是实现 4408 颗卫星的部署，然后于 2027 年完成后面 7518 颗卫星的部署任务。

表 1-6　星链项目的规划与建设状态

阶段	轨道壳			轨道平面			承诺完成日期		部署卫星	
	轨道层	高度	卫星数/颗	倾斜度	发射次数	单次卫星数	半程	全程	运行中(2023.3.3)	非运行(2023.3.3)
1	轨道层 1	550km(340mi)	1584	53.0°	72	22	2024年3月	2027年3月	1457	268
	轨道层 4	540km(340mi)	1584	53.2°	72	22			1568	69
	轨道层 2	570km(350mi)	720	70°	36	20			250	3
	轨道层 3	560km(350mi)	348	97.6°	6	58			187	10
	轨道层 5		172		4	43			0	0
2	轨道层 6	335.9km(208.7mi)	2493	42.0°			2024年11月	2027年11月	0	0
	轨道层 7	340.8km(311.8mi)	2478	48.0°					0	0
	轨道层 8	345.6km(214.7mi)	2547	53.0°					0	0

此外，除了该规划表里的约 12000 颗卫星，SpaceX 还准备为星链项目额外增补 30000 颗卫星[40]，并向美国联邦通信委员会（Federal Communications Commission，FCC）申请了这些额外卫星的频谱。

2）星链项目的卫星设计特点

星链项目采用的卫星基本是质量为 100～500kg 的小型卫星，这些卫星采取了一种独特的紧凑平板型结构[41]，使单次运载火箭可以搭载至多 60 颗卫星。图 1-42 是星链项目于 2019 年 5 月 24 日首次进行一箭 60 星部署之前的卫星排布

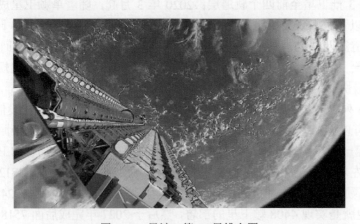

图 1-42　星链一箭 60 星排布图

图。在卫星配置上，每颗卫星都装载了 4 副相控阵天线、单太阳能帆板、氪离子推进器以及定制的内置导航传感器，为防止卫星碰撞并产生空间碎片，卫星系统都安装了自动避撞机制和自动脱轨机制并采用美国国防部提供的太空碎片数据库进行实时监控，因此卫星可根据上行跟踪数据自主避免碰撞。此外，为避免产生太空垃圾，所设计的星链卫星只拥有 5 年寿命，每当自身寿命结束时，卫星会主动脱离轨道并在大气层烧毁。

SpaceX 还考虑到星链星座未来可能会对光学、射电天文台造成观测干扰，将 25 批已部署的星链卫星装配了遮光板以降低反射率，并在未来实时与各大天文台、国际机构保持沟通与反馈。

3）星链的通信链路与路由特点

根据 SpaceX 提交给 FCC 的文件[42]，星链项目采用的卫星将在 Ku 和 Ka 频段进行通信，并在未来考虑采用通信频谱中很少使用的 V 频段进行通信。通信方面还采用了相控阵波束成形和数字处理等技术，其中，SpaceX 已将相控阵波束技术的细节公开。在星际链路（inter-satellite link，ISL）方面，星链项目初期由于采用弯管卫星，星与星之间并没有建立 ISL。自 2020 年底开始，星链卫星为实现星上路由转发，采用了激光 ISL 技术。目前，SpaceX 尚未公开星链项目中有关激光 ISL 的技术细节。

星链路由在实际场景下，需要保证数据包头信息尽可能少，并且以鲁棒、分散的方式利用 IP 地址、物理位置和网络拓扑之间的映射，来实现从地面终端到多颗卫星再到地面终端的网络连接。SpaceX 的首席执行官（chief executive officer，CEO）马斯克在推特中透露星链采取了一种比 IPv6 更为精巧的点对点协议[43]，该协议还在本地整合了端到端加密的功能，但基于保密原则，星链路由更具体的技术细节没有公布。一篇博客[44]对星链路由的架构设计提出了一个可能的方案：首先，数据包的包头会由 SpaceX 提供并进行加密，该包头会对源节点的地理位置进行编码，编码后会被分成多个变长的片段，并被时空演化相关的密钥加密。这些密钥有一秒有效期，并且每颗卫星都有一个这样的密钥，此外，卫星还会根据当地时间和自身的位置不断更新密钥。每当数据包途经某个路由时，该路由拥有的密钥只能解密包头中的大致流向信息，该路由器可根据此信息分析并将其放到适当的输出通道上。有关轻量级路由加密算法请参考 4.5.1 节。

为进一步分析星链卫星在全球不同维度的通信覆盖特性，图 1-43 显示了部署第一阶段工作高度为 550km 的 1584 颗星链卫星之后，各纬度地区可见的卫星数量。可见，这 1584 颗卫星能够提供南北纬 60°以内地区的信号连续覆盖，并提供任意时刻下最少两颗卫星的通信信号覆盖。此外，由于全球在不同纬度人口分布不同，如南北纬 30°～50°是人口最多的地方，星链卫星重点关注这一区域的信号覆盖并在这一区域部署了最多的卫星以提供互联网服务，从图中可知，南北纬

30°～50°的任意地区，可见卫星数量平均能达到 9～20 颗，能够形成较好的通信覆盖，而其他纬度地区的可见卫星数量都比较少，通信覆盖效果较差。

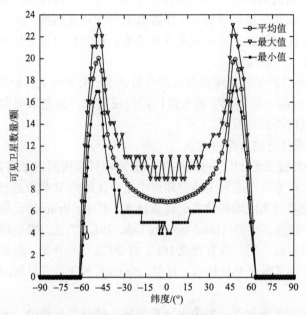

图 1-43 星链卫星的可见卫星数随纬度的变化

4）星链的网络容量

如何为用户提供按需容量的网络接入服务是星链建设的首要目标，而卫星互联网的容量主要取决于两个方面，分别是网络（供给侧）能提供的容量以及市场/用户（需求侧）所需求的带宽。

供给侧所提供的容量需考虑卫星系统自身的工作机制（弯管卫星还是路由转发卫星）以及链路本身的传输性能与速率。在星链项目的初期阶段，发射的卫星主要是无法建立星间链路的弯管卫星；自 2020 年底开始，星链项目开始采用路由转发卫星构建激光 ISL 以实现星上流量的交换。这两种卫星构成的系统在整个网络工作模式及业务流处理机制方面都有所不同，包括它们的容量分析方法。图 1-44 是弯管卫星与路由转发卫星网络流量的容量分析示意图。

在图 1-44 中，网络所能提供的容量等于地面站流量入口的总传输速率 T_IN，也等于所有用户终端流量出口的总传输速率 T_OUT。对于弯管卫星系统，当用户终端尝试获取网络服务时，如果所在地区没有地面站部署，即使能够与卫星通信也无法获得网络服务；相比而言，路由转发卫星系统则不需要在全球布设地面站即可实现面向全球的互联网服务，这是因为用户终端可通过 ISL 或星地路由来获取网络服务。

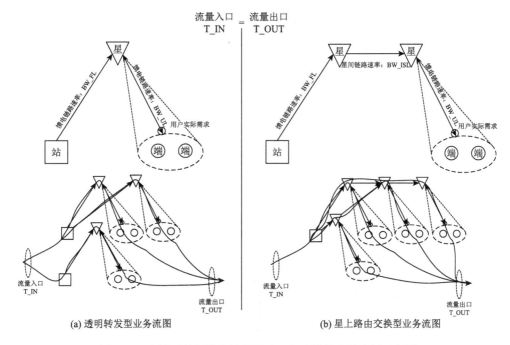

图 1-44 弯管卫星与路由转发卫星网络流量的容量分析示意图

理论上，星链所规划的单星用户链路速率可达 17～23Gbit/s，平均速率为 20Gbit/s，那么星链项目最初发射的 1584 颗卫星理论上能提供 20Gbit/s×1584 = 31.68Tbit/s 的网络容量。但卫星在大多数时间内都位于广袤的海洋上空，无法真正发挥单星 20Gbit/s 的容量。此外，实际网络容量评估时不仅需考虑供给侧，还必须考虑需求侧，也就是全球潜在的卫星互联网业务需求，这涉及全球人口分布、经济发展、当地通信设施普及率、卫星通信渗透率等因素。

结合供给侧和需求侧的相关因素，有研究人员对星链项目的网络容量进行了分析[45]：对于第一阶段工作轨道为 550km 的 1584 颗卫星，当前总计可提供 2.17Tbit/s 的容量，此外可通过提升馈电链路传输速率或是在全球多个地方部署地面站，来突破网络容量的瓶颈，最终可将 1584 颗卫星的网络容量提升至 15.38Tbit/s。当星链项目约 42000 颗卫星（包括后面申请了频谱的 30000 颗卫星）完成部署时，预估整个星链卫星星座能提供 407.09Tbit/s 的网络容量。

5）星链的专用终端设备

与 Iridium、Thuraya 和 INMARSAT 的服务不同的是，星链不会让卫星直连到手机或计算机来提供服务，而是专门为用户设计了地面雷达终端产品来接收来自这些卫星的通信信号，这些终端产品具有相控阵天线，只要将它们放置在空旷地带，就能够实时跟踪太空中与星链相关的卫星。

SpaceX 已在美国推出了星链 Beta 版本的个人用户付费服务[46]，该服务的价格为每月 99 美元，此外还需订购 499 美元的终端套件。图 1-45 展示了星链个人用户终端套件，包括卫星连接终端、天线及三脚架、WiFi 路由器、电源适配器。SpaceX 声称，Beta 版本的卫星互联网接入服务带宽可达 50～150Mbit/s，迟延在 40ms 左右。

图 1-45　星链个人用户终端套件

此外，SpaceX 也与政府、机构和企业进行了相关合作，并为港口、地面站、军用设施、偏远地区和民用客机等定制专用终端，这些终端拥有比个人用户终端更好的性能，并提供更稳定可靠的 24h 卫星互联网服务。

6）星链项目的业务拓展情况

除了提供基本的卫星互联网服务，星链项目还与美国国家和各个企业机构建立合作，进行大量军事、商业、民用等业务方面的拓展：为保障星链卫星星座的整体稳定运行，SpaceX 在美国兴建 42 个大型地面站，并在澳大利亚也建了 24 个，同时，FCC 还批准 SpaceX 可在美国部署 100 万个终端机与 12000 个地面接收站；与美国空军合作，为美军的比奇 C-12 飞机、AC-130 武装直升机提供高达 610Mbit/s 的测试网速，并完成了使用星链宽带情况下的空地联合实弹演习；与美国陆军合作，提供给陆军作战平台一种新型的通信手段；为微软的 Azure 模块化数据中心提供云计算服务；为美国国防部太空发展局（Space Development Agency，SDA）提供基于星链卫星平台的反导弹跟踪卫星；为美国特种作战司令部提供一种小型便携式可充电星链天线，虽然目前天线仍有 0.5 米的直径，但 SpaceX 表示会在未来继续缩短天线以达到协助特种作战的目的；星链还在 2021 年 5 月 6 日首次应用于星舰原型机 SN15，为其提供网络直播及通信服务。

2. Planet

1）Planet 概述

Planet 是 Planet Labs 公司搭建的卫星星座[47]，这家公司位于美国旧金山，是一家地球成像私有企业，Planet 卫星星座会每天进行行星监测、地表成像与情报收集，从而为军事、政治、经济、教育等行业提供第一手的情报并预测趋势。

该公司从 2010 年创立以来，已向太空成功发射 30 次运载火箭，并累计部署了 452 颗卫星。Planet 目前仍拥有超过 150 颗在轨卫星，这些卫星每天能收集超过 3.5 亿 km^2 的图像。

2）Planet 的卫星设计特点

如表 1-7 所示，Planet 拥有的卫星星座实际上由三种不同的卫星组成，它们分别是 Doves、RapidEye 和 SkySat。Doves 是一种质量约 5kg 的立方体卫星并在大约 400km 高的轨道上运行，它的成像分辨率在 3～5m。RapidEye 是一个由五颗卫星组成的小型卫星星座，每颗卫星质量大约为 150kg，这些卫星搭载了星载扫描仪与多光谱推扫式传感成像仪，它们在高度大约为 630km 的轨道上运行。RapidEye 每天能够收集覆盖超过 400 万 km^2 地区的五频段彩色图像，它的成像分辨率在 5m 左右。SkySat 是由亚米分辨率地球观测卫星组成的星座，可提供图像、高清视频和分析服务。SkySat 的卫星质量约为 100kg 并在 450km 的轨道高度运行，这些卫星上搭载了多光谱、全色和视频传感器，能够提供分辨率为 0.8m 左右的全色频段图像。

表 1-7　Planet 星座的三种卫星

	Doves	RapidEye	SkySat
选择频率	4（RGB，NIR）	5（RGB、红边、NIR）	5（RGB、NIR、全色波段）
功能	颜色增强、视觉、分析	颜色增强、视觉、分析	视觉、全色、泛锐多光谱、分析
像素重新取样	3m	5m	视觉、全色、泛锐多光谱：0.8m 分析：1m
辐射分辨率	视觉：8bit 分析：16bit		视觉：8bit 分析、全色和泛锐多光谱：16bit
位置精度	<10m		
成像文件格式	Geo TIFF		

注：NIR 指近红外光谱。

3. 鹰眼 360

1）鹰眼 360 概述

鹰眼 360 是一家射频数据分析公司，该公司拥有的商业卫星星座主要用于识别、处理和定位地球各区域的射频信号[48]，为政府、机构和企业提供海域感知、危机应对以及频谱映射与监测。

截至 2023 年 1 月 24 日，鹰眼 360 已发射的卫星按照发射次序共分为 6 个集群，此外还有 4 个集群随后依次发射与部署。当 10 个集群的卫星都投入工作时，鹰眼 360 卫星星座的重访周期将预计降低至 20min，从而支持对时间敏感的安全和商业应用。

2）鹰眼 360 的卫星设计特点

如图 1-46 所示，鹰眼 360 的卫星星座目前的集群都在不同的 LEO 上运行，各个集群分别拥有 3 颗卫星。集群 1 的 3 颗卫星于 2018 年 12 月被发射至太空，这 3 颗卫星都使用了一种新型水燃料电热推进系统[49]，并通过配备的软件定义无线电（software defined radio，SDR）来检测地面上各式各样的无线电频率。目前，这 3 颗卫星在以一种特殊的编队方式运转并对地球进行实时的信号映射和三边测量。集群 2 的 3 颗卫星于 2021 年 1 月 24 日成功部署，该集群的卫星能够一次收集多个射频信号来构建射频信息层，从而为射频分析功能提供更好的数据基础。相比于集群 1，集群 2 的每颗卫星还配备了经过改进的 SDR，因此可以收集更高质量的数据以进行更准确的地理定位。2021 年 6 月 30 日，鹰眼 360 在卡纳维纳尔发射了运载火箭并部署了集群 3 的 3 颗卫星。后续集群 4～集群 6 也在 2022 年～2023 年成功发射，这些卫星将继续增强鹰眼 360 的地理空间射频情报收集能力。

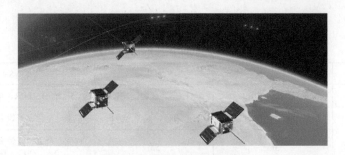

图 1-46　鹰眼 360 的卫星星座

4. OneWeb

1）OneWeb 概述

OneWeb 卫星星座由英国 One 公司在 2019 年 2 月到 2023 年中期发射的 648 颗

LEO 卫星组成[50]，与星链项目一样，OneWeb 的目标也是提供全球信号覆盖的卫星互联网带宽服务，但与星链不同的是，OneWeb 的主要客户群体是政府、大型企业、国防部门、电信运营商等，而不面向个人用户。截至 2023 年 3 月 9 日，OneWeb 已经成功发射并部署了 618 颗卫星，该卫星星座已成为除了星链卫星星座以外的最大在轨卫星群。OneWeb 已经在 2021 年底前先向北纬 50°以上的部分国家提供卫星互联网服务，这些国家和地区包括英国、阿拉斯加、北欧、格陵兰岛、冰岛、北冰洋和加拿大，然后在 2023 年底部署完全部 648 颗卫星以提供全球覆盖的卫星互联网服务。

2）OneWeb 的卫星设计特点

OneWeb 卫星星座中的卫星质量约为 150kg，在 OneWeb 的规划中，648 颗卫星将在高度为 1200km 的 12 个近极轨道平面上运行。这些卫星在 12～18MHz 的微波频段内进行通信，并在 Ku 和 Ka 频段分别提供卫星互联网用户与网关地面站的通信连接。OneWeb 卫星采用了一种"渐进式俯仰"的技术，即让卫星转动一定的角度来避免干扰 Ku 频段的 GEO 卫星。

3）OneWeb 的专用终端设备

目前 OneWeb 与 Intellian 公司达成了商业合作，由 Intellian 公司负责生产 LEO 卫星终端，如图 1-47 所示，该终端具有一个约 36cm×16cm 的相控阵天线、接收器和客户网络交换（customer network exchange，CNX）单元，其中 CNX 单元负责用户终端与客户网络的互联。OneWeb 声称这样的终端能够提供大约 50Mbit/s 的下行链路带宽。

图 1-47　OneWeb 用户终端

5. LeoSat

1）LeoSat 概述

LeoSat 是卢森堡 LeoSat 公司于 2013～2019 年部署的卫星星座项目[51]，它的目标是为政府、机构和企业提供高质量卫星互联网服务，该项目的总成本估计为

3 亿～31 亿欧元。目前，LeoSat 主要提供油田运营、海事通信、企业通信、卫星互联网、蜂窝回程、政府机构项目、视频投稿等服务。

2）LeoSat 的卫星设计特点

该星座由轨道高度为 1400km 的 108 颗卫星组成，每颗卫星的质量约为 1000kg。LeoSat 通过激光 ISL 来进行星间通信与信息传输，并且信号与数据传输过程中不会经过地面站进行转发，为一对一或一对多的数据传输场景提供商业级、高安全度的数据网络解决方案。LeoSat 的卫星网络由于其独特的设计，可以提供低延迟、高吞吐量的全球覆盖通信连接。LeoSat 声称每条链路能提供大约 1.6Gbit/s 的双向连接以及远距离下平均低于 120ms 的延迟，其性能优于当今大部分卫星以及地面光纤网络。

1.3.4 我国卫星互联网的发展现状和战略意义

从 1970 年 4 月 24 日我国第一颗人造卫星"东方红一号"成功发射到现在，经过半个多世纪的发展，我国已经建立起设计、研制、发射、运维完全自主可控的完整卫星产业体系，当前我国卫星产业以国企和事业单位为主，关键技术掌握在国家手中，以航天军工企业、国防科研院所为代表的国有企业，占据我国卫星产业的主导地位，能实现整星出口并进行发射任务，民营企业作为国企的有效补充，主要围绕微小卫星、卫星分系统及零部件的制造等[20]。

部署和构建覆盖全球的卫星互联网星座系统已经成为近年来大国博弈的竞争热点，我国从国家战略高度给予了高度的关注，将建设全球可通、自主可控的卫星互联网列为网络强国建设的重要内容。随着近年来卫星商业公司数量不断增加，我国的卫星计划不断持续增多。国内已注册的商业太空领域公司至少有 141 家，其中民营航天企业 123 家，占比 87.2%。民营航天企业的数量在近几年迅速攀升，仅三年内成立的民营航天企业就达到 57 家。表 1-8 展示了我国部分已公开的卫星计划。

表 1-8　我国部分已公开的卫星计划

星座计划	星座用途	建设单位	单位性质	卫星轨道/km	星座规模/颗
"行云"	窄带物联网	中国航天科工集团有限公司	国有	低轨	80
"虹云"	宽带信息	中国航天科工集团有限公司	国有	低轨	156
"鸿雁"	移动通信	中国航天科技集团有限公司	国有	低轨	300
"高景"	商业遥感	中国航天科技集团有限公司	国有	低轨	$24 + x$
"天象"	天地一体化	中国电子科技集团有限公司	国有	低轨	120
"天启"	宽带通信	银河航天（北京）科技有限公司	民营	低轨	650

续表

星座计划	星座用途	建设单位	单位性质	卫星轨道/km	星座规模/颗
"九天"	窄带物联网	北京九天微星科技发展有限公司	民营	600	72
"吉林一号"	遥感	长光卫星技术股份有限公司	民营	500	138
"灵鹊"	遥感	北京零重空间技术有限公司	民营	500	378
LaserFleet	激光通信	深圳航星光网空间技术有限公司、中国科学院上海光学精密机械研究所	民营	550	288
"欧比特"	遥感	珠海欧比特宇航科技股份有限公司	民营	500~530	100
"天格"	引力波探测	天仪研究院、清华大学	民营	500	24
"蔚星"	宽带通信	中国科学院微小卫星创新研究院	民营	800	186
"连尚蜂群"	宽带通信	北京未来导航科技有限公司、中国科学院微小卫星创新研究院	民营	700	120

　　然而需要清醒地认识到，我国目前在卫星互联网实际部署和运作上还有很长的路要走。首先从进度计划的执行情况看，表 1-8 中列出的我国已公开的卫星计划中，"鸿雁"项目于 2018 年 12 月 29 日发射了该星座首颗卫星，预计要到2023 年才能建立该星座的骨干系统；"行云"和"虹云"项目目前分别发射了 3 颗和 1 颗技术验证卫星，仅仅实现了单星下卫星互联网的关键技术验证，截至目前还未发射下一批卫星；"天启"项目于 2021 年 7 月成功发射 14 颗卫星，完成了第一阶段的卫星组网，能提供数据运营的低轨道物联网星座在轨业务。总体上，我国的多个卫星星座项目目前都只是部署了单颗或数颗卫星进行了一定的数据验证，还尚未形成一个完整稳定、信号全球覆盖、在线运营的卫星互联网星座。

　　我国卫星互联网星座系统发展中面临的第二项严峻挑战则是卫星制造和发射成本控制问题，这方面还大幅落后于 SpaceX 等国外企业，这将严重影响国产卫星互联网星座系统的商业应用和国际竞争力。根据《2018 中国商业航天产业投资报告》的统计数据，国内卫星预期制造成本约为 429 万美元/颗，而 SpaceX 的星链卫星单颗成本为 25 万美元，单星造价仅为我国的 1/17。因此，统筹卫星制造产业链全面协同，并发展货架级组件产品，对于国内降低卫星制造成本具有重要的现实意义和迫切性。除卫星制造成本，我国卫星发射成本同样也高于国外企业，我国"快舟一号甲"火箭发射成本约为 1 万美元/kg，一次仅能运载 200~300kg 的卫星；而 SpaceX "猎鹰 9 号"可回收式中型运载火箭的发射成本仅有 0.22 万美元/kg，承载能力达到惊人的 15.6t，单颗发射成本综合下来仅为我国的 1/24。可见，我国卫星互联网产业虽然有大量的卫星计划，但是在卫星发射数量、组网规模和卫星发射与制造成本上与欧美发达国家还有很大的差距，仍处于卫星互联网星座系统构建的筹备与初期发展阶段。

此外，我国卫星互联网产业发展还面临频率和轨道资源、通信标准、信息安全、产业应用等诸多难题和风险因素：

（1）在频率和轨道资源方面，目前低轨卫星利用的 Ku 及 Ka 通信频段资源已逐渐趋于饱和状态，轨道可用空间预计 2029 年后所剩无几。空间轨道和频段作为能够满足通信卫星正常运行的先决条件，已成为各国卫星企业争相抢占的重点资源。

（2）在通信标准方面，我国卫星互联网星座系统的组网标准和协议体系尚为空白，基础研究还要加强，巨型低轨卫星网络的地面模拟测试环境尚未完善。因此，一方面需要加快研究卫星互联网星座系统的网络架构和接入网、承载网、核心网的技术；另一方面需要建设完整有效的地面测试与评估系统，支持系统研发质量提升，降低系统在轨故障风险。

（3）在信息安全方面，卫星互联网星座系统在空间节点暴露、通信信道开放、拓扑高度动态、传输长时延和间歇性、高链路误码率、星上计算能力有限等不利因素，带来一系列的信息安全问题，使卫星互联网面临数据泄露以及干扰、窃听、劫持、欺骗等系列安全风险。

（4）在产业应用方面，受我国卫星数量和卫星网络技术的限制，卫星互联网星座系统的应用场景有限，初期仅能为政府机构、科学考察、救灾应急、自然保护等重点领域提供服务。将来随着卫星互联网星座系统的能力提升，如何面向更多行业和普通消费者提供优质的大规模服务，是一项巨大的挑战。

综上所述，系统地推进我国卫星互联网的建设与发展具有重大的战略意义，体现在以下四个方面[52]：

（1）服务国家重大战略，支撑网络强国建设。卫星互联网是占据空间信息网络发展制高点、实现网络强国战略目标的重要举措，是构建国家重大能力、维护空间资源和地位的集中反映。

（2）保障安全通信，建设天基通信弹性空间体系。卫星互联网可显著提高我国天基通信体系的生存能力，形成维护国家信息安全的有效手段，能快速增强我国自主安全的通信保障能力，保障国家长远战略利益。

（3）综合一体化应用，促进经济社会发展。卫星互联网可推动"一带一路"发展，在各地区实现宽、窄带结合的通信保障能力，促进导航增强、广域监视及数据采集分发等多行业服务产业化发展，还可以为我国欠发达地区提供普遍的互联网服务，从而带动地区经济社会发展、缩小城乡发展差距、提高居民生活质量。

（4）推动卫星产业发展，引领航天产业升级。卫星互联网能促进我国航天产业的升级，加快卫星模块化、标准化、国际化的设计理念转变，带动我国航天装备、信息服务领域的全面发展。

在具体的实施举措上，我国应一方面尽早发射与部署自主研制的卫星，参与国际可用频谱和轨道的争夺，尽可能获取更多太空轨道等宝贵资源；另一方面应加快卫星相关标准的制定，提升我国卫星自主研发的核心竞争力，更要超前研究部署先进的卫星安全检测与防护体系，维护卫星网络信息安全。

1.4　本 章 小 结

本章以卫星通信、卫星网络和卫星互联网三个层级递进，概述了卫星互联网的通信原理、结构特点、发展历史以及应用场景。

在卫星通信方面，本章首先介绍了卫星通信的发展历史以及基于物理学的通信原理，并依次介绍了 GEO 卫星、LEO 卫星、MEO 卫星和 HEO 卫星的通信特点与适用场景；然后介绍了卫星通信常用的信号频段以及各种卫星服务；最后详细介绍了卫星通信系统空间段、地面段的组成部分和对应功能。

在卫星网络方面，本章首先将卫星网络的发展历史分为"旧空间"与"新空间"，描述其特点并比较它们的不同；基于计算机网络 OSI 模型，引入了卫星网络下的 IP 参考模型并进行说明；基于卫星网络的数据传输特点，分别介绍了卫星网络的多种拓扑结构、链路种类以及连接性，连接性包括节点之间的不同连接类型以及两种连接级别——服务级连接和星载连接。随后列举了一些卫星网络的不同应用场景，包括应急通信、远程医疗、海洋作业及科考等。之后对三个当代典型的卫星网络系统 INMARSAT、Iridium 和 Thuraya 进行了介绍，包括它们各自的空间段、地面段以及用户段。最后详细介绍了卫星互联网的网络接入设备 VSAT 及其组成。

在卫星互联网方面，本章首先从卫星星座的构成和特点入手，引出卫星互联网技术并阐述它的定义以及特点；基于卫星网络的 IP 参考模型，进一步展开介绍了卫星互联网的协议栈结构及特点，分别阐述了该协议栈的四个层级——SPHY 层、SMAC 层、SLC 层和网络层；由于卫星互联网环境与传统的地面计算机网络环境的 TCP 表现差异明显，也介绍了卫星互联网对 TCP 性能的影响以及一些改进措施。然后列举并介绍了五个全球在线运行的大型卫星互联网项目，包括星链、Planet、鹰眼 360、OneWeb 及 LeoSat；最后介绍了我国卫星互联网的发展现状以及卫星互联网对我国的战略意义。

参 考 文 献

[1] Holli R. Catalog of Earth satellite orbits[EB/OL]. https://earthobservatory.nasa.gov/features/OrbitsCatalog/page1. php[2009-9-4].

[2] 续欣, 刘爱军, 汤凯, 等. 卫星通信网络[M]. 北京: 电子工业出版社, 2020.

[3] Bryce Space and Technology. State of the Satellite Industry Report[R]. Chris Grafton: Brycetech, 2018.

[4] Bryce Space and Technology. Smallsats by the Numbers 2019. Technical Report[R]. Chris Grafton: Brycetech, 2018.

[5] Sweeting M N. Modern small satellites-changing the economics of space[J]. Proceedings of the IEEE, 2018, 106(3): 343-361.

[6] Paikowsky D. What is new space? The changing ecosystem of global space activity[J]. New Space, 2017, 5(2): 84-88.

[7] Bryce Space and Technology. State of the Satellite Industry Report[R]. Chris Grafton: Brycetech, 2017.

[8] Parliamentary Office for Science and Technology. Postnote: Military Users of Space[R]. London: POST, 2019.

[9] Forest B D. An analysis of military use of commercial satellite communications[D]. Annapolis: Naval Postgraduate School, 2008.

[10] White House. U.S. National Space Policy[R/OL]. https://fas.org/irp/offdocs/nspd/space.pdf[2006-12-30].

[11] Widmer J, Denda R, Mauve M. A survey on TCP-friendly congestion control[J]. IEEE Network, 2001, 15(3): 28-37.

[12] Gerard M, Michel B, Zhili S. Satellite Communications Systems: Systems, Techniques and Technology[M]. 4th ed. Manhattan: Wiley, 2009.

[13] Yoon Z, Frese W, Briess K. Design and implementation of a narrow-band intersatellite network with limited onboard resources for IoT[J]. Sensors, 2019, 19(19): 4212.

[14] Suffritti R, Candreva E, Lombardo F, et al. A mesh network over a semi-transparent satellite[C]. IEEE Global Telecommunications Conference, Houston, 2011: 1-5.

[15] Obata H, Tamehiro K, Ishida K. Experimental evaluation of TCP-STAR for satellite internet over WINDS[C]. The 10th International Symposium on Autonomous Decentralized Systems, Tokyo, 2011: 605-610.

[16] Louis J I. Satellite Communications Systems Engineering: Atmospheric Effects, Satellite Link Design and System Performance[M]. Manhattan: Wiley, 2008.

[17] Leyva-Mayorga I, Soret B, Popovski P. Inter-plane inter-satellite connectivity in dense LEO constellations[J]. IEEE Transactions on Wireless Communications, 2021, 20(6): 3430-3443.

[18] 朱立东, 张勇, 贾高一. 卫星互联网路由技术现状及展望[J]. 通信学报, 2021, 42(8): 33-42.

[19] Qi X G, Ma J L, Wu D, et al. A survey of routing techniques for satellite networks[J]. Journal of Communications and Information Networks, 2016, 1(4): 66-85.

[20] 赛迪顾问物联网产业研究中心. 卫星互联网发展白皮书[R]. 北京: 赛迪顾问物联网产业研究中心, 2020.

[21] Yu S, Gong X, Shi Q, et al. EC-SAGINs: Edge computing-enhanced space-air-ground integrated networks for internet of vehicles[J]. IEEE Internet of Things Journal, 2021, 9(8): 5742-5754.

[22] Satellite African eHealth validation project[EB/OL]. https://business.esa.int/news/satellite-african-ehealth-validation-project[2021-11-12].

[23] Improving E-Health Access, Simplifying E-Health Use[EB/OL]. https://www.satmed.com/index.php[2022-1-15].

[24] Nyadjro E S, Arbic B K, Buckingham C E, et al. Enhancing satellite oceanography-driven research in west Africa: A case study of capacity development in an underserved region[J]. Remote Sensing in Earth Systems Sciences, 2022, 5: 1-13.

[25] Benjamin Z, Samantha L. Getting internet while flying can be a nightmare, but that may be about to change[EB/OL]. https://www.businessinsider.com/how-airplane-wifi-works-2018-9[2018-10-11].

[26] Caroline D. Elon Musk really wants to bring better WiFi to your next flight[EB/OL]. https://www.popularmechanics.com/space/satellites/a36688742/starlink-satellites-beam-wifi-to-planes[2021-1-10].

[27] Schiano S, Moriello L, Aurigemma R, et al. IoT and satellite assets integration for forest fire emergency management: TALED, a demonstration project co-funded by ESA artes IAP program[C]. Complexity, Informatics and Cybernetics, Orlando, 2019: 1-4.

[28] Ljwlylch. 海事卫星(INMARSAT)系统介绍[EB/OL]. http://www.360doc.com/content/16/0824/10/34652962_585529223.shtml[2016-3-15].

[29] Ljwlylch. 关于铱星系统(Iridium)的介绍[EB/OL]. http://www.360doc.com/content/16/0824/10/34652962_585530545.shtml[2016-3-15].

[30] 凉水茶. 关于 Thuraya 欧星卫星电话的一些事项[EB/OL]. http://www.360doc.com/content/17/0807/09/30577734_677248923.shtml[2017-4-20].

[31] 王子祥. VSAT 卫星通信系统及应用[J]. 电信快报: 网络与通信, 2008, (6): 16-19.

[32] 徐雷, 尤启迪, 石云, 等. 卫星通信技术与系统[M]. 哈尔滨: 哈尔滨工业大学出版社, 2021.

[33] Wood L. Satellite Constellation Networks[M]//Zhang Y. Internetworking and Computing over Satellite Networks. Boston: Springer, 2003.

[34] Qu Z, Zhang G, Cao H, et al. LEO satellite constellation for internet of things[J]. IEEE Access, 2017, 5: 18391-18401.

[35] Linder H, Clausen H D, Collini-Nocker B. Satellite internet services using DVB/MPEG-2 and multicast Web caching[J]. IEEE Communications Magazine, 2000, 38(6): 156-161.

[36] Partridge C, Shepard T J. TCP/IP performance over satellite links[J]. IEEE Network, 1997, 11(5): 44-49.

[37] Allman M, Ostermann S D, Wray W K, et al. Improving TCP Performance over Satellite Channels[D]. Ohio: Ohio University, 1997.

[38] Mcdowell J C. The low Earth orbit satellite population and impacts of the SpaceX Starlink constellation[J]. The Astrophysical Journal Letters, 2020, 892(2): L36.

[39] 三体引力波. 一箭 11 飞 11 回收! SpaceX 刷新火箭复用回收新纪录[EB/OL]. https://mp.weixin.qq.com/s/3rAn9EjzaCCcW4V0WIjiQQ[2021-10-16].

[40] Caleb H. SpaceX submits paperwork for 30,000 more Starlink satellites[EB/OL]. https://spacenews.com/spacex-submits-paperwork-for-30000-more-starlink-satellites[2019-4-10].

[41] SpaceX FCC. FCC Report—Database Report/search Tool for FCC Information[R/OL]. https://fcc.report/LBFS/SAT-MOD-20181108-00083/1569860.pdf [2021-10-16].

[42] Space Exploration Holdings. SAT-LOA-20161115-00118[R]. Washington: FCC Space Station Applications, 2016.

[43] Elon M. Will be simpler than IPv6 and have tiny packet overhead. Definitely peer-to-peer(Tweet)[EB/OL]. https://twitter.com/elonmusk/status/967712110661615616[2018-4-16].

[44] Cjhandmer. Starlink packet routing[EB/OL]. https://caseyhandmer.wordpress.com/2020/09/23/starlink-packet-routing [2020-9-23].

[45] 刘帅军, 徐帆江, 刘立祥, 等. Starlink 星座容量分析[EB/OL]. https://mp.weixin.qq.com/s/3JVZeWxWn

DVYPvjH7sEA-g[2020-4-18].

[46] Michael S. SpaceX prices Starlink satellite internet service at $99 per month, according to e-mail[EB/OL]. https://www.cnbc.com/2020/10/27/spacex-starlink-service-priced-at-99-a-month-public-beta-test-begins.html[2020-10-27].

[47] Planet. Daily Earth data to see change and make better decisions[EB/OL]. https://www.planet.com[2021-2-18].

[48] HawkEye 360. Accelerate your misson with mission space[EB/OL]. https://www.he360.com[2021-2-18].

[49] Kramer H J. Observation of the Earth and Its Environment: Survey of Missions and Sensors[M]. Berlin: Springer Science & Business Media, 2002.

[50] OneWeb. Space is the future[EB/OL]. https://oneweb.net[2021-4-18].

[51] LeoSat—Satellite Communication Redefined[EB/OL]. https://www.leosat.com[2021-4-18].

[52] 李峰, 禹航, 李伟, 等. 我国空间互联网星座系统发展战略研究[J]. 中国工程科学, 2021, 23(4): 137-144.

第2章　卫星互联网安全基础

信息技术与信息安全一直都是不可分割的共生体，与传统的互联网一样，卫星互联网从诞生起，就面临着各种安全威胁，并且这些威胁从针对地面的网络基础设施软硬件系统延伸至针对天基的复杂环境系统。本章首先归类统计全球卫星的安全事故，分析卫星互联网面临的安全威胁；然后系统介绍与卫星互联网安全相关的基础理论和技术，包括卫星互联网安全技术相关的信道编码、轻量级密码、身份认证与访问控制、软件脆弱性分析、入侵检测、追踪溯源、软件定义网络、软件无线电、认知无线电、机器学习等。

2.1　全球卫星安全事故的分类统计

卫星互联网作为天地一体化信息网络的基础设施，具有广阔的应用场景，世界各国均在加大对卫星互联网的建设投入，随着 2021 年星链近 1800 颗卫星的成功发射组网以及 10 万个终端投入市场，卫星互联网的部署与应用进入高潮，同时也吸引了大量攻击者的目光，世界著名黑客大会（Defense Readiness Condition，DefCon）从 2020 年起针对卫星互联网开设了多场主题为"Hack-A-SAT"的专场活动。

总体上，针对卫星的攻击主要分为干扰、窃听、劫持和控制四种类型。干扰通过湮没或压制收发的信号，使传输无法正确完整地完成；窃听是攻击者使用技术手段非法获取正在传输的内容；劫持是攻击者未经授权使用卫星信道进行传输，或夺取信号（如广播）的控制权；控制是指控制部分或全部测控地面站或有效载荷，并构成操纵在轨卫星的行为。

为便于对各类攻击进行系统的分析，本书从多个数据来源（包括学术文献、政府机构和公共领域的新闻文章）统计了 1977～2019 年公开的卫星安全事件。这些数据主要来自网络公开的内容，因此还有部分事件可能未被发现，或出于军事或政府等部门的安全考虑而未被披露。这些事件按以下方式分类：

（1）卫星网络受攻击段；

（2）被攻击或受攻击的部门和设施，如政府部门、商业机构、民用设施和军用设施；

（3）攻击的技术类型和方式，如干扰、欺骗、窃听、劫持等；

（4）攻击事件动机，如国家间谍、黑客和泄密、犯罪活动等。

图 2-1 分别从受攻击段、受攻击部门、攻击技术类型列出了卫星网络的攻击事件明细。针对地面段的攻击在调查事件中占比最大，高达 63%，这是由于针对地面设备的攻击技术和方法更成熟和容易。由于无线通信链路的空间暴露特性，针对数据通信的攻击占比也达 29%。虽然针对空间段的攻击事件频率较低，仅占 6%，但空间段是卫星互联网的中继核心，一旦受到攻击，整个卫星互联网系统都会遭受严重影响，因此仍然是重要的攻击目标。

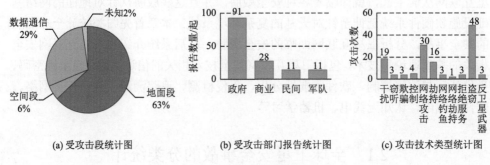

(a) 受攻击段统计图　　　(b) 受攻击部门报告统计图　　　(c) 攻击技术类型统计图

图 2-1　卫星网络统计图

卫星在设计之初更重视功能性设计，对安全事故的分析与追踪溯源考量相对较少，这导致对攻击事件的分析与发现存在一定的困难，目前披露出的攻击事件与报告也证实了这种说法。目前卫星攻击事件的报告大多数集中在政府资产上，由于军用设施的保密性，相关事件可能没有被披露，对军用设施的攻击发生频率实际上可能更高。

近年来针对地面计算机网络的攻击事件越来越频繁，并且呈现出实施攻击的代价越来越小，对专业的要求越来越低的趋势。同样针对卫星系统的计算机网络攻击活动也愈发频繁，如数据窃取、高级持续性威胁（advanced persistent threat，APT）攻击等。针对通信链路的干扰和劫持事件的发生频率紧随其后，其中最常见的是滥用和干扰射频通信。报告中罗列的其他类型事件，如窃听、控制、欺骗和网络钓鱼，发生次数在 1~4 次。

图 2-2 统计分析了各类卫星网络安全事故背后的动机或意图[1]。政治和经济利益是目前攻击事件发生的主要目的，出于政治动机的卫星网络安全攻击通常是利用射频干扰或信号劫持以达到中止或篡改带有政治信息的卫星电视和广播。不法组织曾利用信号劫持通过卫星电视向公众传达不良信息。当然，干扰技术有时也被用来阻止使用卫星电话进行犯罪活动。

图 2-3 列出了 1958~2018 年运行的卫星数量及卫星安全事件增长趋势[1]。自 21 世纪初互联网应用和太空商用的高速发展，这两组数据都有了大幅度的增长，

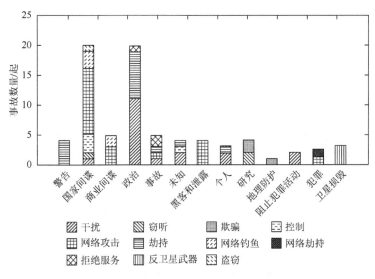

图 2-2　卫星网络安全事故的动机统计

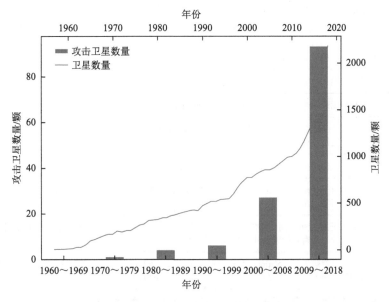

图 2-3　卫星发展历史趋势统计图

随着计算能力的进一步提高、互联网应用的进一步普及和攻击技术的不断更新，这种增长趋势很大可能会持续下去。因此，在卫星互联网星座系统的设计和构建中，必须优先考虑安全问题。下面分别介绍近年来针对卫星的干扰、窃听、劫持和控制四种安全事件。

2.1.1 干扰

一般来说，干扰"需要定向天线的影响频率以及足够的功率来覆盖信道来源"[2]。从许多方面来看，干扰被认为是最简单的卫星攻击形式，因为它可以向接收器投放大量噪声湮没传输，造成通信干扰。干扰上行链路比干扰下行链路更加困难，但其干扰范围往往更大。因为上行链路的阻塞会影响所有接收者[2]。干扰通常被认为是电子战的一部分，但随着卫星互联网中大量计算机网络设施的部署应用，基于网络攻击的干扰也不断呈现，尤其是拒绝服务攻击和针对用于地面站操作的计算机系统的恶意网络攻击也可能有效地干扰卫星。表 2-1 统计了与干扰相关的安全事件。

表 2-1　安全事件统计表（干扰）

时间	事件描述
1995	库尔德卫星频道 MEDTV 被用于促进恐怖主义和暴力[2]，被故意堵塞
1997	印尼的 Palapa B1 因轨道槽使用纠纷，对我国香港 APT 公司的 APSTAR-1A 卫星发起干扰[2]
1998	库尔德卫星频道 MEDTV 发起对土耳其政府的持续干扰
2000	在希腊的坦克试射中，法国安全机构向英国"挑战者号"和美国"艾布拉姆斯号"发起 GPS 干扰[3]
2003	古巴和伊朗政府合作干扰美国商业电台 Telstar 12 通信卫星[4]
2003	伊拉克在"伊拉克自由行动"期间从俄罗斯 Aviaconversiya 有限公司获得 GPS 干扰设备，证实干扰装备可以通过商业手段扩散[5]
2004	地面移动通信干扰系统 CounterCom 宣布投入使用，该系统旨在中断目标卫星的通信信号[5]
2005	利比亚政府干扰两颗通信卫星，关闭数十个为欧洲电视台和广播电台的服务，同时也干扰了美国的外交、军事等卫星通信[6]
2006	以色列-黎巴嫩战争期间，以色列试图干扰阿拉伯卫星通信组织 ARABSAT 的 Al-Manar 卫星频道，这说明商业卫星有可能成为冲突期间的目标[7]
2007	美国国家航空航天局（National Aeronautics and Space Administration，NASA）和美国地质调查局联合管理的美国 Landsat-7 卫星受到了 12min 或更长时间的干扰
2008	NASA 和美国地质调查局联合管理的 Landsat-7 卫星再一次受到干扰
2010	伊朗对英国广播公司、德国之声和法国欧洲卫星通信组织的所用广播卫星发起干扰[8]
2011	LuaLua 电视台在首次播出 4h 后被干扰[4]
2011	利比亚干扰 Thuraya 卫星达六个多月之久，以防止走私者使用卫星电话
2011	位于阿姆斯特丹的埃塞俄比亚卫星电视 ESAT 多次受到埃塞俄比亚政府的干扰，美国之音和德国之声阿姆哈拉语服务也受到影响[5]

续表

时间	事件描述
2011	RAIDRS 是一种美国陆基防御系统,旨在检测对军事空间资产的潜在攻击,其作用是"检测、表征、地理定位和报告美国军用和商用卫星上的射频干扰源"[5]
2012	厄立特里亚新闻部指控埃塞俄比亚政府阻止厄立特里亚国营卫星电视的传输[5]
2015	美国军方表示他们每月无意中干扰卫星通信 23 次[9]
2018	北约在挪威军事演习中,美军在当地使用的 GPS 系统遭到信号干扰
2020	美国海军陆战队第 1 师司令 3 月 2 日表示,海军的窄带通信卫星在加利福尼亚州彭德尔顿营的一次演习中遭受了重大的干扰[10]

2.1.2　窃听

关于卫星信号窃听的技术原理将在 2.2.2 节和 3.4 节讨论。目前 YouTube 等在线视频上公开介绍了大量通过廉价工具构建卫星窃听的技术与方法,攻击者可以恶意窃听卫星电视、卫星电话对话、互联网流量(包括获取账户密码的能力)和观看卫星图像[8]。在过去,长途电话主要通过卫星进行路由交换,随着海底电缆和微波塔、移动通信网络的使用,这一现象在 21 世纪初逐渐消失。然而,一些情报卫星仍然被广泛使用,从该链路中可以获得重要的高价值数据,因此针对间谍卫星或者情报卫星的窃听仍然是一项具有重大价值的工作。从该链路中可以获得重要的高价值数据。一些偏远地区依靠卫星进行通信,这也是目前卫星互联网建设的一个重要目的。随着卫星互联网的应用与推广,链路上传输的数据类型将会更加丰富,虽然目前针对窃听引起的重要事件和公开材料相对较少,但窃听攻击技术较为成熟。例如,2014 年俄罗斯被指控发射"跟踪卫星",跟踪轨道上的其他卫星并拦截上行链路信号,这是首次公开报道的利用卫星对卫星进行窃听的事件。

2.1.3　劫持

劫持是攻击者非法使用卫星传输的信号并加以利用,2.2.2 节将介绍卫星信号劫持的概念和原理,在第 4 章将介绍卫星网络劫持的概念和原理,劫持在某些情况下会覆盖或改变合法流量。窃听技术和其他终端恶意软件也可用于某些类型的劫持。例如,非法使用卫星互联网连接,欺骗用户网络访问流量重新定向到其他互联网流量[8, 11],使用基于网络的攻击技术如网页污损和 DNS 缓存投毒等。

卫星网络劫持在以网络战为核心的军事活动中较为常见。表 2-2 统计了与劫持相关的安全事件。

表 2-2　安全事件统计表（劫持）

时间	事件描述
1977	英国南方电视台播出的独立电视（ITN）的音频部分被一条声称来自外层空间的音频信息所取代
1985	波兰托伦哥白尼大学的四名天文学家使用家用计算机、同步电路和发射机，在托伦的国营电视广播上叠加支持劳工运动的信息
1986	家庭影院（HBO）卫星信号遭受黑客劫持攻击[12, 13]
1987	美国花花公子频道的信号被基督教广播网的一名雇员劫持[12]
1987	双面麦斯电视信号侵扰事件，即侵入者在 3h 内成功劫持了芝加哥两家电视台的信号
2006	黎巴嫩战争期间，以色列将真主党的 Al-Manar 电视台的卫星传输劫持用于播放反真主党宣传[14, 15]
2007	捷克电视台节目《全景》发生了一起劫持事件，现场的摄像机被篡改，其视频流被黑客的视频流所取代，其中包含了当地景观中一次小型核爆炸的 CGI，以白噪声结束[6]
2007	斯里兰卡的泰米尔猛虎组织（猛虎组织）通过国际通信卫星组织 Intelsat 卫星非法播放他们的宣传活动[16-18]
2009	巴西当局逮捕了 39 名大学教授、电工、卡车司机和农民，他们曾使用自制设备劫持美国海军舰队卫星通信系统中专用于卫星的超高频段以供个人使用[19]
2011	卡扎菲劫持利比亚电视并播放敌对视频[20]
2016	被称为"图拉集团"的俄罗斯 APT 组织被发现窃取卫星的空闲信道资源，以匿名方式实施网络攻击
2016	巴勒斯坦哈马斯劫持以色列卫星电视并播放煽动视频[21]

2.1.4　控制

控制卫星的技术相对复杂，攻击者可以通过电子战方式直接控制卫星，也可以通过地面站或者其他方式对卫星进行控制。理论上可以通过控制将卫星摧毁，如通过发送命令将卫星推入卫星墓地轨道或直接进入大气层烧毁或将太阳能电池板、天线指向错误的方向。以控制卫星为目的的攻击相对困难，原因是目前很多卫星的测控地面站设置在军事基地内，并进行了物理防护、加密防护等多重安全保护措施。但随着租赁商用卫星需求的日益增长，卫星服务提供商通常负责测控链路和卫星控制地面站的安全，而军方仅负责数据链路和通信地面站的安全[2]，这就给攻击者带来了新的攻击可能，因为突破商用环境相对容易。此外，由于 VSAT 等商用卫星存在被劫持控制的可能，军用卫星因商业卫星存在的弱点而面临碰撞或产生碎片场的风险。迄今为止，与干扰事件相比，黑客直接获得卫星控制权限的报道很少，表 2-3 列出了与控制攻击相关的安全事件。

表 2-3　安全事件统计表（控制）

时间	事件描述
1987	一群联邦德国青少年通过一个特洛伊木马程序破坏了 NASA 的内部网络
1998	一颗用于窥视深空美德的 ROSAT 卫星，由于突然转向太阳，曝光损坏了高分辨率成像仪卫星。NASA 调查人员后来确定，这起事故与戈达德太空飞行中心的网络入侵有关[16]
1998	一个称为"下载大师"的黑客组织成员声称，他们侵入了五角大楼的一个网络，并窃取了一个控制军用卫星系统的软件[19]
2005	恶意程序将马里兰州的 NASA 卫星控制中心和休斯敦的约翰逊航天中心相关航天数据发送至其他国家的计算机系统中
2008	2008 年 6 月 20 日，美国 NASA 管理的地球观测项目 Terra（EOS AM-1）遭遇了 2min 或更长时间的干扰。黑客完成了指挥卫星所需的所有步骤，但没有发出命令
2008	2008 年 10 月 22 日，美国 NASA 管理的地球观测项目 Terra 遭遇了 9min 或更长时间的干扰。黑客完成了指挥卫星所需的所有步骤，但没有发出命令
2008	一名俄罗斯宇航员将 Windows XP 恶意软件引入国际空间站上的系统，这起事件被广泛认为是意外事件
2011	黑客入侵了美国 NASA 的喷气推进实验室，窃取了 NASA 150 多个员工用户凭据，实现了对 NASA 卫星的入侵
2022	黑客组织"第 65 网络营"声称入侵了俄罗斯卫星成像系统[22]

2.2　卫星互联网面临的安全威胁分析

卫星互联网本身是一个极其复杂庞大的系统，涉及天基、地基等诸多重要基础设施以及大量的通信、计算应用服务。卫星互联网背后的重大国家战略意义和巨大商业价值使其成为新一轮大国竞争的焦点，安全问题必然会成为关注和博弈的核心。美国国防部太空发展局局长德里克·图尼亚尔（Derek Tournear）在 2021 年 4 月明确表示，相比于导弹等军事打击手段，针对供应链和网络的攻击是卫星互联网面临的两个严重威胁。历史的经验表明，越复杂的系统存在越多的安全隐患，航天飞机是这样，卫星互联网也不例外。结合作者多年来在网络安全领域的研究经历以及大量数据分析，系统梳理卫星互联网面临的安全威胁，需要从不同的维度来划分描述。从系统结构与运行层面的维度看，卫星互联网面临的安全威胁主要分为四个部分：①针对空间段的安全威胁；②针对地面段的安全威胁；③针对用户段的安全威胁；④针对供应链的安全威胁。从安全技术与策略层面的维度看，卫星互联网的安全威胁主要可分为五类：①物理设施安全威胁；②通信链路安全威胁；③计算机系统和网络安全威胁；④数据安全威胁；⑤业务应用安全威胁。这五种威胁贯穿卫星互联网的空间段、地面段、用户段和供应链，每一种威胁从技术和策略上还可进一步细分，图 2-4 从系统结构运行维度和技术

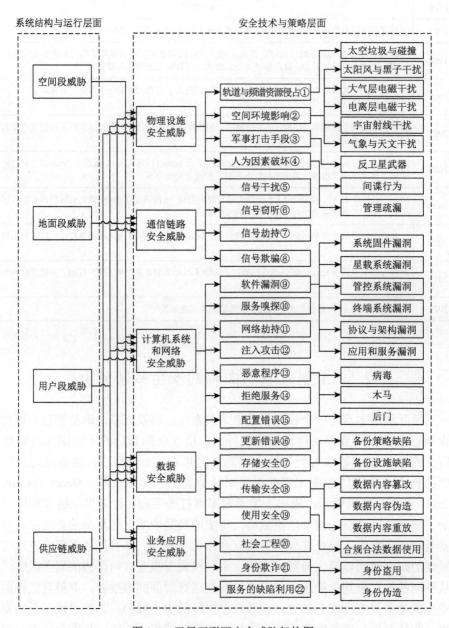

图 2-4　卫星互联网安全威胁架构图

策略维度总结了卫星互联网可能面临的威胁以及两种维度的相互交叉关联,并从技术策略维度上把五类卫星互联网的威胁进一步划分成 22 类威胁,这 22 类威胁还进一步细分为具体威胁种类。如物理设施安全威胁中的空间环境影响、军事打击手段,通信链路安全威胁中的信号干扰、信号窃听、信号劫持和信号欺骗,计算机系统和网络安全威胁中的软件漏洞、服务嗅探、网络劫持等。

需要特别指出的是,在针对卫星互联网的恶意攻击中,这些手段往往不是单独使用的。复杂的网络攻击具有较强的政治性、利益性等,在针对传统的 APT 网络攻击行为中,洛克希德·马丁公司总结出了基于杀伤链的攻击模型,Mitre 公司在多年通用漏洞披露(common vulnerabilities and exposures,CVE)漏洞库的管理工作的基础上,总结出了 ATT&CK(adversarial tactics, techniques, and common knowledge)的攻击矩阵模型,这些攻击模型均强调攻击方的攻击都是有计划有组织的,通过多种技术手段的整合实现复杂的网络攻击最终达到目的。针对卫星互联网的网络攻击也必将存在这个特点。

下面将从安全技术与策略层面对卫星互联网的威胁进行逐一介绍。

2.2.1　物理设施安全威胁

卫星互联网系统的物理载体涉及空间段、地面段的物理设施,系统庞大,制造、安装、运维技术要求极高,管理流程复杂,电磁干扰、军事打击、人为破坏等物理安全事件会影响整个系统的可靠运行,甚至导致系统瘫痪。鉴于卫星互联网物理设施的脆弱性和对安全的重要性,各国的专家和学者高度重视,但卫星互联网物理信息系统的复杂性决定了不能采用单一的安全技术手段,需要根据卫星互联网运行情况动态持续地识别风险点,采用技术和管理相结合的方法确保卫星互联网物理设施的安全合规。目前,针对卫星互联网物理安全的建设要求、检查和管理标准规范尚缺乏系统性的研究,本节提出关于卫星互联网物理安全威胁的组成体系、威胁分析以及应对技术要求和管理建议,为构建卫星互联网物理安全的范畴内涵、设施建设的规范要求、技术检查标准等内容参考。

1. 物理设施安全概述

卫星互联网物理设施安全是指采取技术手段和措施,保护空间段、地面段物理设施及配套线路等物理资产免遭自然灾害、人为因素、电磁干扰、军事打击等行为和过程的总称。太空中的卫星、地面的遥测、控制、数据等设施组成了卫星互联网的物理资产,一起构成物理安全的范畴。建立卫星互联网的物理设施安全保障体系包括以下四项内容(图 2-5):

（1）物理安全威胁分析，即对卫星互联网整个物理资产面临的各种可能威胁进行分析；

（2）地面段建设选址要求，即设立符合物理安全要求的地面段选址标准，指导地面段建设；

（3）物理安全检查技术，主要是指为达到物理安全要求而采用的技术方法和手段的总称；

（4）物理安全管理规章制度，即针对物理安全的威胁制定的应对措施和规定的总称。

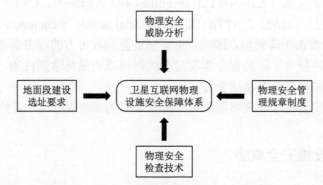

图 2-5　卫星互联网物理设施安全保障体系

2. 物理安全的威胁类别

卫星互联网系统在物理安全上面临的主要威胁包括轨道与频谱资源侵占、空间环境影响、军事打击手段、人为因素破坏等。

1）轨道与频谱资源侵占

卫星在地球上空的不同轨道上运行，ITU 规定在轨道资源获取上遵循"先占永得"原则，但为了保证卫星通信频率隔离与空间隔离，轨道之间需要保持一定的安全距离[23]，因此轨道资源有限。然而，近年来随着卫星互联网的高速发展，每年数以万计的卫星发射到太空，近地轨道被快速占用，轨道资源的稀缺问题日益突显，加上大量人类发射的各类航天器遗留的太空垃圾，发生太空碰撞威胁的风险日益增加。美国东部时间 2009 年 2 月 10 日，美国铱系统 33 与俄罗斯已报废的宇宙-2251 卫星在西伯利亚上空相撞，这是历史上首次卫星相撞事故；2021 年 5 月 12 日，国际空间站宇航员在对设备进行例行检查时发现，"加拿大 2 号"机械臂不幸被太空垃圾击穿形成一个棒球大小的空洞[24, 25]。SpaceX 公司发射的星链卫星，在 2021 年 7 月和 10 月先后两次接近中国空间站，对中国空间站搭载的航天员生命构成威胁，出于安全考虑，中国空间站组合体针对有关美国卫星，两次实施"紧急避碰"[26]。

和太空轨道资源一样，频段作为卫星正常通信的先决条件，也是重要的稀缺资源，频率相近必然产生信号干扰，ITU 同样规定频段资源获取也遵循"先占永得"的原则，不同的卫星通信系统不能使用相同的频率，但是卫星互联网中的低轨卫星覆盖全球，频率协调难度较大，可用频段较少。

卫星轨道与频谱已成为各国卫星互联网竞争的重点。从轨道和频谱资源的国际惯例看，谁先发射卫星互联网星座的第一颗卫星，谁就能获得频率和轨道资源的优先使用权，这就必然对后建的其他卫星互联网项目带来很高的轨道和频率协调难度与成本，从而演变为通过抢先发射卫星来抢占频率和轨道资源的大战[27-30]。

2）空间环境影响

不同于地面互联网系统的环境，卫星互联网空间段的卫星星座面临着极端恶劣和复杂多变的太空环境影响，包括各种能量和成分的带电粒子、中性粒子、微流星、太空碎片、各波段的电磁辐射、电场、磁场、微重力场、真空和温度等。这些因素对运行中的卫星寿命以及可靠性带来严重影响[31]。例如，太阳的电磁辐射影响天地通信链路，地球引力分布、大气层对卫星轨道运行产生摄动，太空带电粒子影响卫星的电子元器件及载荷工况，需要进一步深入探索，掌握其变化对星座卫星的轨道精度、寿命、性能等产生的作用影响，下面重点介绍威胁最大的五类。

（1）太阳风与黑子干扰。

太阳风是太阳冕洞的磁力线向宇宙空间高速扩散形成的等离子流。当太阳日冕层出现突发性的剧烈活动时，太阳风中的高能离子会增多，这些高能离子能够沿着磁力线侵入地球的极区，并在地球两极的上层大气中放电，产生绚丽壮观的极光。太阳黑子是太阳光球层物质剧烈运动而形成的局部强磁场区域。太阳黑子活动高峰阶段产生的剧烈爆发活动，会释放大量带电粒子形成高速粒子流，严重影响地球空间环境。太阳风和黑子均会干扰无线通信，造成地磁场扰动，致使卫星的姿态发生变化，使卫星通信无法正常进行或中断，甚至脱离地球轨道。20 世纪70 年代的一次太阳风暴造成大气活动加剧，导致苏联的"礼炮号"空间站脱离了原来的轨道；由 2022 年 1 月底的太阳耀斑引起的地磁爆，使得 SpaceX 公司的40 颗卫星脱轨进入大气层，最后被烧蚀殆尽[32]。

（2）大气层电磁干扰。

大气层是被地球引力和磁场吸引而围绕地球的一层混合气体，没有明显确切的上界，根据距离地面的垂直高度，可分为对流层、同温层、中间层、热层，以及高空中的电离层，如图 2-6 所示。大气层产生的各种噪声可造成天地无线通信的衰减[33]。对流层的极端天气可能带来的洪水、台风等自然灾害对卫星互联网的地面站、信关站、天线等物理设施的安全运行会产生不可忽略的威胁。

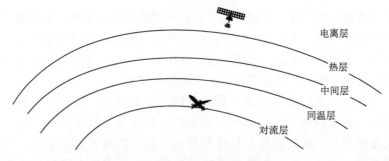

图 2-6　大气结构图示例

（3）电离层电磁干扰。

电离层是高层大气层中的分子和原子在太阳辐射作用下电离而产生的自由电子和正、负离子形成的等离子体区域，其分层结构如图 2-7 所示。电离层存在于离地面约 50km 开始一直延伸到约 1000km 的高层大气空域。

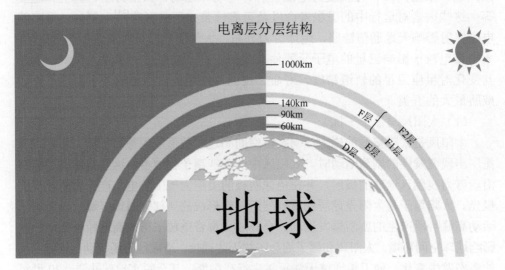

图 2-7　电离层分层结构

电离层会对卫星互联网运行带来较大的不利影响，主要体现在以下三个方面：

①使无线波产生折射、反射、色散、法拉第旋转等现象，从而改变电波传输的路径，出现信号的延迟、衰落、闪烁，使电波的幅度、相位、偏振、到达角度等发生异常，导致通信质量严重下降。

②电离层产生的大量高负电位粒子，增大了与正粒子的作用，造成卫星的摄动，影响卫星的定轨、轨道和姿态，从而威胁到卫星互联网星座的鲁棒性。

③电离层的等离子体在卫星表面及太阳能帆板表面富集，会导致静电放电现象，影响载荷电源系统并威胁卫星互联网的数据传输，加速卫星的老化。

（4）宇宙射线干扰。

地球外各种辐射粒子组成的宇宙射线会对在轨运行的卫星产生空间粒子辐射效应、单粒子效应以及充放电效应，这些环境效应会严重威胁卫星的使用寿命和可靠运行，是引起卫星故障的重要原因之一。其中，单粒子效应已经成为影响航天器可靠性和寿命的主要因素[34, 35]。单粒子翻转（single event upset，SEU）是比较常见的一类辐射效应，其原理是宇宙单个高能粒子射入半导体器件灵敏区，使器件逻辑状态出现"0"和"1"之间的翻转，从而导致系统功能紊乱，严重时会发生灾难性事故。SEU 极易对随机存取存储器（random access memory，RAM）、中央处理器（central processing unit，CPU）及其他接口电路产生影响，已经成为一个不能忽视的问题。1994 年 2 月 8 日我国发射的实践四号卫星在入轨后的 19 天内共发生了 65 次翻转，风云一号 B 气象卫星也因多次 SEU 事件导致姿态控制系统失控而过早失效[36]。因此，SEU 效应的研究引起了人们的高度重视。

（5）气象与天文干扰。

星蚀和日凌是对卫星互联网系统运行具有威胁的两种天文现象。星蚀（图 2-8）发生时，卫星、地球、太阳处于一条直线上，地球挡住了太阳光芒，卫星进入地球遮盖的阴影区域。此时，太阳能电池帆板不能够有效地发挥作用，只能依靠星载蓄电池提供能量，会影响星上各类接收和发射设备的工作效率，同时也会影响地面站的追踪。

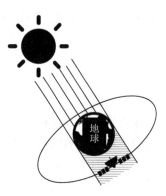

图 2-8　星蚀示意图

日凌（图 2-9）发生时，卫星处于太阳与地球之间，地球站天线对准卫星的同时，也会对准太阳，使太阳产生的强大噪声电磁波直接投射在地球站天线上，会对卫星信号造成干扰从而使接收链路严重恶化甚至中断。日凌现象是卫星通信系统遇到的一种无法避免的天文现象。2021 年 2 月 25 日至 3 月 17 日，用于中国广播电视节目传输的卫星进入日凌期，卫星广播电视节目接收受到了一定的影响。

天文探测活动也会对卫星互联网系统运行造成不利影响。突然增强的地面光学天线增益对卫星探测器、光传感器等敏感器件造成干扰；探空雷达信号也会对卫星接收信道产生饱和干扰问题。在我国风云三号卫星数据接收处理系统中，发现了其卫星数据接收处理系统与 L 频段探空雷达工作频率存在严重的邻频干扰[37]。

同时，卫星互联网星座也会对地面天文观测有一定的影响。近地轨道卫星因反射和发光会严重破坏光学和近红外观测，会因卫星通信频段的电磁辐射影响射

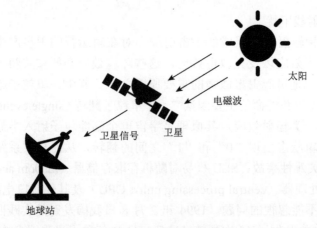

太阳

电磁波

卫星信号　卫星

地球站

图 2-9　日凌示意图

电天文学观测，或存在与太空望远镜碰撞的风险等。国际天文学联合会曾发布一张美国洛厄尔天文台拍摄的夜空图片，超过 25 颗星链卫星在图片上留下明亮的线条，严重影响了对宇宙星空的观测，基于此，国际天文学联合会呼吁有关各方共同探讨解决方案[38]。

3）军事打击手段

太空蕴含着巨大的经济、军事、科技和战略价值，为巩固并扩大在太空领域的优势地位和国家利益，世界主要航天大国在发展自身太空能力的同时，也不遗余力地研究、测试各种不同类型的太空监视与反太空武器系统，形成太空作战能力，太空的军备竞赛不可避免。卫星互联网系统作为太空能力的重要组成，其天基、地基、终端接入设施必将面临各种反卫星武器的打击威胁。

反卫星武器主要包括两类，第一类是动能物理武器，如反卫星导弹，美国已进行多次反卫星导弹试验。美国在 1985 年 9 月 13 日，采用 F-15 战斗机在高空发射 ASM-135 反卫星导弹，将太平洋上空的军用侦察卫星"击落"。此外，还发射过一枚 SM-3 导弹，将一枚标靶卫星击落。2021 年 11 月 15 日俄罗斯成功进行一次太空试验，击毁一颗 1982 年以来一直处于轨道上但目前已被废弃的"处女地-D"型卫星。还有一种是用卫星或航天器在轨道上实施动能攻击，例如，2010 年 4 月 23 日美国太空战斗机 X-37B 成功发射，该机就具备对他国卫星及航天器材进行控制、捕获、摧毁等能力。动能物理攻击对在轨卫星和地面站具有灾难性和不可逆转的影响，甚至可摧毁卫星互联网整个系统的使用效能。

第二类是非动能反卫星武器，如激光、高能微波（high power microwave，HPM）和电磁脉冲（electromagnetic pulse，EMP）武器，可以在没有物理接触的情况下对卫星和地面站产生物理影响。反卫星激光武器通过利用高功率激光束携带的巨大能量作用于在轨卫星的太阳能帆板、高精密载荷、星载天线等关键卫星组件，损坏或致盲卫星。激光武器系统可搭载于不同类型的运载工具上，也能够进行太空部署，具备精度高、速度快、毁伤效果可调节、电磁干扰小、使用成本相对低廉等优势，费效比非常可观，因此对卫星互联网系统构成严重的威胁。HPM和 EMP 武器可以破坏卫星的电子设备，损毁存储在内存中的数据，导致处理器反复重启，如果 HPM 和 EMP 武器功率足够，还会对电路和处理器造成永久性的损坏。由于非动能反卫星武器能在不发射任何动能武器或者导弹的情况下，使对方卫星无法工作，其隐蔽性好，效能高，越来越受到各国的高度重视。

卫星互联网系统自身在面临军事打击威胁的同时，也对他国国家安全构成潜在的军事威胁。卫星互联网系统凭借其庞大的在轨卫星数量、灵活的组网方式、较低的建设成本，能够搭载更换不同类型的载荷，实现导航增强、遥感测绘、成像、通信、侦察等重要作用。数据可以接入 C4ISR（指挥、控制、通信、计算机、情报及监视与侦察）系统，构筑起基于天空地一体化的增强感知态势网络，还可以作为干扰、打击、探测其他国家太空资产的手段，本来达到使用寿命的卫星会自动脱轨进入大气层中烧蚀掉，尽可能减少对环境的干扰。但出于军事对抗的目的，后期可能会将卫星在轨潜伏进行，在关键的时候进行唤醒，运行到他国在轨航天器的轨道，威胁他国航天器安全。甚至在紧急时候，将在轨运行的卫星充当毁灭打击的武器，碰撞在轨运行的其他航天器，凭借其较为低廉的价格，也能收获较高的效费比。

4）人为因素破坏

人为因素破坏是卫星互联网系统中最薄弱和最难预防的环节。在卫星互联网的系统设计中，技术人员的问题造成设计缺陷，以及运维人员的错误操作会造成卫星互联网的运行故障。这种行为可能是无意的，也可能是恶意的间谍行为，而后者则是重要的安全威胁，恶意破坏行为往往通过技术手段获取卫星互联网运行的重要数据，以此策划严重的物理袭击事件。相关数据表明，多达 60%的人为破坏与内部人员相关。相比于其他技术攻击手段，人为物理攻击具有经济附加值高、威胁大等特点，必须要采用物理安全技术和行政管制相结合的方式进行管控约束，因此构建一体化的卫星互联网物理安全要求规范、技术检查方法、管理制度体系是非常必要的。

3. 卫星互联网物理设施安全的保障原则

1）空间段物理安全设施设计原则

卫星进入轨道以后，故障会造成卫星受损或者永久失效，维修难度大，因此需要在系统的设计、生产、测试过程中，充分考虑太空环境对卫星运行的影响，针对关键芯片、滤波器、时序发生器等器件加强屏蔽防护，增强可靠性，采用自动数据校验机制和抗辐射加固措施防止数据丢失，对于关键进程设计故障检测和自动重加载功能。

此外，还要高度重视卫星互联网设施中的天线、调制解调器、转发器、功放、路由等设备间的电磁兼容问题，通过各类严格的试验和测试确保关键电子设备之间保持良好的电磁兼容[39]。同时，结合卫星实际工程经验和仿真分析，从软硬件两方面设计降低单粒子效应的抗辐射加固方法，以延长卫星在轨工作寿命。

2）地面段物理安全设施设计原则

（1）物理位置选择。

卫星互联网的地面物理设施建议选择在开阔遮蔽角较小的地方，考虑防风、防雨、抗振，建筑环境安全应符合 GB 50173—2014《电气装置安装工程 66kV 及以下架空电力线路施工及验收规范》、GB/T 2887—2011《计算机场地通用规范》和 GB/T 9361—2011《计算机场地安全要求》，地球站发射机产生的电磁干扰与周边电磁干扰应满足 GB/T 13615—2009《地球站电磁环境保护要求》。还应考虑军事打击防护要求，机房等设施要加强防水、防潮措施。

（2）设备选型。

卫星互联网系统使用的网络设备、服务器、用户终端设备等应选用不低于国家质量标准要求的产品，安全保密设备应选用经过有关授权部门认可的产品，安全保密设备的电磁辐射应符合国标、军标要求；避免硬件供应链威胁，要进行必要的物理安全检查。

（3）物理访问控制。

地面站、控制站、信关站等机房出入口应有专人值守或配置电子门禁系统以鉴别、控制、记录人员进出。

（4）防盗防破坏。

主要的设备须进行固定，并设置明显不易除去的标识；地面通信电缆铺设在隐蔽安全处，并符合安全保密要求。

（5）防雷击。

地球站输电线路以及进站电缆线路的设计应符合 GB 50689—2011《通信局（站）防雷与接地工程设计规范》的有关规定。各类机柜、设施和设备等通过接地系统安全接地，并部署专用的防雷击设备。

（6）防火。

机房设施和相关工作房间及辅助用房，应采用具有耐火等级的建筑材料；机房应设置火灾自动检测、自动报警、自动消防系统并自动灭火；灭火系统符合机房环境使用要求。防火设计应符合 GB 50016—2014《建筑设计防火规范》的规定。

（7）防水防潮。

采取措施防止雨水通过机房、窗户、屋顶、墙壁渗透，防止机房内水蒸气结露和地下积水转移与渗透。

（8）防静电、防尘。

采用防静电地板及必要的接地防静电措施，定期清洁设备设施的尘埃。

（9）温湿度控制。

设置温湿度环境自动调节设施，使机房温度的变化在电子设备运行所允许的范围内。

（10）电力供应。

电源设备机房的设计应满足 GB 51194—2016《通信电源设备安装工程设计规范》的要求，配置稳压设备和应急备电设备，设计冗余的电力电缆线路，保证机房不间断的可靠电力供应。

（11）电磁防护。

地面站应选址在周边电磁干扰较小的地区，尽量避开雷电区域，地面段天线的工作方向应保证进入接收机输入端的干扰电平低于工作信号电平[40]。电磁辐射防护标准要求应按 GB 8702—2014《电磁环境控制限值》执行，信息中心、网络中心的外联电源应加装电源滤波器，关键机房采用屏蔽技术处理，防止信号信息通过电源线之间的交叉感应耦合导致电磁泄漏。当系统设备所处位置与非控制区域距离小于安全距离时，应采取相应的防辐射措施。

（12）设备配置。

天线伺服系统、放大器、地面通信设备、监视警告控制设备等应符合 YD/T 5050—2018《国内卫星通信地球站工程设计规范》。

4. 地面段物理环境安全技术检查手段

物理安全检查技术是在地面段关键场所，检查清除窃密、窃照、窃视等敏感器件所采用的技术和方法的总称。卫星互联网系统的地面设施相较于空间段更易被接近，因此地面站、控制站、发电与储能站、工作间等关键物理设施都是重要的受控工作场所。针对这一场所的安全威胁一直存在，如通过预先埋设在建筑设施中或把伪装成日常生活、工作用品的窃听、窃照、窃视设备带入重要的关键场所，形成对关键工作场所的非法监视和窃密，再根据获取的关键信息设计针对性攻击技术，可能造成更加严重的安全事件。因此，对关键工作场所及物理设施进行安全技术检查非常必要，重点是各种无线设备、微波、光电、激光等技术的使用检查。由受过专业训练的电子技术安全检查人员，采用专用的场强仪、频谱分析仪、便携 X 光机、红外热成像、非线性节点探测器等专用设备，按照严格的安全环境检查流程及步骤，对这些设备发出的电磁波、热辐射、反光、电路信号等进行检测[33]。

5. 物理安全管理制度的设置

需要建立卫星互联网物理环境安全的管理制度和安全事件报告机制，对运维人员进行系统的培训教育，使之熟悉岗位职责、安全政策及处置手段。还需制定安全事件的应急预案，并定期进行演练[41]。

2.2.2　通信链路安全威胁

卫星互联网因通信链路的多层级复杂性和天基特殊性，存在卫星节点暴露、信道开放、拓扑高度动态、网络异构互联、传输时延长、信号方差大、星上处理能力受限等问题，面临诸多安全威胁，具体如下：

（1）卫星通信链路节点暴露且信道开放。卫星互联网中，卫星节点直接暴露于空间轨道上，星间、星地链路极易受到非法截获以及电磁信号、宇宙射线等的干扰，还可能遭受恶意用户的窃听。

（2）卫星互联网的拓扑高度动态。卫星通信链路节点包括天基卫星、地面节点等，由于卫星一直处于高速运转状态，必然会频繁地加入或退出网络，导致网络拓扑随时发生变化，难以准确预测，造成不必要的数据重传。

（3）卫星互联网的通信链路传输时延长、信号方差大。由于卫星通信链路传输距离远大于传统地面网络，数据传输必然存在高时延的问题，再加上卫星始终处于高度恶劣的太空自然环境以及自身的高速运转，星间和星地通信无法长时处于固定的信号覆盖范围，造成通信链路难以维持、通信时延长、信号抖动幅度大等问题。

下面分别从卫星互联网信号的干扰、窃听、劫持、欺骗来分析通信链路层面临的安全威胁。

1. 信号干扰

通信链路干扰是指利用人为或自然的电磁信号造成传输链路的信号损伤。如前所述，卫星通信由于直接暴露在复杂的电磁环境下，极易遭受到恶意电磁信号、大气层电磁信号及宇宙射线的干扰，从而导致正常数据传输中断。目前，通信链路干扰技术主要包括欺骗干扰、压制干扰等。欺骗干扰技术是指通过伪造卫星信号转发等方式使用户做出错误判断；压制干扰技术的原理是利用同频段大功率噪声干扰卫星信号，降低信噪比，导致卫星信号失效。相较于欺骗干扰技术，压制干扰技术具有成本低廉、操作性强等特点。

干扰技术一般通过攻击卫星的上、下行通信链路来实施。由于大多数卫星依靠地面上传的指挥和控制信息来维持站点、有效载荷以及卫星健康状态管理，因此在关键时间段攻击卫星的上行链路必然严重降低链路性能。然而，由于视距限制和卫星自主性的增强，干扰上行链路逐渐受到限制，攻击下行链路则更容易和有效。

1）上行干扰

卫星上行链路信号有两种类型：用于传输有效载荷信号（如电视和通信）的链路和用于控制信号的链路。针对有效载荷信号的干扰会导致所有接收者都受到影响，是一种高效的干扰策略。干扰信号是与链路信号频率大致相同的射频（radio frequency，RF）信号，它被传输到与目标信号相同的转发器上，影响转发器区分真实信号和干扰信号的能力。虽然链路信号源和信号不受影响，但卫星转发器无法区分信号，导致下行链路信号丢失或损坏。上行链路干扰的有效性在很大程度上取决于获取目标信号的详细信息，可以通过频谱信号监测过程或收集开源信号进行分析来构造干扰信号，卫星转发器在收到干扰信号后，会阻止正确信号转发，如图 2-10 所示。

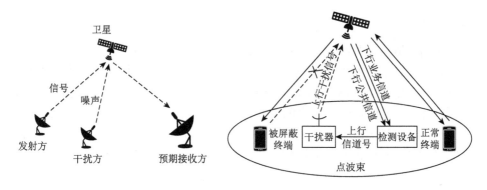

图 2-10　上行干扰示意图

上行链路干扰的目标是卫星的传感器和接收器，干扰需要发射大功率信号，影响可能是全面性的，即对卫星所有用户都会造成损害。

2）下行干扰

卫星下行链路信号干扰有两个主要目标：卫星通信广播和导航卫星系统（navigation satellite system，NAVSAT）广播。下行链路干扰的目的是中断或暂时阻止所攻击的地面用户接收卫星信号。干扰主要通过广播与目标下行链路信号频率大致相同、功率更大的射频信号来实现。干扰系统向地面段接收天线发射信号，压制接收信号。智能干扰（与暴力干扰相反）信号模拟卫星信号，向目标用户提供虚假数据或信息。下行干扰的有效性既取决于干扰频段是否与地面段接收频段一致，还取决于接收机的信号抗干扰能力，如图 2-11 所示。

卫星下行链路包含遥测信息以及卫星健康状态信息，干扰下行链路就是直接干扰信息流，达到拒绝或中断卫星通信任务的效果，干扰的物理对象从大型固定地面站点到卫星手持终端各不相同，干扰的范围从几十公里到几百公里，取决于干扰机和下行信号的功率，一般只需要低功率干扰机即可实现。

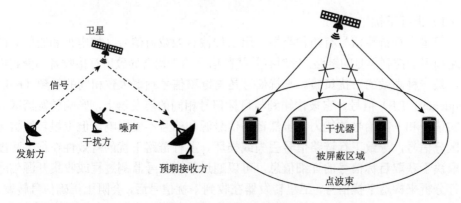

图 2-11　下行干扰示意图

2. 信号窃听

卫星通信链路窃听的原理示意如图 2-12 所示。卫星互联网的窃听是通过空中接口截获射频信号，并对内容进行分析和破解来实施信息监测和数据收集的过程。电子情报平台 ELINT（electronic intelligence）是美国、俄罗斯等国家的情报部门用来对他国进行远程窃听和情报收集的重要星载平台，1962 年美国发射的 80kg 卫星"银河辐射与背景"（galactic radiation and background，GRAB）是全球第一颗搭载 ELINT 的卫星，它截获了苏联雷达信号，获得了无法在苏联境内取得的情报。

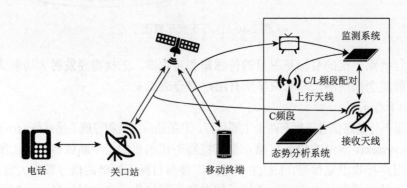

图 2-12　卫星通信链路窃听系统示意图

卫星通信链路窃听的常见手段间谍卫星是一种天基平台，实际上通过陆基（车载、便携）、海基（舰载）、空基（机载）等平台也可实现对卫星通信链路的窃听。图 2-13 展示了卫星通信链路窃听的原理示意。

3. 信号劫持

卫星通信链路劫持是采用链路层阻断的方法，把目标网络环境从合法领域拉入可控的虚假领域，劫持卫星上、下行流量，从而进行各类攻击。如使用信号干扰器将卫星互联网信道从相对安全的网络压制到不够安全的网络环境，再利用开源基站接管，进行中间人劫持攻击。

图 2-14 展示了卫星通信链路劫持的基本原理：通过监听卫星中的下行流量（通过有线或者通用无线分组服务（general packet radio service，GPRS）常规线路的来自用户个人计算机端的请求）来识别卫星网络用户的 IP 地址；在用户不知情的情况下选择一个 IP 地址来掩盖其命令和控制（command and control，C&C）服务器真实 IP 地址；被感染的设备会收到一个指令，即发送所有数据到被选中的 IP 地址上。数据先通过常规路径发送到卫星系统，再由卫星系统发送给选中 IP 地址的用户；合法用户会将这些数据当成垃圾丢掉，但威胁操作者会从下游卫星链接处重新收集起这些数据。

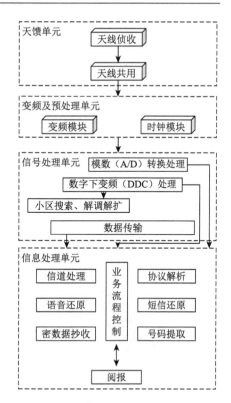

图 2-13 卫星通信链路窃听原理示意图

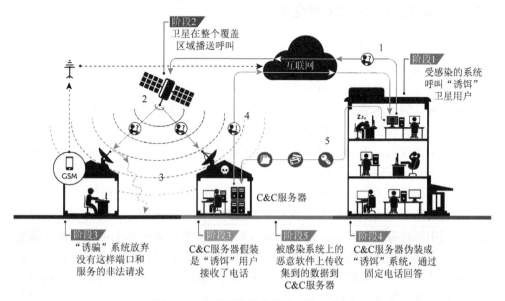

图 2-14 卫星通信链路劫持原理示意图

4. 信号欺骗

欺骗是攻击卫星互联网系统的重要手段之一。欺骗是以误导卫星处理接收信号的方式来实施捕获、更改和重传信息的过程。针对通信链路的欺骗攻击要点是以窃取的授权用户身份接入，接管空间段，向卫星转发器发送欺骗命令，使其执行非法任务或导致运行故障。

如图 2-15 所示，2011 年 12 月，伊朗曾利用欺骗技术俘获一架美军 RQ-170 "哨兵"无人侦察机。据报道，当时伊朗成功侵入这架无人机的控制系统，更改导航程序，"诱骗"飞机在伊朗境内降落。

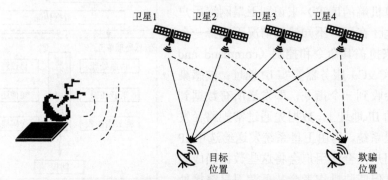

图 2-15　卫星通信链路欺骗干扰原理示意图

2.2.3　计算机系统和网络安全威胁

卫星互联网无论是天基部分的卫星协同组网，还是地基部分的地面网络接入服务和终端业务应用，都离不开计算机、网络系统和各类软件。因此，和传统互联网安全一样，计算机系统和网络安全威胁是卫星互联网面临的严峻威胁之一。卫星网络服务的使用者并不关注网络本身，但是网络服务的质量却受网络各个环节的影响，因此攻击者可以使用和普通互联网攻击一样的低成本方式来影响卫星互联网的正常使用。近年针对卫星互联网的攻击事件急剧增加，计算机系统和网络安全成为卫星互联网的重要关注内容。

卫星互联网可视为地面互联网的拓展，通过卫星中继或路由进行数据的传输，再通过地面站将数据汇入互联网中，因此地面互联网中存在的安全问题在卫星互联网中同样存在。此外，还存在独有的安全威胁，集中在卫星通信协议漏洞以及卫星管理与接入设备的软硬件缺陷方面。结合作者在网络安全领域的多年研究经验，总结出卫星互联网在计算机系统和网络面临的主要威胁包括软件漏洞、服务嗅探、网络劫持、注入攻击、恶意程序、拒绝服务、配置错误、更新错误等，下面分别进行介绍。

1. 软件漏洞

漏洞是指在硬件、软件、协议的具体实现或系统安全策略上存在的缺陷，通常是由程序实现过程中的疏忽造成的，同样存在人为设置漏洞的可能，这在供应链攻击中较为常见。而软件漏洞的存在使攻击者能够在未授权的情况下访问或破坏系统，可能造成系统崩溃、认证越权、隐私数据泄露等严重问题。卫星互联网主要由硬件控制系统和软件控制系统组成，具有接收、发送、传输、路由等多个不同阶段，每个阶段中的数据处理逻辑和功能都离不开代码的实现。软件漏洞的存在是永恒的话题，因此漏洞是不可避免的首要安全威胁。即使在卫星互联网环境下，某些漏洞的触发条件较为苛刻，但一旦条件满足，仍然会造成严重的安全威胁及影响。

软件的生命周期大致可分为软件设计、开发实现和运维使用三个阶段，每一阶段都可能存在漏洞，如软件设计阶段的设计缺陷漏洞、后门漏洞，开发实现阶段的编码逻辑漏洞和内存溢出漏洞，运维使用阶段的配置管理漏洞等。软件生命周期下的各种漏洞如图 2-16 所示。

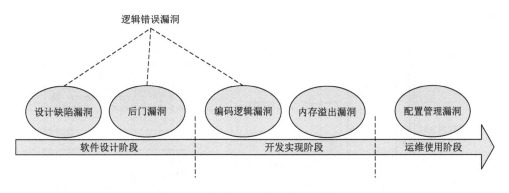

图 2-16　软件生命周期下的各种漏洞

1）设计缺陷漏洞

设计缺陷漏洞主要为软件研发人员在需求分析、设计等前期工作中未有效确定业务逻辑与功能逻辑，导致业务在上线后出现逻辑错误等，攻击者基于缺陷形成了越权等攻击行为。

2）后门漏洞

后门一般是软件研发人员为便于后期代码维护等目的，通过硬编码等方式在软件中增加的调试方式或远程登录访问方式。这种方式一旦被利用，会危害系统软件的正常运行，例如，在供应链上进行恶意后门植入，就是为了便于在后期攻击系统。Xshell 系统管理软件是目前主流的服务管理工具，也常被用来作为后门漏洞的攻击方式。

3）编码逻辑漏洞

编码逻辑漏洞的主要原因是程序员在业务逻辑设计上的缺陷，导致业务功能出现意外的输出结果，攻击者可以利用这些缺陷进行攻击从而达到恶意入侵的目的。

4）内存溢出漏洞

内存溢出漏洞是一类危害较大的攻击方式，最为出名的内存溢出方式便是缓冲区溢出。缓冲区溢出是指代码写入的数据超过了缓冲区的边界，攻击示意图如图 2-17 所示。缓冲区溢出是一种比较常见的编码错误，特别是在字符串处理过程中。缓冲区溢出造成的危害也是比较多样的；比较轻微的就是程序直接崩溃；比较严重的是错误地写入覆盖了其他敏感数据，造成数据的丢失；最严重的是通过越界将恶意代码写入其他代码执行空间，造成程序的控制逻辑劫持，运行相关恶意代码造成其他后续影响。针对缓冲区溢出攻击，虽然目前已经具备一定的缓解和防御措施，但由于卫星发射后存在系统难以更新、固件版本或系统版本难以升级，或因为运行效率的考虑系统并未部署相关安全防护措施，因此存在较大的被攻击破坏的可能性。

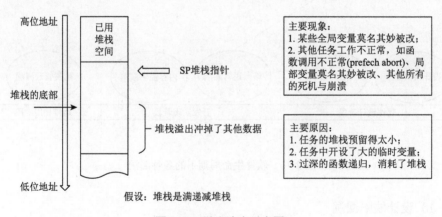

图 2-17 溢出攻击示意图

5）配置管理漏洞

在运维管理阶段，根据业务需求，维护人员需要对系统的参数进行调整，但是不当的配置管理操作会增加系统的脆弱性，从而造成新的缺陷与漏洞。

综上所述，软件的漏洞威胁存在于软件生命周期的各阶段中，尤其在卫星互联网的设计中，软件定义技术被普遍采用，漏洞的威胁将更加严峻。在 2020 年黑客大会上便举办了以 Hack-A-Sat 为主题的比赛活动，会议上便披露了许多卫星的漏洞攻击实例。IOActive 公司专项挖掘在卫星终端设备的研究中成功发现的漏洞清单如表 2-4 所示。

表 2-4 卫星终端设备漏洞清单

供应商	产品	漏洞种类	服务	严重程度
哈里斯	RF-7800-VU024 RF-7800-DU024	硬编码凭证 非法协议 不安全的协议 后门	BGAN	至关重要的
休斯	9201/9202/9450/9502	硬编码凭证 非法协议 不安全的协议 后门	BGAN BGAN M2M	至关重要的
休斯	ThurayaIP	硬编码凭证 非法协议 不安全的协议 后门	Thuraya Broadband	至关重要的
科巴姆	EXPLORER （所有版本）	弱密码重置 不安全协议	BGAN	至关重要的
科巴姆	SAILOR 900 VSAT	弱密码重置 不安全协议 硬编码凭证	VSAT	至关重要的
科巴姆	AVIATOR 700（E/D）	后门 弱密码重置 不安全协议 硬编码凭证	SwiftBroadband Classic Aero	至关重要的
科巴姆	SAILOR FB 150/250/500	弱密码重置 不安全协议	FB	至关重要的
科巴姆	SAILOR 6000 Series	不安全协议 硬编码凭证	国际海事卫星-C	至关重要的
JRC	JUE-250/500 FB	硬编码凭证 非法协议 不安全的协议 后门	FB	至关重要的
铱星	Pilot/OpenPort	硬编码凭证 非法协议	铱星	至关重要的

基于上述漏洞缺陷，攻击者便可以轻松地获取相关特权权限，并进行更深入的攻击。因此，软件漏洞在卫星互联网安全中是必须重点关注的一个方向。

2. 服务嗅探

服务嗅探以 2.1.2 节介绍的卫星窃听技术为基础，监视和捕获某个网络的所有数据包。服务嗅探分为主动嗅探和被动嗅探，主动嗅探通过构建请求数据包的方式向目的节点发起通信链接请求，通过目标的反馈与响应进行服务的判断。主动嗅探方式的攻击过程如图 2-18 所示。

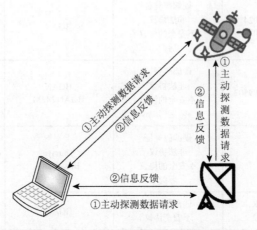

图 2-18　主动嗅探攻击示意图

被动嗅探通过对通信链路上的数据进行监听窃取，从中分析数据包含的内容等信息。由于卫星网络的开放性，针对通信的嗅探便可直接获取信号数据，通过调制解调便可还原出对应的应用数据。

卫星网络嗅探的一个独特方面是由于无线传播时延差异问题，攻击者所在地理位置会影响其嗅探特定信号的能力。被动嗅探攻击的示意图如图 2-19 所示，攻

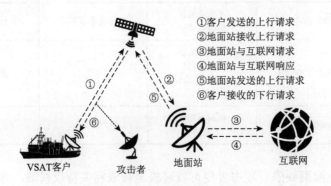

图 2-19　被动嗅探攻击示意图

击者可以很容易地观察到 ISP 对客户的响应（即⑥），但拦截客户发送的重点上行请求（即①）的难度要大得多。这意味着在攻击中，记录的流量通常只包含卫星用户接收的"前向链路"数据包，而不包含用户发送给其 ISP 的"反向链路"数据包。

在此基础上，攻击者通过使用嗅探器来捕获并分析卫星互联网中包含密码、账户等敏感信息的网络流量数据包，包括电子邮件流量（SMTP、POP、因特网消息访问协议（Internet message access protocol，IMAP））、Web 流量（HTTP）、FTP 流量（Telnet、FTP、服务器信息块（server message block，SMB）、网络文件系统（network file system，NFS））等。服务嗅探是网络攻击中的一个重要手段，作为侦查的前期工作步骤，在充分探测目标的服务信息的状态下，才能进行更为精准的攻击。

目前主流的被动网络嗅探服务攻击如下：

（1）MAC 泛洪。通过大量的 MAC 地址涌入交换机，使内容可寻址存储（content addressable memory，CAM）表溢出，以方便嗅探的执行。

（2）DNS 缓存投毒。通过更改 DNS 缓存记录，将请求重定向到恶意网站。用户一旦输入与缓存相关的域名请求，就会立即返回恶意网站的地址。

（3）邪恶双胞胎攻击（evil twin attack）。在传统无线网络中，通过创建一个伪造却合法的同名接入点，以欺骗用户接入从而获得用户信息。在卫星互联网的无线接入中也存在这种攻击方式。

（4）女巫攻击（sybil 攻击）。恶意节点通过非法构建虚拟身份参与网络通信，从而达到非法攻击。卫星的动态拓扑、广播信息传递以及多级路由等特点，造成卫星节点容易遭受女巫攻击的威胁。

3. 网络劫持

和 2.2.2 节通信劫持不一样，网络劫持是在正常通信的基础上，通过攻击域名解析服务器，或伪造域名解析服务器的方法，把目标网站域名解析到错误的 IP 地址从而实现用户无法访问目标网站的目的或者蓄意或恶意要求用户访问指定 IP 地址（网站）的目的。网络劫持攻击主要包括浏览器劫持、会话劫持、DNS 劫持、IP 劫持、页面劫持等。通过不同的劫持方式，攻击者能够达到不同的攻击目的，其攻击原理如图 2-20 所示。通过使用恶意 DNS 服务器或其他更改 Internet 用户重定向到的 IP 地址的策略来重定向用户。卫星互联网的业务和运营必然会和传统的互联网营运体系互通与融合，因此传统互联网面临的网络劫持威胁，也必然存在于卫星互联网中。

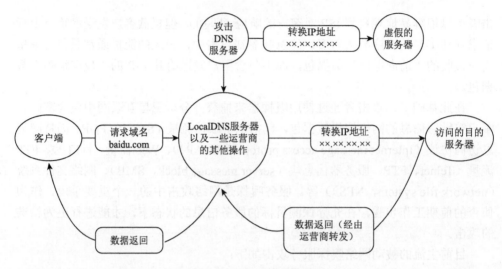

图 2-20　网络劫持原理图

　　而在卫星组网层面也会存在类似网络劫持的攻击,例如,在两个卫星通信中,攻击者将虚拟节点放置在正在通信的两个节点中间,通过地址解析协议(address resolution protocol,ARP)欺骗等方式让一条链路两端的节点相信该中间人节点即对方节点,从而拦截、破坏或篡改传输路径中的数据。其具体攻击方式如图 2-21 所示,攻击者将中间人节点 A 放置在传输路径的中间节点 M_{k-1} 与 M_k 中,从而篡改数据。由于 M_{k-1} 与 M_k 都相信自己正在与对方通信,因此它们对数据的篡改以及中间人节点毫无察觉。即使在源节点 S 和目的节点 D 布置了入侵检测设备,由于攻击发生在传输路径中间,端节点仍然无法察觉攻击的存在。

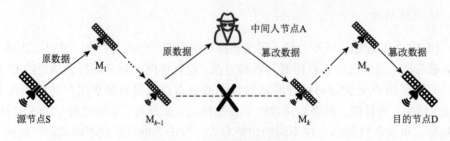

图 2-21　网络劫持攻击方式

1)ARP 欺骗

　　ARP 欺骗又称 ARP 毒化,其原理是通过不断向攻击目标发送 ARP 回复,从而实现重定向从一个主机(或所有主机)到另一个主机的数据包的目的。ARP 地址转换表依赖主机中高速缓冲存储器的动态更新,而高速缓冲存储器的更新受到更新周期的限制，只保存最近使用地址的映射关系表项，这使得攻击者可以在高速缓冲存储器更新表项之前修改地址转换表，实现 ARP 欺骗攻击。

　　2）会话劫持

　　会话劫持是一种结合了嗅探以及欺骗技术的攻击手段。攻击者把自己部署在受害者和目标主机之间，并设法让受害者和目标主机之间的数据通道变为受害者和目标主机之间存在一个看起来像"中转站"的代理机器（攻击者的主机）的数据通道，从而干涉两台主机之间的数据传输，如监听敏感数据、替换数据等，甚至改变通信过程。

4. 注入攻击

　　注入攻击的基本原理是通过将恶意指令序列或者代码注入目标进程、组件、系统等关键模块中，执行指定操作的一种攻击方式，关键是让用户输入的数据能被解释为代码并执行。

　　在卫星互联网上存在诸多网络应用和服务，这些应用和服务中若存在未验证的编辑域或跨域输入源，则存在被注入攻击的风险。注入攻击会造成数据泄露、系统控制、恶意执行等异常行为发生，严重影响卫星的安全运行。注入攻击的类型如表 2-5 所示。

表 2-5　注入攻击类型

常见注入攻击类型	攻击描述
网络注入攻击	漏洞可通过互联网远程执行命令，实现攻击代码的注入
邻接注入攻击	漏洞的利用限制在较近的物理或逻辑网络距离以内，如蓝牙、WiFi、红外线等，进行命令注入或指令控制
本地注入攻击	攻击者通过本地程序，利用漏洞或攻击者可登录本地利用漏洞将命令和控制指令注入系统的攻击方式
物理注入攻击	攻击者需要物理接触脆弱性组件进行命令注入与指令控制

5. 恶意程序

　　恶意程序是指能在计算机上运行并执行指定操作的指令或软件程序，实现对计算机软硬件资源的接管、控制或破坏。攻击者常使用恶意软件来获取系统访问权限、窃取用户有价值的数据、监控实时通信、提供远程访问/控制以及自动攻击其他系统等。对于卫星系统，恶意程序主要对地面站基础设施以及安装在机载卫星上的开源软件和商用软硬件造成严重威胁。恶意程序的类型如表 2-6 所示。

表 2-6　恶意程序类型

恶意程序类型	攻击描述	危害
后门（陷门）	通常以隐蔽的方式，允许攻击者绕过标准安全控制而访问系统	一旦被攻击者利用，将会对系统构成严重威胁
特洛伊木马	伪装成一个合法的、有用的程序，在后台执行恶意功能	通常用于窃取数据或监视用户操作，并且还可以提供后门功能
蠕虫	通过网络传播的自我复制代码，通常无需人工交互	通过网络扩散，能快速地感染危害网络中系统参数相同的所有计算设备
病毒	将自己的副本嵌入其他文件中来感染计算机系统，通常依赖于人机交互来启动宿主程序并激活病毒	获得计算机磁盘操作系统的临时控制权，破坏数据甚至破坏硬件

　　著名的"震网"（即 Stuxnet 蠕虫）病毒就是利用西门子 SIMATIC WinCC/Step7 存在的漏洞感染数据采集与监控（supervisory control and data acquisition，SCADA）系统的。2010 年印度卫星 Insat-4 B 因太阳能电池板故障而关掉了 12 个转发器，据印度空间研究组织（Indian Space Research Organisation，ISRO）前工程师称，Insat-4 B 中使用的西门子 S7-400 可编程逻辑控制器（programmable logic controller，PLC）可以激活 Stuxnet 蠕虫病毒。Stuxnet 蠕虫病毒的攻击流程如图 2-22 所示。

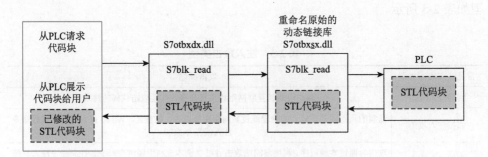

图 2-22　Stuxnet 蠕虫病毒攻击流程图

6. 拒绝服务

　　由于地面站与卫星转发器之间的距离较长，存在信号传输的高误码率和高链路延迟，更容易受到拒绝服务（denial of service，DoS）或分布式拒绝服务（distributed DoS，DDoS）的攻击。这已经是商业卫星网络面临的一个严重威胁。薄弱的安全措施使网络运行中心（NOC）极易成为 DoS 和 DDoS 的攻击目标，其拒绝服务攻击的网络结构如图 2-23 所示，攻击者可以利用其他卫星或者地面服务与卫星进行通信，迫使卫星无法为其他正常用户提供服务。考虑到卫星通信基础设施在未来 6G 通信中的重要地位，DDoS 攻击的防范已成为卫星地面站，特别是 NOC 的首要安全问题。

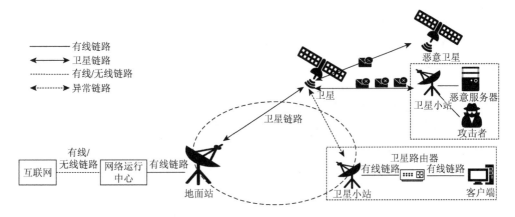

图 2-23　典型卫星互联网 DDoS 攻击示意图

DoS/DDoS 攻击的主要目的是使用虚假流量耗尽网络节点的资源以及它们之间的通信链路，从而使它们无法用于任何合法流量。网络中的关键资源包括磁盘空间、内存、CPU 时间和网络带宽。在卫星网络的环境中，地面站很容易成为攻击者的目标。事实上，攻击者可以生成大量伪造数据包以消耗大部分内存和磁盘空间，从而占用地面站和卫星链路之间的大部分带宽。

与地面网络类似，卫星网络可能受到三种最流行的 DoS/DDoS 攻击，即服务条款（terms of service，ToS）洪泛攻击、同步洪泛攻击以及 ping 洪泛攻击。

1）ToS 洪泛攻击

在 ToS 洪泛攻击中，攻击者通过搜索 IP 数据包报头的 ToS 字段来控制显式拥塞通知 ECN 和区分服务标识 DiffServ。特别是，攻击者伪造 ECN 字段，以利用卫星链路降低客户端和服务器之间的单个连接的吞吐量，从而导致服务器无法提供合法请求服务。此外，攻击者可以使用 DiffServ 标识来强制优先处理攻击流量，从而增强 DoS 攻击的效果。

2）同步洪泛攻击

在同步洪泛攻击中，攻击者利用网络中的半开放 TCP 连接来溢出网络资源。在 TCP 中，半开放连接是指在客户端发送同步消息 SYN 后，服务器等待来自客户端的 ACK 消息的连接。事实上，对于从客户端接收到的每个 SYN，服务器都会发送一条 SYN-ACK 消息，并等待客户端的最终确认。同时，服务器维护一个数据库，其中包含服务器正在等待确认的所有连接。由于服务器的资源是有限的，可以通过创建大量打开的连接故意使其耗尽，从而使服务器资源无法用于合法通信。因此，在卫星互联网中基于 TCP 的服务也不可避免要面对上述攻击。

3）ping 洪泛攻击

ping 洪泛攻击的基本思路是创建大量 Internet 控制报文协议（Internet control

message protocol，ICMP）回显请求，也就是 ping，这些请求会从一系列 IP 地址发送到网络节点，网络节点无法计算过量的 ping 请求，造成了正常的业务请求不能使用。在 ping 洪泛攻击中，攻击者控制全球多个服务器向目标发送大量的 ping，用虚假流量湮没目标，使目标不可用。在这种情况下，如果目标是地面站或卫星，则依赖其连接的节点将经历断电或较差的用户体验。

需要注意的是，由于卫星网络的传输通信具有高延迟和无线广播的特点，上述 DoS/DDoS 攻击的影响可在卫星网络中被放大，如可利用特殊卫星设备偷听卫星广播并充当合法站点。此外，在高延迟的环境中生成此类攻击会使系统无法用于实时应用程序，如 IP 语音，即使攻击的规模是可控的。

7. 配置错误

安全配置错误已被定义为 OWASP TOP-10（2017）榜单中的一个单独类别（A6-2017 类）。正如定义所述，它们可以发生在应用程序栈的任何部分，包括网络服务、平台、Web 服务器、应用程序服务器、数据库、框架、自定义代码以及预安装的虚拟机、容器或存储器。这通常是由不安全的默认配置、不完整的临时配置、开源云存储、错误的 HTTP 标头配置以及包含敏感信息的详细错误信息所造成的。

一些最常见的错误配置包括（但不限于）：

（1）未禁用默认的账户、密码；

（2）在生产中打开调试功能，向用户显示堆栈痕迹或其他错误信息；

（3）启用了不必要的或默认的功能，如不必要的端口、服务、页面、账户或权限；

（4）不使用安全标头，或使用不安全的标头值。

一些错误的配置是众所周知的，很容易被利用。例如，如果启用了默认密码，攻击者只需要输入该密码和默认用户名就可以获得对系统的高级访问。

其他的错误配置利用相对复杂，例如，在应用程序部署后，调试功能被保留启用。在这种情况下，攻击者会试图触发一个错误，并记录返回的信息。有了这些数据，他们可以发起高度有针对性的攻击，进而会暴露系统的信息或他们试图窃取数据的位置。

8. 更新错误

卫星互联网设计普遍应用软件定义网络、软件定义无线电等技术，有效降低了星上系统的维护和升级成本，但同时也带来了软件升级的风险，因为在软件更新时可能会引入新的漏洞，不规范的更新过程也会对卫星互联网的可靠运行造成不利影响。

时钟同步是多数卫星应用更新的保障，不规范的同步操作会导致服务更新的失败，这在传统移动互联网中出现过先例。因此，卫星服务的更新成为一项具有挑战的工作，需要有全局服务的一致性等基础保障，才能保证卫星互联网服务不受影响。

2.2.4　数据安全威胁

卫星互联网传输的各种数据是对外提供通信、遥测、导航等服务的基础。数据的生命周期如图 2-24 所示，包含数据的采集、存储、处理、交换、传输、销毁等环节，每个环节都存在安全风险。在卫星互联网的星地协同环境中，数据的存储面临来自太空、元器件、网络等诸多方面的挑战，数据的无线传输面临窃听、劫持、篡改等风险，数据的使用面临软件、系统、业务机制等存在的缺陷带来的泄露风险，本节分别针对卫星互联网在数据的存储安全、传输安全、使用安全三方面展开分析。

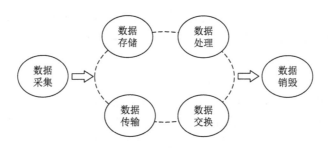

图 2-24　数据的生命周期

1. 存储安全

卫星互联网中的数据在存储前要进行编码和加密，数据的加密能有效防止攻击者直接获得明文数据信息，因此是保障数据安全的基础。空间段的卫星处于电磁干扰复杂的太空环境，极易因数据存储器件故障带来数据错误，因此在数据存储过程中需要考虑完整性编码以及纠错编码机制，防止数据的丢失和错误。而随着传输的数据量越来越大，还需要对数据进行高效的压缩处理，以充分利用有限的数据存储单元。目前用于数据存储的主流介质使用寿命相对有限，能有效存储数据的时间取决于数据读写迁移频率，其中固态硬盘（solid state disk，SSD）和机械硬盘（hard disk drive，HDD）的寿命一般不到 5 年。磁带原则上在恒定温度、严格控制湿度和每两年的倒带操作情况下能可靠存储数据约 10 年，但是这三种介质一旦受到电磁脉冲或太空电磁干扰，均会发生数据丢失或整体失效的风险。

2. 传输安全

卫星互联网的星地数据传输链路是开放的无线信道，若直接以明文的方式传输很容易被非法用户通过监听来截获通信内容。非法用户进一步实施篡改、伪造、重放等网络攻击，就会造成网络工作异常或瘫痪。因此，确保卫星互联网传输数据的保密性、完整性和时效性至关重要，这就需要采用密码技术对数据进行加密处理，同时还要对进行数据交换的用户/节点进行多方身份认证。

在数据加密环节，传统的地面网络安全加密方案存在开销不平衡、计算开销以及通信开销随着节点的增多而不断增大和公钥密码算法效率低等问题。但卫星互联网中的卫星节点处于高速运行状态，能量、计算能力、存储空间、带宽都有限，尤其低轨卫星节点过境周期短，卫星通信动态切换频率高，因此与传统的地面 IP 网络相比，卫星互联网需要在密码算法等方面做出改进，设计小型化、低功耗、轻量级、高强度的密码算法模块，能支持多模式加密、算法快速切换以及加密链路保持等。

在身份认证环节，由于卫星互联网的星地通信容量相对有限，攻击者可以通过浪费通信资源的方式进行攻击，如在星际网的通信链路中注入假冒流量，还可能篡改地面站和控制中心等发出的指令，造成网络瘫痪，尤其卫星节点（传输中继节点）很有可能被攻击替换，从而产生假冒节点。然而，现有多数卫星通信身份认证方案只提供了 NCC 对接入用户的单边认证，而没有对 NCC 进行适当的身份验证，存在用户在身份认证阶段被伪 NCC 欺骗的风险，将用户的敏感信息发送到未识别的目标，或者被欺骗建立连接以获取合法 NCC 无法识别的服务。因此，在卫星互联网中，需要特别注意组网安全和节点的双向认证，而不仅仅是接入认证。这也是卫星互联网的安全体系与传统 IP 网络的不同之处。

3. 使用安全

在提到数据安全时，人们往往会首先关注数据存储和传输的安全。但是数据的使用安全，尤其是如何合规、合法地使用具有资产价值和所有权属性的数据往往被忽略。从技术角度看这也是一个全球关注的热点和难点问题。数据使用安全首先需要解决谁可以使用数据、使用哪些数据以及数据使用的权限（如读、写、改、删等），这是访问控制的主要内容。卫星互联网系统的星地数据承载和计算平台差异巨大，在计算或交换过程中的任何不当操作指令，都可能造成敏感数据的泄露。因此，研究者提出了使用隔离计算技术来保障其数据使用的安全性（具体原理参见 4.3 节）。由于运营管理数据的人员身份复杂，为避免用户非法查看和使用数据，针对敏感数据的使用需要设计严格的权限管理与访问控制。太空段因为系统计算资源受限、系统平台紧凑，数据资源主要存储于独立的物理设备中。

但是随着卫星设备的升级，卫星系统中的设备也面临数据泄露、内存泄漏的安全风险。

卫星互联网另外一个不可忽视的数据使用安全威胁是内容安全问题。众所周知，卫星互联网的全球覆盖无限制无线接入机制，突破了国家原来通过对地面互联网接入进行有效访问控制和审查的机制，对国家《网络安全法》的实施，以及未来如何针对利用卫星互联网进行违规违法活动的监管带来了新的挑战。因此，除了从立法角度限制地面接收终端的违规使用外，还需要从监管的角度研究卫星互联网数据有效管理，有效防范境内外违法犯罪势力利用卫星互联网的宣传、教唆、渗透、威胁等行为。

2.2.5　业务应用安全威胁

目前卫星互联网的业务应用尚未全面铺开，但是在多年卫星技术发展的基础上仍然保留了很多基于卫星的相关技术服务，如 GPS 服务、卫星通话服务、卫星图像服务等。卫星互联网的发展也必将催生新的服务，传统互联网服务也因为卫星互联网而衍生出新的业务。

然而，随着业务的铺开，卫星互联网也面临着各方挑战，如社会工程、服务的身份欺诈、服务的缺陷利用等。

1. 社会工程

"社会工程学"是一种高级的渗透测试手段，如图 2-25 所示，它涉及反侦察、心理学、数据分析学、计算机相关学科、法律、相关专业实践等一种或多种专业学科知识，是一种通过对受害者心理弱点、本能反应、好奇心、信任、贪婪等加

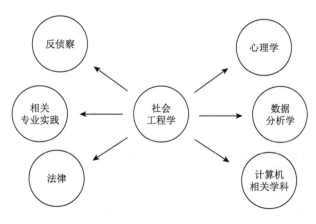

图 2-25　社会工程交叉学科

以利用，进行诸如欺骗、伤害等危害的手段。社会工程学的核心是通过"搞定人"，而达成最终目的。通过对目标对象的个人信息、兴趣爱好、活动范围和社会关系的信息收集，从而获得价值内容，成功攻破。

大部分情况下攻击者和受害者不会直接面对面接触。基于波耐蒙研究所的结论，目前针对企业服务的各类攻击中主要是以网络攻击、恶意代码以及内部人员破坏三种形式，网络攻击平均造成 143209 美元的损失，恶意代码攻击平均造成 124083 美元的损失，而恶意内部人员平均造成 100300 美元的损失。恶意内部人员进入前三意味着企业必须关注来自社会工程方面的威胁，包括来自员工的威胁。

卫星互联网提供的服务涉及上下游各个环节，而各企业对员工的管理各不相同，便可能基于社会工程从多个方面寻找突破口。例如，基于社会工程的文件泄露，NASA 因为文件销毁的问题，泄露了大量的员工信息，被攻击者利用社会工程攻击导致内部员工的主机被盗用权限等，造成了不可挽回的后果。

社会工程涉及的人员包括黑客、渗透测试者、间谍、身份窃贼、不满的员工、高明的骗子、高端猎头、销售人员、政府官员、医生、律师等。

在社会工程攻击中，钓鱼邮件是经常使用的一种攻击方式，通过构建具有欺骗性的邮件信息，诱骗使用者点击邮件中的附件内容或者链接跳转，从而传递恶意代码程序，控制受害者的计算机。图 2-26 展示了一个钓鱼邮件示例，攻击者通过伪造用户名，投递恶意文件诱骗攻击者点击触发，定向攻破受害者终端系统。

图 2-26　钓鱼邮件示例

2. 服务的身份欺诈

现在很多企业和政府部门仍然在使用"可共享的秘密"或"静态数据"来识别用户的合法身份，如社保号、用户名和密码等，但是如果继续使用这种身份识别方法，那么欺诈问题也许永远都无法解决。个人身份识别信息（personally identifiable information，PII）是非常有价值的，而这些信息自然就成为网络犯罪分子的首要目标。目前，每天都有 190 万条包含 PII 的数据记录被盗，这也就意味着每天都有数百万人陷入身份欺诈的风险之中，除此之外，美国联邦贸易委员会 2020 年身份欺诈研究报告如图 2-27 所示，在 2020 年总共有超过 138 万美国公民受到了身份欺诈的影响，受影响人数相比 2019 年增加了 113%。

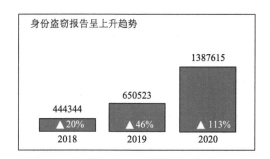

图 2-27　身份欺诈报告上升趋势图

攻击者在进行内网渗透的过程中，若能够获得并利用企业或者组织单位内的身份信息，则在一定程度上能对内网防护的突破带来有效的帮助。

3. 服务的缺陷利用

目前卫星互联网提供了基本的 GPS、移动通信等服务，但是针对细分业务的服务开发往往由缺少安全知识和业务经验的团队进行，所研发的应用往往存在服务缺陷。因此，针对服务设计缺陷的攻击成为一种新的卫星攻击方式。

以卫星 GPS 服务为例，地面设备在接收到 GPS 信号时并没有有效地校验获得信号的准确性和可靠性。因此，目前针对无人机的劫持工作中便可以基于 GPS 欺骗攻击造成无人机的劫持。美军无人侦察机 RQ-170 "哨兵"被伊朗电子战部队劫持事件的示意如图 2-28 所示，伊朗电子战部队通过电磁干扰切断了 RQ-170 与中继卫星的联系，并通过 GPS 信号转发器构建虚拟 GPS 信号欺骗无人机返航，并构建虚拟投影技术成功诱骗无人机设备着陆在伊朗境内的机场。

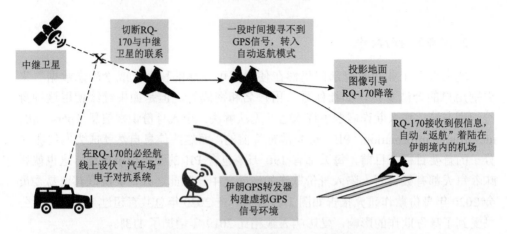

图 2-28　伊朗劫持美军 RQ-170 示意图

因此，业务安全是卫星互联网中必须面对的安全问题，解决这个安全威胁是整体安全的一个重要环节，同时在业务设计之初需要合理科学地考虑安全性，保证业务服务的正常提供。

2.3　卫星互联网安全相关理论与技术

为维护卫星互联网体系的网络空间安全，当前学术界与工业界已经积累了相关基本理论与技术知识。本节分别介绍信道编码、轻量级密码算法、身份认证与访问控制、软件脆弱性分析、入侵检测、追踪溯源、软件定义网络、软件无线电、认知无线电、通信多址、机器学习、区块链等理论与技术。

2.3.1　信道编码理论

众所周知，编码是保障信号在噪声信道中可靠传送的重要手段，卫星通信系统天基和地基之间的远距离无线传输过程中不可避免地存在各种噪声和干扰，使得接收到的信号出现不同程度的差错。对于模拟信号，在传输过程中和叠加进来的噪声很难分离，严重影响通信质量；对于数字信号，一定程度的干扰所引起的信号畸变也会影响信息的接收，一旦干扰超过容忍限度，数字信号就会产生严重失真。这就需要对信号进行特殊处理，通过差错控制编码来增强数据在信道中传输时的抗干扰能力，提高传输的可靠性。

信道编码理论建立在香农信息论基础上[42]，基本原理是：发送端对信息码元进行处理，增加冗余度，即增加一定数量的监督码元，由信息码元和监督码元共同组成一个码字，两者间满足一定的约束关系；接收端通过检验约束关系是否成立来识别错误，或进一步判定错误位置并纠正错误。其中，仅能识别错误的编码是检错编码，在检测到错误后，根据传输信号的特性，系统可以选择忽略错误、标记错误、再次发送或是对错误进行估计并替换。而能够识别错误并进行纠正的编码是前向纠错编码，检错和前向纠错统称为差错控制。数字信号在传输中发生差错的概率是传输性能的一个主要指标，通常用误码率（bit error rate，BER）来描述。如果在通信系统中给定了信道，而误码率不能满足要求，则必须进行差错控制。

1. 差错控制方式

差错控制常用的方式有三种：自动重传（automatic repeat request，ARQ）、前向纠错（forward error correction，FEC）以及混合纠错（hybrid error correction，HEC）。

ARQ 方式中，发送端经信道编码后存储并发送序列，接收端根据序列校验结果判断是否错误，若无错，则接收序列，并通过反馈信道将确认信号发送至发送端；发送端抹去先前的存储序列，并发下一组信息；接收端如发现错误，则拒收序列并发送重发指令，发送端收到指令后将存储的原信息重发，直至接收端的译码器判别无错为止。此种方式需要反馈信道，并且实现重发控制比较复杂，通信效率低，不适合单向且实时性高的传输，在卫星通信中应用受限。

FEC 方式中，发送端经信道编码后可以发出具有纠错能力的码字，接收端检测到码字出现误码时，按一定的算法，自动确定发生误码的位置并纠正。该方式仅需单向传输，实时性好，可进行点到多点的广播式通信；但译码设备复杂，所选择的纠错码必须密切结合通信的干扰特性。如果需要纠正更多错误，要求附加的校验码元较多，会降低传输效率。即便如此，对于实时性要求高的语音通信，几乎都使用 FEC 方式。

HEC 方式是 ARQ 方式与 FEC 方式的结合。在这种系统中，发送端发送的码字不仅能够发现错误，而且还具有一定的纠错能力。接收端在接收到信号后，检查出错情况，如果在纠错能力之内，则自动纠正，否则通过反馈信道要求重发。HEC 方式在实时性和译码复杂性方面是 FEC 方式与 ARQ 方式的折中，适合于环路延迟大的高速数据传输系统。

根据性质的不同，差错分为随机差错和突发差错。随机差错是由起伏噪声引起的，均匀地分布在不同的时间间隔上，特点是错误码元之间相互独立，不会引起成片的码元错误。突发差错是由脉冲噪声引起的，瞬间集中成片出现，各错误码元之间存在相关性，一个码元出错，后面几个码元都可能出错。目前，卫星通信系统都采用了差错控制技术，而随机差错和突发差错在系统中既可能单独存在，也可能同时存在，需要根据系统的不同侧重点，合理地选择高性能的差错控制方式。

2. 信道容量

1948 年，香农在"通信的数学理论"一文中，首次提出并严格证明了在高斯白噪声干扰的信道中，如果信息源的信息速率不大于信道容量 C，则存在一种编译码方式，只要码长度 n 足够大，就可以使信道输出端的误码率任意小，而信息速率无限接近 C。计算公式如下：

$$C = B \log_2 \left(1 + \frac{S}{N} \right) \tag{2.1}$$

式中，C 为数据速率的极限值，bit/s；B 为信道带宽，Hz；S 为信号功率，W；N 为噪声功率，W。

假设接收功率为 P，比特周期 $T_b = 1/R_b$，则每比特能量为

$$E_b = PT_b = \frac{P}{R_b} \tag{2.2}$$

在卫星通信系统中，噪声功率通常用单边噪声功率谱密度与带宽 B 的乘积表示，式（2.1）可以写为

$$\frac{R_b}{B} = \log_2 \left(1 + \frac{R_b}{B} \frac{E_b}{N_0} \right) \tag{2.3}$$

式中，R_b / B 为比特速率与信道带宽的比值，表征的是通信链路的频谱效率，R_b / B 的比值越高，说明系统的有效性越高。图 2-29 为 R_b / B 相对于 E_b / N_0 的关系曲线。

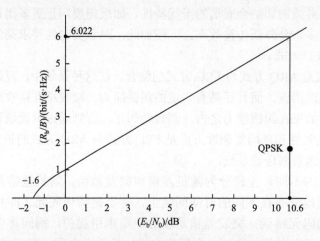

图 2-29　R_b / B 与 E_b / N_0 的关系曲线

图 2-29 中，当 $R_b / B < 1$ 即 $R_b < B$ 时，信道带宽没有完全利用，此时可以认为链路的功率是受限制的。如果链路以 R_b 的比特速率工作，则当 R_b 趋于 0 时，

E_b / N_0 值趋于–1.6dB，这就是香农极限。在不考虑调制或编码方式的情况下，香农极限是任何通信链路中可用的 E_b / N_0 的一个理论下限。当 $R_b > B$ 时，若要在给定带宽下无限制地增大信道容量，可以通过增加发射机功率（即提高 E_b / N_0）来实现。若可获得的发射机功率有限，则可以通过增加带宽 B 来增大信道容量。但对高斯白噪声而言，增加带宽的同时会造成载噪比下降，因此无限增大带宽也只能对应有限信道容量。

香农定理实质上给出的是无误码数据传输速率，但是对于一条正交相移键控（quadrature phase shift keying，QPSK）链路，若要获得 10^{-6} 的误码率，需要有 10.6dB 的理论 E_b / N_0 值和 2bit/(s·Hz)的频谱效率。如图 2-29 所示，10.6dB 的 E_b / N_0 对应的最大频谱效率为 6.022bit/(s·Hz)，因此 QPSK 在可达域内。如果将 2bit/(s·Hz) 的频谱效率代入式（2.3）中，则可得到 E_b / N_0 的下限值为 1.77dB。

由此可见，适当的编码方式不仅能实现在低载噪比情况下提高通信系统的链路性能，同时又能实现在低载噪比附近不用过度增大带宽而进一步接近香农容量。在香农极限的证明中引用了三个条件：随机编码方式、码字长度趋于无穷大、采用最大似然译码。但是香农并没有给出具体的编码方案，所以从 20 世纪 50 年代开始，编码学者把精力都集中在编码方案的研究上。经过半个多世纪的发展，在香农定理的指导下，差错控制编码技术不断进步，涌现出一批性能更接近香农极限的编码方法。例如，Turbo 码达到了与香农极限仅相差 0.7dB 的优异性能，非正则长低密度奇偶校验（low-density parity-check，LDPC）码性能甚至可以距离香农极限 0.0045dB，这是目前已知距离香农极限最近的纠错码。

在卫星通信系统中，常用的差错控制编码有线性分组码、循环码、卷积码、级联码、Turbo 码以及 LDPC 码，具体编码算法可参考相关文献。

2.3.2　轻量级密码算法

众所周知，为保护数字信息的机密性、完整性和不可否认性的现代密码算法，是保护网络信息安全与数据隐私的基础手段。人类社会使用密码的历史非常悠久，早在两千多年前，凯撒密码就被用于保密通信。第二次世界大战期间，密码得到了广泛应用，催生了密码技术的蓬勃发展。但直到 1949 年，香农发表的论文"Communication theory of secrecy systems"为对称密码奠定了理论基础，才使得密码学成为一门科学。1976 年 Diffie 和 Hellman 发表了"New directions in cryptography"，提出了公钥密码的概念。1977 年，美国国家标准局发布了数据加密标准（data encryption standard，DES），成为第一个公开细节的密码算法，开启了密码学的标准化。1978 年，Rivest、Shamir 和 Adeleman 基于大整数分解难题提出了第一个实用的公钥密码体制，使公钥密码学的研究进入了快速发展时期。如今，密码学已经形成了以对称密码、非对称密码、哈希函数、消息认证码、数字签名等为主要内容的完备体系。利用这些基础密码算法，可以为主机和服务器环境提供身份认证、访问控制、数字签名、秘密共享、隐私保护等特定的安全功能。鉴于版面限制以及已有大量的书籍系统地介绍现代密码学的主体内容，在此不再赘述，相关内容读者可参见相关文献，本节重点介绍适用于卫星互联网特性的轻量级密码算法。

通过第 1 章介绍可知，卫星互联网的空间节点在通信容量、计算和存储能力、能源消耗方面都具有较大的限制，卫星互联网的超远通信距离以及位置高速动态变化又带来较大的通信延迟。传统的加密算法主要应用于地面的网络、主机和服务器环境，在设计上以安全性为首要目标，计算和存储资源的开销以及能耗较大，尤其是公钥密码算法，因此并不适用于卫星互联网这类资源受限的环境。而轻量级密码算法则兼顾了安全性和运行效率，可更好地适用于卫星互联网环境，下面简要介绍轻量级密码的特点和典型算法。

1. 轻量级密码的由来

随着通信、计算机以及微电子技术的高速发展，计算和通信功能可以在资源受限和微型化的嵌入式设备中实现。典型的资源受限设备包括智能卡、射频识别（radio frequency identification，RFID）标签、无线传感器、个人数字助理（personal digital assistant，PDA）终端等，它们通常具有有限的计算能力、通信能力、存储空间和能量来源的能力。物联网技术的广泛应用使得这些资源受限设备的部署和使用变得越来越普遍，它们在多种环境下的数据采集中发挥了重要的作用，极大地提高了人们的生产和生活效率，但也引发了广泛的安全和隐私问题。卫星互联网通信同样也受到本身的资源限制，具体体现为节点能量有限、计算能力有限、存储空间有限、网络拓扑的动态变化、带宽有限、通信时延较大、易中断、上行及下行链路不对称、通信资源非常珍贵等，甚至对处理芯片的体积重量也有限制。传统的密码算法如以高级加密标准（advanced encryption standard，AES）为代表的对称密码算法、以 RSA 和椭圆曲线密码（elliptic curve cryptography，ECC）为代表的公钥密码算法、安全哈希算法（secure hash algorithm，SHA）系列哈希算法以及 SM 系列国密算法已广泛应用于不同行业的信息系统中，提供数据机密性、完整性、可用性等安全保护。但是，上述通用密码算法主要针对主机级应用环境，优先满足安全性需求，未专门针对资源受限环境进行性能优化。因此，通用密码算法在资源受限设备中普遍存在运算效率相对较低等性能局限。就卫星互联网的网络安全而言，与传统的 IP 网络安全算法相比，需要在密码算法、认证协议、密钥管理方面做出改进。因此，人们急需适用于资源受限设备的密码算法，为了给这类受限设备所存取、传输的信息提供合适的安全保护，轻量级密码（light weight cryptography，LWC）应运而生，并成为当前密码学研究的一个热点。大量科学家已经做出了大量的工作，其中包括对传统密码方案的高效实现以及对新的轻量级密码学原语和协议的设计及分析。

轻量级密码的研究可以追溯到 1994 年 Wheeler 和 Needham 提出的微型加密算法（tiny encryption algorithm，TEA）[43]，它是一种描述简洁、实现简单的分组加密算法。其后多个国家和国际组织开展了轻量级密码算法的研究。2004 年，欧洲 ECRYPT（European Network of Excellence in Cryptology）成立了 eSTREAM 项目，旨在开发在资源受限设备中使用的轻量级流密码算法；2012 年 ISO 发布了 ISO/IEC 29192 轻量级密码系列标准，预期覆盖机密性、认证、鉴别、抗抵赖性以及密钥交换等安全机制；2013 年，日本密码研究与评估委员会（Crytography Research and Evaluation Committee，CRYPTREC）成立了轻量级密码工作组，致力于研究和支持其电子政务及任何需要轻量级密码的应用，并对典型的轻量级密码算法进行分析和评估。2013 年，美国国家标准与技术研究院（National Institute of Standards and Technology，NIST）成立轻量级密码的标准化研究项目，意在征集轻量级密码算法和轻量级密码评估指标。

2. 轻量级密码的特点

作为一类兼顾安全性和性能的密码算法，轻量级密码算法能够更好地适用于资源受限的环境，充分考虑算法在资源受限设备中的运行性能、能耗、存储空间、通信带宽、运行时间等因素，其主要应用场景包括卫星互联网、RFID 标签、智能卡、无线体域网、传感器网络等。与传统的通用密码算法相比，轻量级密码算法力求在安全和性能方面寻求平衡，具有安全级别适中、性能较高、吞吐量较低等特点。

（1）安全级别适中：轻量级密码算法适用于对长期安全性要求不高的场景，如资源受限设备，其安全强度要求一般为 80bit 以上。

（2）性能较高：轻量级密码算法较为注重运算效率，在保证一定安全性的前提下尽可能减少存储空间、提高运算效率，大多具有较好的软硬件实现。

（3）吞吐量较低：轻量级密码算法多应用于资源受限环境，数据处理规模通常较小，对吞吐量的要求较低。

3. ISO 轻量级密码算法国际标准（ISO/IEC 29192）

ISO 于 2012～2019 年发布了一系列轻量级密码算法国际标准，系列标准具体包括分组密码、流密码、非对称密码、哈希函数、消息认证码、广播认证协议、认证加密等，详情如表 2-7 所示。

表 2-7   ISO 轻量级密码算法国际标准

算法类型	标准号	算法
分组密码	ISO/IEC 29192-2：2019	（1）64bit 分组：PRESENT （2）128bit 分组：CLEFIA、LEA
流密码	ISO/IEC 29192-3：2012	Enocoro-128v2、Enocoro-80、Trivium 密钥流生成器
非对称密码	ISO/IEC 29192-4：2013	cryptoGPS、ALIKE 等
哈希函数	ISO/IEC 29192-5：2016	（1）硬件实现优化：PHOTON、SPONGENT （2）软件实现优化：Lesamnta-LW
消息认证码	ISO/IEC 29192-6：2019	（1）基于分组密码：LightMAC （2）基于哈希函数：Tsudik 密钥模式 （3）专用 MAC：Chaskey-12
广播认证协议	ISO/IEC 29192-7：2019	TESLA-RD
认证加密	ISO/IEC 29192-8	2022 年新标准，暂无公开算法

在 ISO/IEC 29192 系列标准中，轻量级密码算法的受限因素包括芯片面积、能耗、程序代码和内存大小、通信带宽、运行时间共五类，安全强度要求至少为 80bit（与 3DES 相当）。

分组密码、公钥密码和哈希函数是应用最为广泛的三类基础密码算法。但公钥密码都基于数学困难问题，在算法层面进行轻量化的空间较小。轻量级密码的研究和标准化大多集中于分组密码、哈希函数和认证加密。下面对轻量级分组密码和哈希函数的特点进行概述。

1）轻量级分组密码

轻量级分组密码算法与传统分组密码算法相比具有以下特性。

（1）分组长度更小：当前传统的分组密码算法要求分组长度在 128bit 以上，而轻量级分组密码算法采用更短的分组长度，如 64bit 或 80bit。

（2）密钥长度更小：目前，传统的分组密码算法要求的有效密钥长度至少为 112bit（如双密钥 3DES 算法）。为了提高性能，轻量级分组密码具有更短的密钥长度，如一些轻量级分组密码算法采用小于 96bit 的密钥长度（如 80bit 的 PRESENT 算法）。

（3）轮函数更简单：轻量级分组密码算法采用的轮函数通常比传统分组密码算法的轮函数更为简单，如采用 4bit S 盒而非 8bit S 盒。轮函数的简化可降低对芯片面积的要求，如 PRESENT 算法使用的 4bit S 盒仅需要 28 个等效门（gate equivalent，GE），而 AES 算法的 S 盒需要 395 个等效门。

（4）密钥编排更简单：轻量级分组密码算法大多采用更简单的密钥编排方法，在即时生成子密钥的同时降低内存、时延和能耗。

几种典型的通用分组密码算法与轻量级分组密码算法的对比如表 2-8 所示。

表 2-8 传统分组密码与轻量级分组密码对比

类型	典型算法	分组长度/bit	密钥长度/bit	安全强度/bit
传统分组密码	AES	128	128	128
			192	192
			256	256
	3DES	64	112	80
	SM4	128	128	128
轻量级分组密码	PRESENT	64	80	80
			128	128
	CLEFIA	128	128	128
			192	192
			256	256
	LEA	128	128	128
			192	192
			256	256

2）轻量级哈希函数

轻量级哈希函数与传统哈希函数相比具有以下特性。

（1）内部状态和输出长度更小：传统哈希函数对抗碰撞性的要求较高，因此足够大的输出长度显得十分重要。相应地，在对抗碰撞性要求不高的情况下，可采用更小的内部状态和输出长度。轻量级哈希函数应用于资源受限环境，往往具有更小的内部状态和输出长度来提高运行性能。

（2）消息长度更小：传统的哈希函数可支持较大长度（约 2^{64} bit）或任意长度的输入，而在轻量级哈希函数的主要应用场景中，输入长度通常较小（约 256bit）。因此，可对哈希函数进行优化，通过缩短支持的消息长度以降低其他开销，进而适用于轻量级应用场景。

几种典型的通用哈希函数与轻量级哈希函数的对比如表 2-9 所示。

表 2-9 传统哈希函数与轻量级哈希函数对比

类型	典型算法	输出长度/bit	内部状态长度/bit	安全强度/bit
传统哈希函数	SHA-2	224	256	112
		256		128
		384	512	192
		512		256
	SHA-3	224	1600	112
		256		128

续表

类型	典型算法	输出长度/bit	内部状态长度/bit	安全强度/bit
传统哈希函数	SHA-3	384	1600	192
		512		256
	SM3	256	256	128
轻量级哈希函数	PHOTON	80	100	40
		128	144	64
		160	196	80
		224	256	112
		256	288	128
	SPONGENT	80	88	40
		128	136	64
		160	176	80
		224	240	112
		256	272	128
	Lesamnta-LW	256	256	128

4. 轻量级分组密码算法 PRESENT

轻量级分组密码算法 PRESENT 是由 Bogdanov 等在 CHES2007 上提出的一种超轻量级分组密码算法，随后被纳入 ISO/IEC 29192 标准中的轻量级分组密码标准之一。PRESENT 算法分组长度为 64bit，密钥长度为 80bit 和 128bit，加密轮数为 31 轮。本书以 80bit 的密钥长度为例介绍 PRESENT 算法。

1）PRESENT 的加密算法

PRESENT 算法采用了 SP 网络结构，该算法迭代 31 轮，每一轮包括一个轮密钥加函数（异或）、非线性 S 盒代换和线性 P 置换，其加密过程如图 2-30 所示。

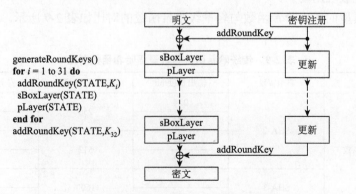

图 2-30　PRESENT 的加密算法示意图

（1）轮密钥加函数——AddRoundKey。

设当前状态为 $B = b_{63}b_{62} \cdots b_0$，第 i（$1 \leqslant i \leqslant 32$）轮的轮密钥为 $K_i = k_{63}^i k_{62}^i \cdots k_0^i$，轮密钥加即当前状态 B 与轮密钥 K_i 做按位异或运算，即 $M = M \oplus K_i$，$1 \leqslant i \leqslant 32$。

（2）S 盒代换函数——sBoxLayer。

S 盒代换层的输入为当前轮轮密钥加函数的输出，经过 S 盒代换后得到 64bit 的输出。为提高运行效率，PRESENT 采用了 4bit 输入、4bit 输出的 S 盒，其 S 盒代换如表 2-10 所示。对于轮密钥加函数输出的 64bit 中间结果 $B = b_{63}b_{62} \cdots b_0$，可将其表示成 16 个 4bit 二进制数 $w_i = b_{4i+3}b_{4i+2}b_{4i+1}b_{4i}$，其中 $0 \leqslant i \leqslant 15$。在进行 S 盒代换时，采用如表 2-10 中的 S 盒进行变换 $w_i = S[w_i]$，$0 \leqslant i \leqslant 15$，即首先将每个 4bit 的 w_i 转换成十六进制数 0～F 的一个数，通过 S 盒后变换为另外一个十六进制数，其对应的二进制即该 4bit w_i 的 S 盒输出。最后，将经过 S 盒变换后的 16 个 4bit 二进制数按顺序连接起来即经过 S 盒代换后的输出。

表 2-10　PRESENT 算法的 S 盒代换表

x	0	1	2	3	4	5	6	7	8	9	A	B	C	D	E	F
$S[x]$	C	5	6	B	9	0	A	D	3	E	F	8	4	7	1	2

（3）P 置换函数——pLayer。

P 置换是对 64bit 的中间状态进行重排，其输入为 S 盒代换后的输出。PRESENT 算法的 P 置换函数为

$$P(i) = \begin{cases} i \times 16 \bmod 63, & 0 \leqslant i \leqslant 62 \\ 63, & i = 63 \end{cases} \tag{2.4}$$

由此得到 P 置换表如表 2-11 所示。P 置换将 64bit 中间状态中的第 i 位变换为第 $P(i)$ 位。

表 2-11　PRESENT 算法的 P 置换表

i	0	1	2	3	4	5	6	7	8	9	10	11	12	13	14	15
$P(i)$	0	16	32	48	1	17	33	49	2	18	34	50	3	19	35	51
i	16	17	18	19	20	21	22	23	24	25	26	27	28	29	30	31
$P(i)$	4	20	36	52	5	21	37	53	6	22	38	54	7	23	39	55
i	32	33	34	35	36	37	38	39	40	41	42	43	44	45	46	47
$P(i)$	8	24	40	56	9	25	41	57	10	26	42	58	11	27	43	59
i	48	49	50	51	52	53	54	55	56	57	58	59	60	61	62	63
$P(i)$	12	28	44	60	13	29	45	61	14	30	46	62	15	31	47	63

为了增加安全性，PRESENT 算法第 31 轮运算后输出的结果与 64bit 密钥进行异或得到相应的密文。

2）PRESENT 的解密算法

PRESENT 算法的解密过程与加密过程相反，需要对每个加密部件进行取逆运算，同样需要经过 31 轮解密轮函数运算，但轮密钥的使用顺序与加密算法中轮密钥的使用顺序相反。每一轮解密的具体步骤如下。

（1）逆轮密钥异或函数——InvAddRoundKey。

反向采用轮密钥与当前密文状态进行异或运算。

（2）逆 P 置换函数——InvpLayer。

将解密模块中的 64bit 状态进行重排，逆 P 置换如表 2-12 所示。

表 2-12　PRESENT 算法的逆 P 置换表

i	0	1	2	3	4	5	6	7	8	9	10	11	12	13	14	15
$P^{-1}(i)$	0	4	8	12	16	20	24	28	32	36	40	44	48	52	56	60
i	16	17	18	19	20	21	22	23	24	25	26	27	28	29	30	31
$P^{-1}(i)$	1	5	9	13	17	21	25	29	33	37	41	45	49	53	57	61
i	32	33	34	35	36	37	38	39	40	41	42	43	44	45	46	47
$P^{-1}(i)$	2	6	10	14	18	22	26	30	34	38	42	46	50	54	58	62
i	48	49	50	51	52	53	54	55	56	57	58	59	60	61	62	63
$P^{-1}(i)$	3	7	11	15	19	23	27	31	35	39	43	47	51	55	59	63

（3）逆 S 盒代换函数——InvBoxLayer。

逆 S 盒代换工作方式与 S 盒代换相同，其代换表如表 2-13 所示。

表 2-13　PRESENT 算法的逆 S 盒代换表

x	0	1	2	3	4	5	6	7	8	9	A	B	C	D	E	F
$S^{-1}[x]$	5	E	F	8	C	1	2	D	B	4	6	3	0	7	9	2

最后一轮输出的结果与初始密钥进行异或运算，从而得到最终的明文。

3）PRESENT 的密钥扩展算法

以 80bit 的密钥长度为例，用户提供的密钥 $k_{79}k_{78}\cdots k_0$ 存储在一个密钥寄存器 K 中。在第 i 轮中，轮密钥 $K_i = k_{63}k_{62}\cdots k_0$ 取自寄存器 K 当前内容最左侧的 64bit。所以，在第 i 轮，有 $K_i = k_{63}k_{62}\cdots k_0 = k_{79}k_{78}\cdots k_{16}$。当抽取了第 i 轮轮密码 K_i，密钥寄存器 $K = k_{79}k_{78}\cdots k_0$ 进行如下更新：

（1）$[k_{79}k_{78}\cdots k_1k_0] = [k_{18}k_{17}\cdots k_{20}k_{19}]$，密钥寄存器循环右移 19 位；

（2）$[k_{79}k_{78}k_{77}k_{76}] = S[k_{79}k_{78}k_{77}k_{76}]$，对密钥寄存器中最左侧 4bit $k_{79}k_{78}k_{77}k_{76}$ 进行 S 盒代换；

（3）$[k_{19}k_{18}k_{17}k_{16}k_{15}] = [k_{19}k_{18}k_{17}k_{16}k_{15}] \oplus$ 轮数，将密钥寄存器中 $k_{19}k_{18}k_{17}k_{16}k_{15}$ 与当前的轮数进行异或操作。

2.3.3　身份认证与访问控制

设置身份认证与访问控制的首要目的是保障系统的可控性。在一个具备完备安全机制的卫星互联网架构体系中，这两个机制都是必备的。本节分别介绍身份认证与访问控制的基本概念、实现方式、分类以及它们之间的联系，并给出卫星互联网环境下身份认证与访问控制机制面临的一些挑战。

1. 身份认证

1）基本概念

认证（authentication），也称为鉴别，是信息安全的核心问题。认证有两类：身份认证和数据源认证。身份认证是通信双方的主体互相确定对方身份真实性的过程；数据源认证也称为消息认证，是对消息的完整性、时效性、来源等方面的确认。

以用户 Alice 访问服务器 Bob 的登录过程为例，身份认证的目标如下：

（1）用户 Alice 可以成功地向服务器 Bob 证实自己的身份；

（2）第三方不能重复使用 Alice 和 Bob 之间交换的认证信息来假冒 Alice 登录。

身份认证的方式有很多，大体可以分为以下几类：

（1）利用所知道的内容，典型例子为用户名、口令的组合方式；

（2）利用所拥有的不可复制物理介质，典型例子为智能卡认证；

（3）利用实体的唯一特征，典型例子为人脸识别、指纹认证、虹膜认证等；

（4）双因素（或多因素）认证，综合利用以上多种认证手段，增强认证的可靠性。

2）身份认证常见方法

（1）基于口令的认证。

基于口令的认证是指通过用户输入的用户名和口令来确认用户身份的一种机制。基于口令的身份认证是最常见的也是最简单的一种身份认证机制，例如，电子邮箱、论坛账号等都是通过口令来确认用户的身份的。同一个用户可能会有多个用户名、口令的组合；但是不同的用户绝不应该有相同的用户名。口令认证的原理如图 2-31 所示。

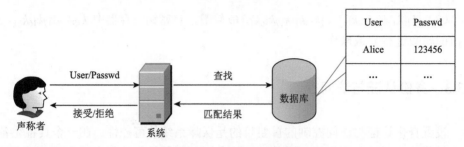

图 2-31　口令认证原理

用户 Alice 根据输入的用户名和口令在数据库中查找，如与数据库中存储的相匹配则认证成功。

这种机制实现简单经济，是目前应用最普遍的身份认证方式，但是这种认证机制又是最脆弱的身份认证，主要体现在以下几点：

首先，口令的设置和复杂度是一个重要的科学问题。通常，用户创建口令时总是选择便于记忆的简单口令，如以电话号码、生日、门牌号等作为口令。但这样别人也容易猜到；若选择复杂的口令，则用户自己也可能忘记。这个矛盾因素严重影响到口令的强度和验证效率。针对这一点，用户可以选择一个自己容易记忆但别人难以猜测的口令，如在口令后加上一两个标点符号。

其次，在许多场合，输入的口令很容易泄露，只需通过键盘上的手势就大致能猜出来。甚至一些恶意程序如特洛伊木马程序可以记录用户输入的口令，然后秘密地通过网络发送出去。针对这一点，用户在输入口令前应首先检查计算机系统中有无病毒、木马，检查周围有无可疑人物，特别是在自动提款机面前，输入口令时更要检查周围的安全状况。

再次，明文方式的口令传输不安全，如电子邮箱的账号和口令。一旦攻击者截获到该口令，就可对用户的邮箱做任何事情。针对这一点，可以以密文的形式传送口令，如将登录 Web 电子邮箱的 HTTP 改成以安全为目标的超文本传输安全协议（hyper text transfer protocol over secure socket layer，HTTPS）。

最后，口令存储也不安全。过去很多系统都是以明文的形式存储用户名和口令的。只要攻击者获取这个口令文件，那么他就获得全部用户的口令。更糟糕的是，很多用户在不同的场合用同一个口令。因此，只要攻击者获取了一个口令文件，那么他可以利用这些用户名/口令的组合去登录另一个系统，这种攻击的成功率是相当高的。针对这一点，现在几乎所有的系统都不会以明文的形式存储用户名和口令，在口令文件中存储的是口令的哈希值。当系统收到用户输入的口令时，利用安全哈希函数计算口令的哈希值，然后和系统中存储的哈希值进行比较，如图 2-32 所示。若相等，则接受该用户的身份，否则拒绝。即便攻击者获取了口令文件，但他很难根据哈希值反推口令本身，从而避免了上述攻击。

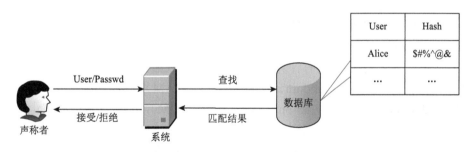

图 2-32　口令文件中存放哈希值

即便如此，上述方法的安全性也还是很脆弱的。一个强大的攻击者可能会事先计算很多个口令的哈希值，然后将他计算的哈希值和得到的口令文件相比较，如果某一个哈希值匹配，那么他就得到了一个口令。这种攻击的成功率同样非常高。

为了避免攻击者事先计算大量哈希值来推导口令的攻击，可以利用加盐（salt）字符串改进口令的存储方案。其中，salt 是一个随机字符串，将 salt 和口令级联起来，再计算级联的哈希值并存入口令文件中。正如图 2-33 所示，系统接收到输入的口令后，计算 salt 值和口令级联的哈希值，并与系统存储的哈希值匹配，若成功，则接受该用户，否则拒绝。salt 值的引入增加了用户口令的复杂性，从而大大增加了攻击的难度。

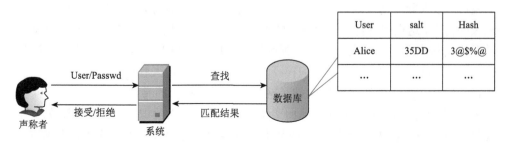

图 2-33　口令文件中存放 salt 值和哈希值

口令安全性的提高还可以通过增加口令长度、禁止使用带有关联性的常用字段做口令、强制用户经常更换口令、对安全系统中的用户进行培训、审计口令更换情况和用户的登录情况、建立定期检查审计日志的习惯、在用户 N 次登录不成功后自动锁定账户、严格限制口令文件的访问权限和用户更改口令的条件。

（2）智能卡认证。

智能卡是内置计算机芯片的卡片，其中存储有持卡人的各种信息。传统的口令容易遗忘或被窥视，而智能卡却不存在这些问题。并且与传统的磁条卡相比，智能卡不易伪造，因而具有更高的防伪能力和安全性。

由于要借助物理介质，智能卡认证技术是较安全可靠的认证手段之一。智能卡一般分为存储卡和芯片卡。存储卡只用于存储用户的秘密信息，如账户、密码、密钥等信息，存储卡本身没有计算功能。芯片卡一般都内置一个微处理器，并有相应的随机存取存储器（random access memory，RAM）和可擦可编程只读存储器（erasable programmable read-only memory，EPROM），具有防篡改和防止非法读取的功能。芯片卡不仅可以存储秘密信息，还具备一定的计算能力。智能卡具有广泛的应用，常用的手机 SIM 卡和新一代的身份证都属于智能卡。

类似于智能卡，还有一些其他的物理设备可以用来实现身份认证，如射频卡等。

（3）基于生物特征的认证。

生物特征是指人体固有的生理特性或行为特征，对每一个人而言，自己都有着一套独有的生物特征，如指纹、掌纹、虹膜、基因、步态等。生物特征具有难以复制的唯一性，用来进行身份认证具有更好更高的安全性和可靠性。

基于生物特征的认证，需要综合应用光、声、生物传感等计算机识别技术。为确保准确率，应尽量选取稳定性比较高的特征，如可以通过人的脸型、虹膜、指静脉、指纹、步态、声纹等随时间变化不大的生物特征，来进行识别以达到身份认证。

深度神经网络的发展以及大型训练数据集的积累，推动了生物特征身份认证的发展。以人脸识别技术为例，深度学习技术使人脸识别的准确性和有效性得到了极大的提高。这也使得基于深度学习的人脸识别技术成为近年来人工智能和图像领域研究的热点之一，并在身份认证领域得到了广泛应用[44]。人脸识别的核心是图像识别，因此针对图像识别的卷积神经网络成为一个实现人脸识别的热门技术。卷积神经网络相比于传统全连接的神经网络，由于其特有的卷积和池化操作，可以最大化图像中的各式边缘特征，从而实现人脸区分。与人脸识别相关的深度学习研究目前有很多，表 2-14 展示了一些基于深度学习来进行人脸识别的代表性项目。

表 2-14　一些基于深度学习的人脸识别项目

项目名称	年份	方法特点	识别准确率/%
DeepFace[45]	2014	采用 3D（三维）人脸建模技术和逐块的仿射变换进行人脸对齐，提出了一个 9 层的卷积神经网络进行特征提取，无权值共享	97.35
DeepID[46]	2014	将人脸切成很多部分，每个部分都训练一个模型，然后进行模型聚合，将多个人脸区域的特征进行连接来作为总特征	97.45
DeepID2[47]	2014	采用非线性特征变换，在 DeepID 基础上添加了验证信号	99.15
DeepID2 +[48]	2014	继承了 DeepID2 的网络结构，并在每个卷积层增加监督信息	99.47
FaceNet[49]	2015	用三元组损失函数进行网络训练以直接学习人脸特征，将人脸图像映射到欧几里得空间特征向量中，根据空间距离判断人脸图像的相似性	99.63

目前，基于生物特征的身份认证系统广泛应用于各类关键信息基础设施的业务系统，遍布金融业、交通枢纽、公共服务、安防布控等领域。其中，较为成熟并大规模商业化的生物特征识别技术主要分为四类，分别是人脸识别、指纹识别、虹膜识别与声纹识别。

①人脸识别：人的面部特征是一个十分直观、较为唯一（除了部分双胞胎）和较为稳定的生物特征，可以通过校验人的脸部来实现身份认证。

②指纹识别：由于每个人手指上的纹路在图案、断点和交叉点等细节上都有所不同，使用指纹来进行人的身份识别也是行之有效的方案。指纹识别操作简单，通常只需要手指在感应器上接触即可。

③虹膜识别：虹膜是位于人眼表面黑色瞳孔和白色巩膜之间的圆环状薄膜，在红外光下呈现出丰富的视觉特征，如斑点、条纹、细丝、冠状和隐窝等。每一个人的虹膜特征都不相同，因此通过自动获取和比对虹膜图像可以准确识别和认证个人身份。

④声纹识别：因为不同说话人在发出一段声音时所使用的发声器官——舌头、牙齿、喉头、肺、鼻腔在尺寸和形态方面有所不同，以及受性格、年龄、语言习惯、地域差异等因素的影响，在现实生活中找到具有完全相同的声纹特征的两个人几乎是不可能的。

其他生物特征的身份认证技术还包括步态识别技术，即基于人走路或跑步等运动的唯一特征、利用计算机视频的捕获、分析和识别进而达到身份认证的目的。其他如利用键盘输入的习惯、间隔等特征也是一种生物特征的身份认证技术。但是相比前面四种技术，步态识别这类身份认证技术还处于初期发展阶段，在准确率、认证效率、认证装置等方面都还存在诸多挑战。

与基于口令与智能卡的认证相比，基于生物特征认证的优点是主体的生物特征几乎永远不会被遗忘、丢失或偷盗，其缺点在于这种认证方式成本相对较高。

（4）双因素认证。

前述三种认证方式都存在缺点：口令可能遗忘、智能卡可能被盗、生物特征可能仿冒。因此，为了达到更高的安全性，一般会综合运用多种认证方式。

双因素认证就是常采用的增强认证机制，如同时利用手机的 SIM 卡和 PIN 码进行认证。即使 SIM 卡丢失，由于缺乏 PIN 码，手机号也不能使用；如果别人知道你的 PIN 码，但没办法获得你的 SIM 卡，他同样不能使用手机号。

双因素认证已经在银行、通信中得到了广泛的应用，如银行的 USB Key 等，都是采用了双因素认证。

2. 访问控制

1）基本概念

访问控制（access control）是为防止用户对任何资源（如计算资源、通信资源或信息资源）进行未授权的访问，从而保证计算机系统在合法范围内被使用的一项技术。

访问控制包含三要素，分别是主体、客体以及安全访问策略，其中主体是指主动的实体，是访问的发起者，它产生了信息的流动并使得系统状态发生改变，通常包括人、进程和设备等。客体是指包含或接收信息的被动实体，客体在信息流动中的地位是被动的，通常包括文件、设备、信号量和网络节点等。而安全访问策略则是一套用于确定一个主体是否对客体拥有访问能力的规则的集合。

2）访问控制流程

图 2-34 就是一个典型的访问控制系统基本结构流程。在该结构中，当主体发出对客体的访问请求时，参考监视器会通过鉴别与身份验证子系统来对主体的访问行为合法性进行判断，若此次访问合法，则利用授权数据库对主体行为进行授权。此外，此次请求还会通过审计子系统记录到相关日志中。

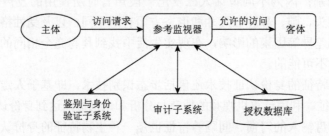

图 2-34　访问控制系统基本结构流程

3）访问控制分类

访问控制模型根据访问控制策略的差异可以分为自主访问控制、强制访问控制和基于角色的访问控制[50]。

（1）自主访问控制。

自主访问控制也称为基于主体的访问控制，它是根据主体的身份及允许访问的权限进行决策，其实现方法有访问控制列表、访问控制矩阵以及面向过程的访问控制机制。其中，一个典型的访问控制矩阵实例如表 2-15 所示。

表 2-15　一个典型的访问控制矩阵

	文件 A	文件 B	进程 A	进程 B
进程 A	读、写、属主	读	读、写、执行、属主	写
进程 B	追加	写、属主	读	读、写、执行、属主

上述访问控制矩阵应用的目标系统中有 2 个进程和 2 个文件，该系统支持的

访问权限集合定义为：{读、写、执行、追加、属主}。上述访问控制矩阵可以按照如下示例进行解读：

①进程 A 对文件 A 拥有读、写和属主权限，对文件 B 只有读权限，对自己拥有除追加之外的所有权限，对进程 B 只有写权限。

②进程 B 对文件 A 只有追加权限，对文件 B 有写和属主权限，对进程 A 只有读权限，对自己拥有除追加之外的所有权限。

③拥有属主权限的进程（主体）可以对目标客体的权限自主分配。这就意味着，虽然按照当前的访问控制矩阵定义，进程 B 对文件 B 没有读、执行和追加权限，但由于进程 B 拥有文件 B 的属主权限，所以进程 B 可以随时给自己添加这几项权限授权。类似地，拥有属主权限的主体也可以取消自己已获得的授权，只要主体还拥有属主授权，就随时可以调整其他权限的授予或撤销。

自主访问控制的优点是灵活性高，缺点是访问控制的权限传递容易失控。如用户 A 可将其对目标 a 的访问权限传递给用户 B，从而使不具备对 a 访问权限的 B 可访问 a。这种行为的出现通常会导致整体安全策略被局部的自由访问行为突破，降低系统的集中可控性。

（2）强制访问控制。

强制访问控制也称为基于客体的访问控制，具有系统强制主体服从访问控制规则的特点。在这种访问控制方式中，权限的分配会被系统集中控制，任何用户都不能操作一个没有通过管理员授权的对象，无法像自主访问控制那样由用户来自由分配相关权限。正是由于此特性，强制访问控制具有权限分配不灵活的缺点，当要给用户分配新权限或者用户更换机构时，管理员不得不对系统进行大量工作。

（3）基于角色的访问控制。

角色是用户和权限的关联，一个身份在不同阶段可以有不同的角色，基于角色的访问控制是一个复合的规则，即一个身份被分配给一个角色。基于角色的访问控制特点有：

①易于被非技术组织策略者理解，同时也易于映射到访问控制矩阵或基于组的策略中。

②同时具有基于身份策略的特征与基于规则策略的特征。

③在基于角色的访问控制中，一个用户可以拥有多重角色，更为灵活。

④用户不能任意地将访问权限传递给其他用户，这与基于主体的访问控制有着根本上的不同。

总体来说，基于角色的访问控制设置了用户与角色关系的约束，从而实现了责任分离与角色分层，该方式可用图 2-35 的模型来总结。

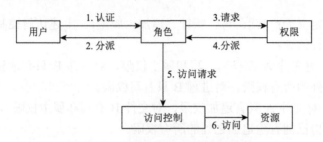

图 2-35　基于角色的访问控制模型

3. 身份认证与访问控制的关系

身份认证和访问控制是信息安全的重要问题，身份认证是解决访问资源的实体真实性的验证问题，访问控制是在身份认证基础上对所具有的资源访问权限进行分配和管理的机制。此外，除了身份认证与访问控制这两个基本面，实际系统还会有安全审计功能，用于记录访问历史，从而实现认证与访问流程的不可抵赖性。

4. 卫星互联网的身份认证与访问控制的挑战

卫星互联网、卫星星座是国家科技发展的重要战略资产，为遏制恶意节点的接入和用户的非授权访问，有必要对卫星互联网系统部署身份认证与访问控制机制。然而，卫星互联网下的身份认证与访问控制面临诸多挑战，主要有以下几个方面：

（1）卫星在地球上空的轨道运行，相比于地面系统，卫星网络的无线链路极不稳定，具有较高的传播延迟，且单个卫星计算能力和存储容量都有限。因此，星载系统需要轻量级的、具有高容忍性的安全机制。例如，在实施身份认证方案时，不适合采用高计算复杂度的认证算法。

（2）由于卫星互联网拓扑结构的动态变化，接入卫星网络时通信会进行频繁的链路切换，再加上卫星星座中卫星数量多、节点规模大，身份认证与访问控制安全方案应支持高度动态变化的网络拓扑场景。

（3）卫星星座是由大量卫星组建的卫星集群，任何一个卫星节点被攻击都会导致单点突破，而防御则需要全面监控卫星星座所有环节的安全状况，这对技术和成本都有更高的要求。

（4）在卫星互联网环境下，卫星会直接与地面上的海量终端进行交互，如何实现海量终端、大规模终端的安全接入并同时防止非法与伪冒接入也是不可忽视的问题。

2.3.4　软件脆弱性分析

脆弱性是指在网络信息系统技术和平台中存在的缺陷[51]，它源于人类思维的局限性和不完备性，是难以避免的安全威胁。软件脆弱性是指在软件设计、开发以及运行配置管理中的错误实例，会导致运行结果违反安全策略，也可理解为软件脆弱性是导致系统安全策略被破坏的系统安全规程、系统设计、实现、内部控制等方面的弱点。软件脆弱性分析是检查并发现软件系统内在安全缺陷的主要手段，其目的是保障软件系统安全性和降低软件脆弱性带来的风险与危害，目前的主要方法包括静态分析技术和动态分析技术[52]。

1. 静态分析技术

静态分析指的是对软件程序的源代码或二进制代码进行逻辑语法与语义的分析，分为基于脆弱性规则的静态检测和基于脆弱性代码的同源性检测[52]。

1）基于脆弱性规则的静态检测

基于脆弱性规则的静态检测，是通过结合脆弱性的产生机理，从而提炼不同的脆弱性规则，将程序与脆弱性规则进行比对，若程序中出现与脆弱性规则相符的语义，则报告程序中相应的脆弱性。基本过程包括词法匹配、污点分析、符号执行等[52]。

（1）词法匹配。

词法匹配会涉及词法分析，该方法通过把程序划分成一个个片段，再将这些片段与脆弱性规则库进行字符串匹配。若匹配成功，则认为片段可能存在脆弱性问题，然后实施进一步的判断以降低误报率。因此，词法匹配的效果依赖于预先设定的脆弱性规则库，表 2-16 就列举了一个简单而又典型的脆弱性规则库。

表 2-16　一般词法分析工具的脆弱性规则库

规则	函数	脆弱性	判断依据
规则 1	fprintf 函数	格式串脆弱性	函数使用唯一参数则判定为存在脆弱性问题；若参数是字符串常量则为不存在脆弱性问题；若为用户提供的字符串为变量则存在脆弱性问题
规则 2	chroot 函数	非法路径访问	若函数之后调用 chdir 函数且参数为 "/" 则为不存在脆弱性问题，反之即可能存在脆弱性问题
规则 3	open 函数	条件竞争	如果前面调用过的"检查"类函数"检查"了调用对象（目录或者文件名），就应该设定一个标识来标记对 open 函数的调用，否则即可能存在脆弱性问题

（2）污点分析。

污点分析可以抽象成一个三元组〈sources，sink，sanitizer〉的形式[53]，其中，sources 即污点源，代表直接引入不受信任的数据或者机密数据到系统中；sink 即污点汇聚点，代表直接产生安全敏感操作（违反数据完整性）或者泄露隐私数据到外界（违反数据保密性）；sanitizer 即无害处理，代表通过数据加密或者移除危害操作等手段使数据传播不再对软件系统的信息安全产生危害。污点分析就是分析程序中由污点源引入的数据是否能够不经无害处理，而直接传播到污点汇聚点，如果不能，说明系统信息流是安全的，否则说明系统产生了隐私数据泄露或危险数据操作等安全问题。

污点分析处理过程可以分成三个阶段，分别是识别污点源和污点汇聚点、污点传播分析以及无害处理，如图 2-36 所示。

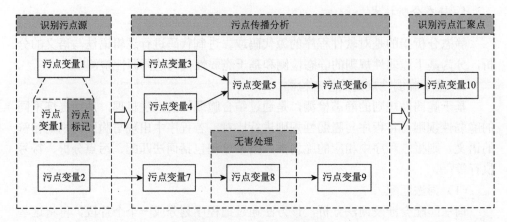

图 2-36　污点分析处理过程

①识别污点源和污点汇聚点。

现有的识别污点源和污点汇聚点的方法可以大致分成三类：第一类使用启发式的策略进行标记，如把来自程序外部输入的数据统称为"污点"数据，保守地认为这些数据有可能包含恶意的攻击数据（如 PHPAspis）；第二类工具则根据具体应用调用的应用程序接口（application programming interface，API）或者重要数据类型以手工方式标记污点源和污点汇聚点（如 DroidSafe）；第三类工具则使用统计或机器学习技术自动识别和标记污点源及污点汇聚点。

②污点传播分析。

污点传播分析就是分析污点标记数据在程序中的传播途径。按照分析过程中关注的程序依赖关系差异，可以将污点传播分析分为显式流分析和隐式流分析。显式流分析就是分析污点标记如何随程序中变量之间的数据依赖关系传播；而隐式流分析是分析污点标记如何随程序中变量之间的控制依赖关系传播，也就是分析污点标记如何从条件指令传播到其所控制的语句。

③无害处理。

污点数据在传播的过程中可能会经过无害处理模块的处理，无害处理模块是指污点数据经过该模块的处理后，数据本身不再携带敏感信息或者针对该数据的操作不会再对系统产生危害。换言之，带污点标记的数据在经过无害处理模块后，污点标记可以被移除。

（3）符号执行。

符号执行技术作为一种重要的形式化方法和软件分析技术[52]，采用抽象符号代替程序变量，程序计算的输出被表示为输入符号值的函数，根据程序的语义，遍历程序的执行空间。符号执行在软件测试和程序验证中发挥着重要作用，并可以应用于程序漏洞和脆弱性的检测中。随着现代计算机计算和存储能力的增强，符号执行通过对搜索策略、内存模型的优化，提高了约束求解能力，受到研究人员的重视。

经典符号执行的核心思想是通过使用符号值来代替具体值作为程序输入，并用符号表达式来表示与符号值相关的程序变量值。在遇到程序分支指令时，程序的执行也相应地搜索每个分支，分支条件被加入符号执行保存的程序状态的 π 中，这个 π 表示当前路径的约束条件。在收集了路径约束条件之后，使用约束求解器来验证约束的可解性，以确定该路径是否可达。若该路径约束可解，则说明该路径是可达的；反之，则说明该路径不可达，结束对该路径的分析。在此过程中，将触发漏洞条件的漏洞约束注入当前路径中产生新的路径条件，当新的路径条件满足时，则一定会触发漏洞。

（4）其他。

基于脆弱性规则的静态检测还可以采用一些其他分析技术，如类型推导，即通过类型推导来借助机器自动推导函数、变量的类型，从而判定函数、变量的访问是否符合预先设定的脆弱性类型规则。又如规则检查，即通过运用特定的语法描述规则。

2）基于脆弱性代码的同源性检测

脆弱性代码是指部分软件中存在的问题代码，这些代码会产生缓冲区溢出、内存多次释放、指针误用、竞争条件、资源泄露、格式串溢出、整数溢出、原子性错误等隐患，这些脆弱性代码在语法和语义规则方面与程序设计语言的相关规则有所违背，可以通过形式化方法检测。然而，对于认证绕过、域保护不当、函数不恰当选项、后门代码等脆弱性类型，往往在代码形式上并不违背正确的语法和语义特征，常用的基于规则的检查方法难以识别。

基于脆弱性代码的同源性检测方法，通过建立特定的脆弱性代码样本库，对软件源代码进行同源检测分析，挖掘软件中与脆弱性代码样本库同源的代码，从而快速和有效地定位高风险脆弱性[54]。该领域的研究从 2010 年开始出现：爱荷华州立大学的 Pham 等提出的 SecureSync 原型系统设计了两种模型[55, 56]，他们设计的模型分别利用了抽象语法树以及有向图来描述代码库复用引发的脆弱性和 API 复用引发的脆弱性。经过试验，SecureSync 整理了 119 个开源软件系统中发布的总计 60 个漏洞，并用这些漏洞来检测模型性能以及定位其他软件系统中的脆弱性。除了 SecureSync 以外，Li 等开发了克隆代码检测（cloned buggy code detector，CBCD）原型系统[57]，该系统通过利用程序依赖图来解析脆弱性代码和被测代码信息。具体而言，就是将系统依赖图划分成多个节点数量较少的子图，并提取其中脆弱性敏感的函数调用节点，最后通过图的同构匹配算法查找近似脆弱性的代码。在他们的试验中，CBCD 收集了 53 个公开漏洞代码，并对 Linux 下的多个开源应用程序进行检测并发现了 20 条软件脆弱性代码条目。

与静态分析方法相比，基于脆弱性代码的同源性检测方法具备两大优势：一是同源性检测方法从被测代码与脆弱代码的相似度入手，能够检测无法用语法或语义规则描述的脆弱性；二是结合预定义脆弱性代码样本库，容易从词法级别对测试对象进行无关代码的过滤，降低了开销，可应用于大规模代码的检测。

2. 动态分析技术

动态分析技术又称动态测试技术，是软件系统在运行的情况下，通过调试手段，构造特定输入数据来触发软件错误的脆弱性发现方法。与静态分析方法相比，动态测试技术可以检测并定位软件运行时的脆弱性，关键难题是如何能准确、全面地找到触发脆弱性的测试数据。动态测试技术主要包括基于错误注入的测试、代码覆盖的测试、渗透测试以及模糊测试等[52]。

1）基于错误注入的测试

错误注入技术是指按照特定的故障模型人为模拟故障的产生，并将该故障施加到测试对象中，强制对象的错误和失效发生，同时观测并反馈系统对所注入错误的响应信息，分析目标系统的错误处理、错误容忍能力以及系统的鲁棒性，并对系统进行验证和评价[58]。软件错误注入测试是指采用软件方法实现错误注入的测试技术，一般通过以下几个步骤实现：①根据测试目标与测试对象，确定测试方法与过程；②制定错误注入步骤或编写错误注入程序，完成测试用例的编写；③测试过程分为两种情况，不需要修改被测试程序的测试可直接运行目标系统并实施错误注入操作，而需要修改被测试程序（如通过函数封装方式修改原有函数调用返回值）的测试则需要重新编译程序，运行编译后的程序并触发错误的生成；④根据测试结果分析评估软件的性能、可靠性及鲁棒性。

2）代码覆盖的测试

代码覆盖测试包括语句覆盖、判定覆盖、条件覆盖、条件组合覆盖等内容，它是一种评估软件测试完成程度的重要方法[52]。通过利用代码覆盖工具，分析者可以观察程序执行情况，并判断代码执行的路径，同时代码覆盖分析软件能显示测试的覆盖率。同时，一些代码覆盖工具能附加到进程之上，并实时收集评估信息。代码覆盖测试可以和程序切片结合使用，首先利用程序切片定位外部输入数据流，然后利用代码覆盖测试对数据流相关路径进行针对性测试，这样能更高效地做到脆弱性路径收敛。

3）渗透测试

渗透测试是一种攻击性测试，即模拟黑客攻击行为，分析并利用测试对象的缺陷来评估对象目标安全性的过程[59]。测试者通常会假设这些漏洞可能存在于操作系统或应用服务中，漏洞由应用程序缺陷、不正确的配置或有风险的用户行为导致。渗透测试还可用于验证防御机制的有效性以及用户对安全策略的遵守情况。

测试完成后，有关通过渗透测试成功利用的任何安全漏洞的信息通常会被汇总，以帮助系统开发者或维护者来对系统安全性进行进一步的优化或修复。渗透测试的基本目的是衡量系统或最终用户入侵的可行性，并评估此类事件可能对相关资源或操作产生的任何相关后果。

4）模糊测试

模糊测试是一种灰盒或黑盒的软件测试技术[60]，通过随机构造异常的输入数据来寻找程序可能存在的软件缺陷，从而发现相关代码编写的错误和安全漏洞。一般思路是：向被测试的软件或系统输入大量随机数据，尝试突破被测试软件的安全机制，并使其崩溃。当发生程序运行故障时，可利用漏洞检查工具如 AFL（American Fuzzy Lop）等来识别导致软件产生安全漏洞的潜在原因。

模糊测试往往能发现编写和调试软件时被忽视的严重缺陷，包括结构化查询语言（structured query language，SQL）注入、缓冲区溢出、拒绝服务和跨站点脚本攻击等严重漏洞，有效防止这些漏洞被恶意利用，导致信息被窃取或系统被破坏的后果。

深度强化学习算法的出现和应用，为实现高效智能的模糊测试技术开辟了一条新的途径。通过利用马尔可夫决策过程，可将模糊算法形式化为一个强化学习问题，如采用一个基于深度 Q 学习的模糊算法，去学习选择高回报率的模糊行动。图 2-37 展示了一个基于强化学习的模糊测试框架。

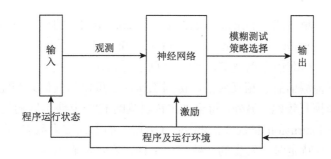

图 2-37　基于强化学习的模糊测试框架

在该框架中，神经网络会根据观察程序运行状态进行模糊测试策略选择，然后程序及运行环境会根据神经网络做出的模糊策略，利用模糊器来进行测试用例生成，之后会将运行后的程序状态（包括代码覆盖率、运行时间）反馈给神经网络。这个框架里的循环会不断运行，使得模糊测试成为具有反馈循环的学习过程，这种模糊测试方式与普通的模糊测试相比，有更高的代码测试覆盖率与更高效的测试过程。

2.3.5　入侵检测

入侵检测是网络安全的基础技术，其特点是动态监控、预防各种入侵行为[61]。它从更高层次保护网络免受恶意攻击，已成为目前动态安全防御的主流成熟技术之一。以下对入侵检测技术进行详细的介绍。

1. 概述

入侵检测是对入侵行为的检测，它通过收集和分析网络行为、安全日志、审计数据、其他网络上可以获得的信息以及计算机系统中若干关键点的信息，检查网络或系统中是否存在违反安全策略的行为和被攻击的迹象[62, 63]。入侵检测作为防火墙之后的第二道安全闸门，由于其旁路部署的特性，能够在不影响网络性能的情况下对网络进行监测，从而在网络系统受到危害之前拦截和响应入侵，并提供对内部攻击、外部攻击和误操作的实时保护。

总体而言，入侵检测技术扩展了系统管理员的安全管理能力（包括安全审计、监视、进攻识别和响应），提高了信息安全基础结构的完整性，它不但能让系统管理员实时了解网络系统（包括程序、文件和硬件设备等）的任何变更，还能给网络安全策略的制定提供参考。此外，入侵检测技术还具有配置及管理较为简单的优点，即使是非网络安全专业人员也能够较容易地使用该技术。

2. 入侵检测通用模型

典型入侵检测系统（intrusion detection system，IDS）的通用模型可用公共入侵检测框架（common intrusion detection framework，CIDF）描述[64]，它定义了 IDS 表达检测信息的标准语言以及 IDS 组件之间的通信协议，所有符合 CIDF 规范的 IDS 可以共享检测信息、相互通信、协同工作，还可以与其他系统配合实施统一的配置响应和恢复策略。另外，符合 CIDF 规范的 IDS 组件是以通用入侵检测对象（generalized intrusion detection object，GIDO）的形式交换数据的，一个 GIDO 可以表示在一些特定时刻发生的一些特定事件，也可以表示从一系列事件中得出的一些结论，还可以表示执行某个行动的指令。

如图 2-38 所示，CIDF 规定了 IDS 应至少有四个功能模块，分别是事件产生器、事件分析器、事件数据库与响应单元：事件产生器负责从整个计算环境中获取事件，但它并不处理这些事件，而是将事件转化为 GIDO 标准格式提交给其他组件使用；事件分析器接收 GIDO，并分析它们，然后以一个新的 GIDO 形式返回分析结果；事件数据库负责 GIDO 的存储；响应单元根据 GIDO 做出反应，

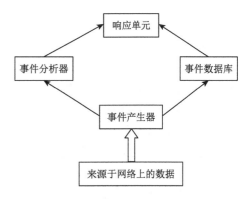

图 2-38　入侵检测的通用模型

它可以是终止进程、切断连接、改变文件属性，也可以只是简单地报警。

3. 入侵检测系统分类

1）基于数据来源分类

根据检测数据来源的不同，可将入侵检测系统分为基于主机的入侵检测系统（host-based IDS，HIDS）和基于网络的入侵检测系统（network-based IDS，NIDS）[62]。

（1）基于主机的入侵检测系统。

该类型检测主要面向主机系统的系统调用攻击，检测系统数据来源主要是被监测系统监测的操作系统事件日志、应用程序的事件日志、系统调用日志、端口调用以及安全审计日志等。

（2）基于网络的入侵检测系统。

该类型的数据源是网络上的原始数据包的包头信息或载荷，利用一个运行在混杂模式下的网络适配器类实时监视并分析通过网络进行传输的所有通信业务。这种系统能检测到基于主机的入侵检测系统发现不了的网络攻击行为，提供实时的网络行为检测，且具有较好的隐蔽性。但无法对加密的数据流进行检测，导致对某些网络攻击的检测率较低。

2）基于分析模型分类

根据检测分析模型进行分类，可将入侵检测系统分为异常检测系统和误用检测系统。

（1）异常检测系统。

异常检测首先总结正常操作具有的特征（基线），当活动与正常行为有较大偏差（超过阈值）时即被认为是入侵行为。由于入侵活动并不总与正常活动相符合，通常做法是构造正常活动集并从中发现入侵活动子集。异常检测对于发现潜在未公开的入侵行为具有一定的优势，但是误报率较高。

（2）误用检测系统。

该系统通过处理收集的非正常操作行为数据建立特征库，当被监测的用户或系统行为与库中的记录相匹配时，即判定该行为是入侵。它根据已知入侵攻击的信息（知识、模式等）来检测系统中的入侵和攻击，其前提是假定所有入侵行为和手段都能被识别并被表示成一种模式（攻击签名），那么所有已知的入侵都可以用匹配的方法发现。误用检测的优点是误报率低，对计算能力要求不高，局限在于只能发现已知攻击，对未知攻击无能为力，且模式库难以统一定义，特征库也必须不断更新。误用检测能准确识别已知的入侵行为，但在应对未公开的潜在入侵行为检测上不具有优势，漏报率较高。

3）基于部署架构分类

根据部署架构分类，可将入侵检测系统分为集中式、分布式入侵检测系统。

（1）集中式入侵检测系统。

集中式入侵检测系统采用分布式的信息收集，然后将收集的信息汇总上报，通过单个系统进行集中的关联分析。典型的集中式结构代表有 DShield[65]、NSTAT[66]。集中式结构有着部署简单、对运行的系统影响较小的优点。但信息收集过程中存在单点故障、单点瓶颈的问题，即任何信息收集节点出现故障，则整个系统就会无法工作，且最差的汇总关联分析节点处理能力决定了整个系统的处理能力。因此，集中式结构多应用于小型公司网络，不适用于互联网等大规模 IDS 协作。

（2）分布式入侵检测系统。

分布式入侵检测系统采用了多个关联分析系统，根据架构中这些系统节点是否存在分区分层或超级管理节点，可将分布式入侵检测系统进一步细分为等级分布式和完全分布式入侵检测系统。

①等级分布式入侵检测系统存在分区和"逐层"汇聚式关联分析，其典型代表包括 GrIDS[67]、EMERALD[68]、分布式安全操作中心（distributed security operation center，DSOC）[69]、AAFID[70]、NetSTAT[71]等。等级分布式入侵检测系统的可扩展性略高于集中式入侵检测系统，但仍有系统的处理能力受制于高层节点处理能力、单点故障、低检出率、"汇聚"过程中信息可能发生损伤和失真等缺陷。

②完全分布式入侵检测系统的特点是无分层分区和超级管理节点，节点间以P2P、Gossip 协议、组播或发布/订阅等机制进行通信，典型代表包括 DOMINO[72]、MADIDF（mobile agent based distributed intrusion detection framework）[73]、Indra[74]、CSM[75]等。完全分布式入侵检测系统存在检测精度低、可扩展性差、负载均衡难度大等问题。完全分布式入侵检测系统目前与边缘计算的架构类似。

4. 入侵检测系统评价指标

入侵检测系统主要从以下方面进行评价：

（1）可靠性，是指系统的容错能力和可持续运行的能力；

（2）轻量性，是指系统开销大小，即对网络性能影响的大小；

（3）可测试性，是指系统能够通过模拟攻击进行检测测试；

（4）适应性，是指系统易于开发和扩展；

（5）实时性，是指系统能够及早发现入侵行为；

（6）安全性，是指系统可确保自身的安全；

（7）准确性，是指系统具有正确识别入侵行为的能力。

准确性主要通过误报率（false positive rate，FPR）和漏报率（false negative rate，FNR）进行评估，它们分别定义为式（2.5）和式（2.6）：

$$FPR = \frac{FP}{N} \tag{2.5}$$

$$FNR = \frac{FN}{N} \tag{2.6}$$

式中，N 是警报总数；FP 是误报事件总数；FN 为漏报事件总数。最理想的入侵检测系统的评估结果是误报率 FPR = 0 且漏报率 FNR = 0，但实际上误报率和漏报率常常是成反比的，如图 2-39 所示。

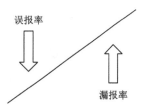

图 2-39　漏报率和误报率的关系

2.3.6　追踪溯源

追踪溯源是网络安全不可或缺的重要内容，一般来说，追踪溯源是指寻找导致事件发生的根本原因，网络攻击的追踪溯源就是指通过网络确定网络攻击者身份或位置，以及攻击的中间介质，还原攻击路径，以此制定针对性的防护措施。追踪溯源技术是网络攻防一体化中的关键环节，是网络攻防体系中从被动防御向主动防御有效转换的重要一步[76,77]。

1. 概述

图 2-40 展示了一个典型的网络攻击模型，在这个模型中，包含以下几个实体。

（1）攻击者：一般指攻击实施者，在网络攻击追踪溯源中也可指发起攻击命令的网络设备。事实上，从攻击设备关联到攻击者还有一道鸿沟，即如何通过追踪定位攻击者主机来确定攻击者身份，追踪定位攻击者是追踪溯源的终极目标。

（2）受害者：指受攻击的网络设备，也是攻击源追踪的起点。

（3）跳板机：指被攻击者利用作为通信管道和隐藏身份的主机。

（4）傀儡机或僵尸机：指被攻击者利用作为发起攻击的主机。

（5）反射器：指未被攻击者渗透，但在不知情的情况下参与了攻击的主机。

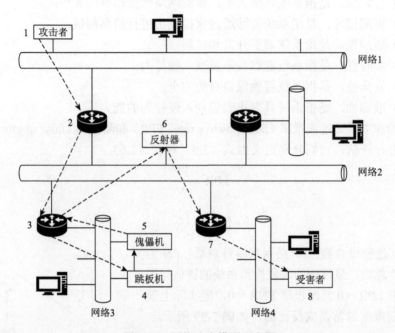

图 2-40　网络攻击模型示意图

模型中，身份包括攻击者的名字、账号或与之关联的信息。位置包括其地理位置或虚拟地址，如 IP 地址、MAC 地址等。追踪溯源的过程应还能提供其他辅助信息，如攻击路径和攻击时序等。

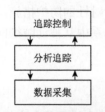

图 2-41　追踪溯源通用
系统架构

2. 追踪溯源通用系统架构

网络追踪溯源通过对网络信息数据的收集、分析和处理，还原信息数据在网络中的传输路径，确定其真正的源头。追踪溯源通用系统架构包括三个层次，即数据采集、分析追踪和追踪控制，如图 2-41 所示。

数据采集是网络追踪溯源的基础，涉及链路层、网络层以及应用层等的数据采集收集工作。在技术上可以对网络信息数据直接进行采集记录，又或者依据具体的追踪溯源方法，对网络信息数据进行标记操作，添加必要的路径信息，为后续的分析追踪提供必需的信息数据，需要根据应用网络的环境，选取合适的数据采集方式，最小化对网络造成的影响。

分析追踪是核心，与网络追踪溯源相关的分析操作都在这个层次上完成的。分析追踪经路径重构、基于数据日志的查询、链路相关分析等环节，识别出真正的数据路径，实现网络攻击数据包传输路径的追踪。

追踪控制对分析追踪和数据采集的策略进行调整，以更加有效地实现追踪溯源。追踪控制包括两个方面的内容：一是追踪过程的迭代控制。通常来说，追踪溯源是沿着网络攻击路径逆向逐节点追踪的，在每一个追踪节点处需要进行判定，是否为真正的攻击源，其上一级节点是谁，若确定为最终节点便完成追踪过程，若不能确定为最终节点，就确定其上一级节点，之后会进入下一个追踪迭代过程。二是跨网域的协同追踪控制。网络攻击的范围越来越大，需要在多个网域间进行协同追踪，最终实现跨网域攻击路径的追踪。

3. 追踪溯源层次及过程描述

网络攻击的中间介质千差万别，攻击的具体方式也变化多端，相应的具体追踪溯源技术也有所区别。根据网络攻击介质的识别确认、攻击链路的重构以及追踪溯源的深度和细微度，可将网络攻击追踪溯源分为四个层次：第一层次是追踪溯源攻击主机，在这个层次下，只会追踪定位直接实施网络攻击的主机；第二层次是追踪溯源攻击控制主机，在这个层次下，追踪溯源的目标就是根据攻击属性构建一种基于因果关系的模型，找出攻击产生的因果链事件传播网；第三层次是追踪溯源攻击者，该种追踪通过对网络空间和物理世界的信息数据进行分析，将网络空间中的事件与物理世界中的事件相关联，并以此确定物理世界中对该事件负责的自然人；第四层次是追踪溯源攻击组织机构，即找出负责实施网络攻击的幕后组织或机构。

从追踪者的角度，基于以上四个层次的追踪过程可以进行如图 2-42 所示的追踪溯源过程描述。

网络预警系统发现攻击行为后，向追踪溯源系统发送追踪请求。追踪溯源系统启动追踪过程，对攻击数据流进行追踪定位，确定发送攻击数据的网络设备，即攻击主机，完成第一层次的追踪溯源。确定攻击主机后，通过分析该主机输入输出信息，或者其系统日志等信息，判定该设备是否被第三方控制，据此进一步确定攻击控制链路并确定其上一级控制节点，如此循环实现逐级追踪，完成第二层次的追踪溯源。在第二层次追踪溯源的基础上，结合语言、文字、行为等识别分析，可以对追踪者进行分析确定，从而完成第三层次的追踪溯源。在第三层次追踪溯源的基础上，结合网络空间之外的侦查及情报等信息判定攻击者的目的、幕后组织机构等信息，实现第四层次的追踪溯源。这里需要特别强调的是，第三

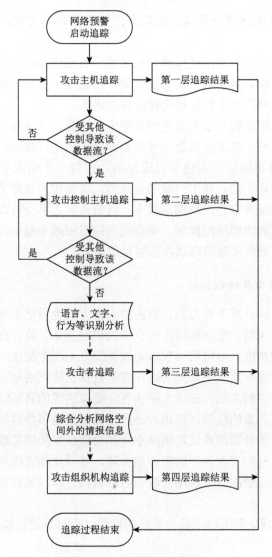

图 2-42　追踪溯源过程描述

层次追踪实现从网络设备到人的跨越，将网络设备的控制行为与具体的自然人相关联在技术上具有极大的挑战，因此第四层次的追踪溯源更多依赖于物理自然世界的侦查、情报等信息。

2.3.7　软件定义网络

互联网的连接是基于 IP 网络实现的，但是传统 IP 网络有一个问题，即当网络里的节点不断增多时，网络架构会愈发复杂，导致对网络配置操作难度增加，节点策略的设置也愈加困难，最终使网络的管理成本不断增加。此外，传统 IP 网络具有垂直整合的特点，其控制平面和数据平面是捆绑在一起的，这一特点使传统 IP 网络的配置操作进一步复杂。

软件定义网络（software-defined network，SDN）是为打破传统 IP 网络的垂直整合、提高网络管理的便利性而提出的一种新兴范式[78]，它由美国斯坦福大学 Clean-Slate 课题研究组提出，通过将网络设备的控制面与数据面分离，以实现网络流量的灵活控制，从而为网络及各式应用的创新提供了良好的平台。整体而言，SDN 也是网络虚拟化的一种实现方式。

1. 概述

SDN 的功能架构如图 2-43 所示，它分离了底层路由器相关的网络控制逻辑以及交换机，并将它们放到数据平面，然后把网络控制的逻辑集中放在控制平面，并引入了管理平面（或称为应用平面）来编程化网络配置操作。此外，图中连接数据平面和控制平面的桥梁，也就是南向接口，是通过一个已经定义好的 API 实现的，这个 API 桥接在多个交换机与 SDN 控制器之间，从而让 SDN 控制器实时监控数据平面各个组件的状态并进行操作。

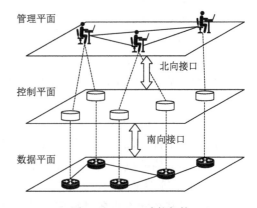

图 2-43　SDN 功能架构

图 2-44 是传统 IP 网络架构与 SDN 网络架构的比较[78]。在传统 IP 网络中，

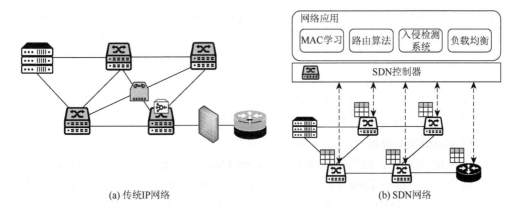

(a) 传统 IP 网络　　　　　　　　　　　(b) SDN 网络

图 2-44　传统 IP 网络架构与 SDN 网络架构的比较

整体网络架构是去中心化的，在同一个网络设备中既包含了控制平面也包含了数据平面。在 SDN 网络中，整个网络架构就分成 SDN 功能架构中的三层，数据平面包含了大部分负责数据的传输与转发的网络设备；控制平面存放了用于填充数据平面元素的相应转发表；管理平面则包含了一些用于远程监控和配置控制平面相关功能的软件服务，如基于简单网络管理协议（simple network management protocol，SNMP）的工具。

2. SDN 的特点

当 SDN 网络部署后，管理平面负责定义相关网络策略，控制平面执行管理平面下发的相应策略，数据平面则通过自身的转发机制来执行对数据的各项操作。这种多层次配置形式的优点如下。

1）集中式管理

不同设备的相关应用程序都集中在管理平面，使用统一的网络编程语言设计，使得对应用程序的编程变得更加容易，而且还能轻松实现不同设备的应用程序共享。

2）全局网络视图共享

所有应用程序都共享一套全局网络视图且该视图会通过控制平面实时更新，使管理平面策略的执行具有一致性和有效性。

3）基于管理平面的设备配置

当要对某个网络设备进行配置时，可以直接从管理平面配置，而无须设计一个专门的设备查找算法去搜寻该网络设备节点所在的位置。

4）使多个不同应用程序的整合更为方便

以负载均衡应用和路由应用为例，使用传统 IP 网络需要对每一个设备单独进行程序配置，还要在组网的配置上保证负载均衡策略优先于路由策略。而使用 SDN，只需要在管理平面上进行操作，就能既让负载均衡应用和路由应用正常运行，又能配置两者运行的优先级策略。

3. SDN 关键技术

SDN 采用了许多关键技术，确保 SDN 集中式管理的功能，并带来相比传统 IP 网络在网络监控等方面更多的便利性，具体如下。

1）OpenFlow 协议

在 SDN 架构中，南向接口基本采用 OpenFlow 协议来进行控制器和交换机之间的信息交互；OpenFlow 协议允许网络控制器来确定数据包在网络中的传输路径，与传统的访问控制列表（access control list，ACL）和路由协议相比，OpenFlow 协议将整网的控制与转发功能分离以实现更复杂的流量管理。此外，不同供应商的交换机都有自己的专有接口和脚本语言，OpenFlow 还允许这些来自不同供应商的交换机使用单一的开放网络协议进行远程管理。由于 OpenFlow 协议的这些特性，它在一定程度上也推动了 SDN 的发展。

2）控制平面的控制器技术

整个 SDN 体系结构中的逻辑中心是控制平面中的控制器。随着网络规模的不断发展，SDN 如果仅仅使用单一的控制器结构，很容易遇到网络处理能力的性能瓶颈，因此 SDN 需要对控制器进行一定的功能扩展。当前主流的控制器扩展方式，要么通过提高控制器自身的处理能力实现，要么通过集成多个控制器实现。

早期，SDN 常用的控制器平台是一种单一集中式结构的控制器，名叫 NOX。为增强控制器的网络处理性能，NOX 被改进成 NOX-MT，这是一种具备多线程并行处理能力的控制器。此外，还有一种并行控制器 Maestro，这种控制器改进了自身的并行处理架构，以最大化发挥服务器的多核并行处理能力，在大规模网络中有着不俗的表现。

3）数据平面关键技术

对于 SDN 控制平面中的网络设备，由于它们将转发规则的控制权交由控制器负责，因此它们只会根据控制器下发的规则进行数据包转发。数据包的转发形式是基于流的而非基于每一个数据包，这种做法能够避免数据平面与控制器过于频繁地交互导致的性能低下问题。

SDN 交换机的数据转发方式可划分为硬件形式与软件形式：硬件形式具有比软件形式更快的速度，但灵活性较差；软件形式虽然处理速度较慢，但它利用交换机 CPU 可以灵活地处理转发规则。

4. SDN 在卫星互联网中的应用

正因为 SDN 具有上述优点，在卫星互联网的架构设计中引入 SDN，可以有效解耦卫星通信的数据处理和控制操作[79]，原理是：在卫星互联网中，通过 SDN 控制平面来选择一部分算力强的卫星进行整个卫星网络的复杂路由计算、资源管理等操作，然后通过 SDN 数据平面让剩余卫星进行简单的硬件配置和数据报的转发操作。图 2-45 是一个典型的卫星互联网 SDN。在该架构中，由于只有部分卫星进行控制平面相关的操作，整体上降低了卫星建设的成本以及对星上计算和处理能力的要求。此外，由于 SDN 控制平面对卫星资源进行集中管理，屏蔽了异构网络节点在协议栈底层的差异性，从而可实现卫星网络的灵活部署、状态的实时更新、节点策略的细粒度管理以及网络资源的跨域协调调度。

卫星互联网 SDN 能为不同工作轨道的卫星带来不同的优势：对于 GEO 卫星，卫星互联网 SDN 可以让 GEO 层控制器与地面控制器同步获取网络信息，降低时

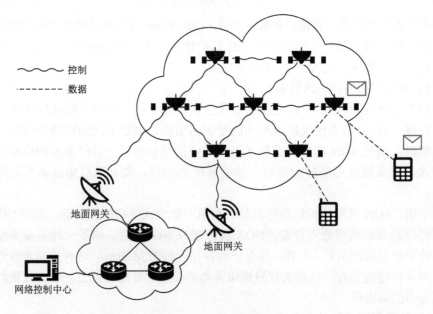

图 2-45　卫星互联网 SDN

延，从而更加准确地预测和发现 GEO 卫星网络可能存在的故障；对于 LEO 卫星，由于卫星互联网 SDN 能够提供卫星组网的管理控制能力，因此它能缓解多 LEO 卫星组网布局分散、网络管理困难的问题；对于在 GEO 与 LEO 之间提供局部控制、中继传输和回程服务的 MEO 卫星，卫星互联网 SDN 则能发挥协同管控的作用。

5. SDN 的安全问题

安全问题是 SDN 的关键要素，针对 SDN 安全的研究方向主要分为以下两大类[80]。

一类是利用 SDN 来提升系统的安全性，即利用 SDN 架构的特性为传统的网络安全研究带来新的思路和解决方式；首先，由于控制平面负责整个网络设备的集中式管理，SDN 架构下的系统能够更灵活地执行下发的安全策略并且无须掌控所有网络设备位置即可对整个组网的链路流量状态进行监控[81]；其次，可以基于控制平面来部署实时网络入侵检测系统，来检测并发现网络流量中潜在的入侵威胁，包括 DDoS、DoS、链路泛洪以及短路流量[82]；再次，可以将传统的网络安全策略整合到 SDN 中，如建立 SDN 网络防火墙来灵活操控流量表和防火墙策略[83]，相比于传统防火墙具有更好的稳定性和鲁棒性；最后，还可将 SDN 部署在企业内网、移动电信网等各式的网络环境中，提供匿名服务、访问控制以及解决服务链中功能数量和种类受到限制的问题。

另一类是针对 SDN 自身的安全挑战，SDN 架构的引入也会带来新的网络攻击隐患，其虚拟化过程会放大网络设备被攻击的风险。SDN 虚拟化后的三层架构中，作为网络决策的中心点的 SDN 控制平面[84]，就是黑客最青睐的攻击目标。与传统 IP 网络不同的是，一旦控制平面的 SDN 控制器遭到破坏，攻击者就可以完全控制整个 SDN 网络，所以，SDN 架构存在的安全风险在某些环境下甚至高于传统 IP 网络的风险。另外，SDN 架构将控制平面和数据平面进行了分离并用通信链路来进行平面之间的信息交换，然而这些通信链路也可能存在漏洞并有中断风险。因此，提高 SDN 的安全性应该从 SDN 整体架构的各组成部分考虑。

由图 2-43 可知，SDN 主要组成部分可划分成五块，分别是管理平面（也就是应用平面）、北向接口、控制平面、南向接口和数据平面。目前针对 SDN 的攻击可按照这个攻击目标划分成五种，此外，一些攻击方式可能会涉及这五个组成部分中的多个。

（1）针对管理平面：攻击方式主要是恶意应用程序、非法访问、恶意流规则下发或者配置缺陷利用等。

（2）针对北向接口：攻击主要利用了标准化缺陷，如非法访问或利用接口数据泄露等漏洞。

（3）针对控制平面：攻击方式主要是 DDoS/DoS 攻击、恶意/虚假数据流规则的注入、非法访问、配置缺陷利用等。

（4）针对南向接口：主要是利用 OpenFlow 默认配置的缺陷或者利用安全套接层（secure socket layer，SSL）/传输层安全性（transport layer security，TLS）协议本身的一些漏洞。例如，OpenFlow 在 1.3.0 以前的版本，南向接口 API 只能采取 TLS 协议，黑客就可以利用 TLS 协议本身的漏洞来攻击 SDN。

（5）针对数据平面：攻击方式主要是 DDoS/DoS 攻击、恶意/虚假流规则的注入、非法访问、配置缺陷利用等。

为防范这些针对 SDN 的潜在攻击，网络安全专家结合 SDN 自身的特性，设计了多种不同的策略和方法来有效提高 SDN 应用的安全性。

首先，由于 SDN 控制平面是黑客首选的攻击目标，有必要对 SDN 控制器进行完全重新的设计和开发，以解决控制平面鲁棒性与安全性的缺陷。例如，可在其中内嵌一套新的安全机制[85]，来应对网络控制及可见性的安全分解以及不可信用户的访问请求；其次，可基于已有的 SDN 控制器，设计一套完整的安全框架或对现有安全模块进行改进，如引入一套基于角色的权限机制，来进行身份认证和访问控制[86]；再次，可通过加强对流规则合法性与一致性检测，来提高 SDN 的安全性，如通过二元决策图技术对 OpenFlow 流表的配置信息进行重新编码[87]，并结合模型检测技术、形式化方法来对不同交换机和控制器之间的流规则一致性进行检验；最后，针对 DDoS/DoS 攻击，可建立基于流量特征变化、连接迁移机制以及威胁建模分析的检测防御机制来保护 SDN。

2.3.8　软件无线电

1. 概述

卫星互联网与 TCP/IP 为核心的骨干网互联，需要建立通用的传输、命令和服务平台，以支持不同的空中接口，不仅需要终端软件重构的能力，还需要具有网络软件（如网络协议栈）重构的能力，以及嵌入网络基础平台中软件重构的机制。为此需要建立支持终端软件重构、网络软件重构以及整个系统软件重构的基础平台，基于可重构机制的软件技术是软件无线电（software-defined radio，SDR）重点发展的关键技术。

1992 年 5 月，MITRE 公司的 JeoMitola 在美国电信系统会议上首次提出了软件无线电的概念[88]，之后即被美军用于研制多频段、多模式电台——易通话（Speakeasy），其工作频率覆盖 2~2000MHz，基于可编程 DSP 芯片，兼容 15 种军用电台，实现不同设备互通和高效、可靠的军种协同通信。1995 年 5 月，*IEEE Communications Magazine* 出版软件无线电专刊，系统全面地介绍了软件无线电的体系结构，以及信号取样、模数-数模（A/D-D/A）变换的基本理论，DSP 处理器结构特点、芯片清单，多处理器间相互通信的理论基础，阐述了与数字无线电的区别、软硬件的实现方法、性能分析及其功能性结构，为软件无线电关键技术的研究（如开放式总线结构、宽频段/多频段天线及射频前端技术、高速高精度 A/D 和 D/A 技术及高速 DSP 及专用集成电路（application specific integrated circuit，ASIC）的实现、通信协议的标准化与模块化）提供了理论基础，此后软件无线电技术开始向商业领域拓展。

软件无线电可实现多种无线通信模式，尽可能地用可升级、可重配置的应用软件来实现各种无线通信功能。即构造一个模块化、通用化的硬件平台，并将多模信源编解码单元、信道编解码单元及调制解调单元功能通过软件来实现。每种功能单元的算法都做成软件模块形式，要实现某种功能只需调用相应的单元即可。通过更新各个单元的软件来适应不断变化的信源编解码、信道编解码和调制解调模式，使软件无线电系统具有相当大的灵活性和环境适应性。简单来讲，软件无线电的基础是现代通信理论，核心是数字信号处理，是数字无线电的高级形式，架构如图 2-46 所示。软件无线电的基本思想就是将模数相互转换尽可能地靠近射频天线，建立具有通用的、开放的 "A/D-DSP-D/A" 模型硬件平台。无线通信的各种功能通过软件编程来实现，如通过编程实现信道分离、频段选择，射频的收发通过传送信息抽样、量化、编码/解码、运算处理和变换来实现，信道调制选择不同的方式（如调幅、调频、单边带、数据、跳频和扩频等），实现异构网络协议、保密结构和控制终端功能等。

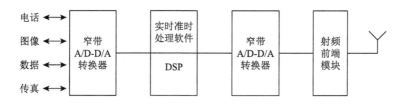

图 2-46　软件无线电结构框图

2. 软件无线电的特点

软件无线电具有如下特点。

1）完全可编程性

软件无线电由软件编程方式来改变射频段和带宽、信道接入方式、传输速率、接口类型、业务种类及加密方法等参数，实现通信业务的扩展、增加，通信环境（频率、时间与空间特性）的分析。

2）开放式模块化结构

软件无线电是由标准化、模块化的硬件单元（包括射频、中频、基带、信源等）以总线方式连接构成的基础平台，也是一种体系结构开放、标准统一的硬件平台，通过加载软件来实现各种不同门类、不同型号通信产品的各种功能，通过软件更新的方式实现新系统的研制开发，而不改变产品的硬件平台。

3）集中性

软件无线电的集中性是指射频前端由多个信道共享，通过模数相互转换实现高性价比的信道信号处理，其在移动通信系统中具有很高的应用价值，使更多的无线接收器被移动通信系统的基站容纳。

3. 软件无线电关键技术

为了确保无线电的宽频段和功能灵活性，软件无线电采用了许多实用的关键技术，带来了相比于传统无线电更多的优势，下面分别介绍四种关键技术。

1）射频技术

软件无线电系统的理想状态是天线能覆盖全部无线通信频段，实际应用中，至少要求覆盖 2MHz～6GHz，这就需要匹配的天线来实现在宽频范围内无障碍通信。因此，研制宽频率和高性能的宽带天线，是软件无线电的关键技术之一，从技术上保证天线的孔径功能、减少插损、易于重置等。

然而，制造既要覆盖全部无线通信频段，又要实现宽频通信的天线难度不小。为此，实际的软件无线电系统采用组合式多频段天线，来满足天线增益、物理尺寸等条件，通过覆盖所需无线通信频段中不同的频段窗口来尽可能达到覆盖主要无线通信频段的目的。由于内部阻抗不匹配，天线不能混用不同频段，因此组合天线应具有多频段和可程控的射频转换功能。

此外，无线通信信号不仅会衰减或被屏蔽，还可能出现强阻塞和干扰，使得射频部分的信号动态范围非常大。若考虑无线通信信号的不同标准情况，则其动态范围还会更大。因此，实际的软件无线电系统不可能采用全频段数字化的理想结构，其射频前端仍然是分频段工作的，即分段数字化或中频（包括零中频）数字化。

面向理想的软件无线电，需要突破的射频技术比较多，如宽带线性功率放大器和低噪声放大器、信号纯度处理器、宽带射频上下变频器和可调谐预选器等。在实际软件无线电系统中，充分利用组合式多频段天线，进行智能化天线信号处理，实现模块化、通用化的双工部件对于宽带射频的准确"调谐"，做好能量控制部件和低噪声前置放大器的配置，以及借助仿真设计进行射频单元的优化等，还需要进一步研究。

2）前端技术

软件无线电系统的基本前提是数字化，即模拟信号需要采样转化为数字信号才能被软件处理，由模数转换器（analog to digital converter，ADC）来实现，因此 ADC 在软件无线电中非常关键，其能直接反映系统的软件化程度，体现在采样速率和采样精度的指标要求。信号带宽决定采样速率，依据奈奎斯特抽样定理，ADC 的抽样频率 f_s 应大于 $2W_a$（W_a 是被抽样信号的带宽），而在实际抽样过程中，由于 ADC 的非线性、量化噪声、失真及接收机噪声等因素的影响，一般选取 $f_s >$ $2.5W_a$，以满足一定的动态范围以及数字部分的处理精度。在软件无线电系统中，要达到以数字方式处理信号的目的，ADC 就要尽可能地向天线端靠近，甚至直接在射频单元对模拟信号进行采样，完成信号的数字化，这就对 ADC 性能提出了很高的要求，满足软件无线电系统需要的宽带高、频率高、精度高、抽样频率高、动态范围高的 ADC 难度较大，实际解决方法是在射频和中频之间设置一个前端处理单元，把模拟信号的数字化工作放在中频后面，因此前端技术是软件无线电的关键之一，主要包括 ADC、数模变换器（digital to analog converter，DAC）、数字下变频器（direct digital controller，DDC）、数字上变频器（digital up converter，DUC）、滤波和相关控制等。随着 ADC 性能的逐步提高，其位置也会越来越接近于天线，最终将达到理想的软件无线电目标。

3）基带技术

基带处理是软件无线电系统的主要任务之一，通过调用各种软件功能模块，完成信号的调制/解调、扩频/解扩、编码/解码、加密/解密等处理工作。在软件无线电发射机中，基带处理主要是把原始数据流转换成适合无线信道传输的信号，基带处理的过程通常由数据形成和冗余处理两部分组成。在软件无线电接收机中，基带处理主要是分析前端输出的数字信号，完成信号同步、信号解调、信道均衡、信道解码、多址分离和比特流处理等一系列功能，正确提取出原始数据，而扩频系统应有解扩功能。无论发射机还是接收机，都需要基带处理器具有很强的计算能力，可以利用并行运算的多个高速处理器组成基带处理器，提高系统的基带处理能力。

实时性、准确性和有效性是软件无线电系统基带处理能力的主要要求，需要综合考虑软硬件配合下的系统运算速度、运算能力、数据存储量和数据吞吐率等。由于软件无线电系统基带数据的大流量，信号处理需要多次运算，采用高速、实时和并行的数字信号处理器或专用集成电路是较好的选择。目前软件无线电系统的基带处理既可以采用 DSP，也可以采用现场可编程门阵列（FPGA），或者采用并行的个人计算机 CPU。

采用 FPGA 的优点是并行处理能力强，性能高并节省资源，可避免高额的开发费用，速度比 DSP 快，功耗较低，具有可动态配置的灵活性。虽然 FPGA 有很多优点，但主要用于辅助 DSP 完成需要进行参数配置的算法，主要是由于普通的 FPGA 芯片没有集成专门的乘法器等，需要工程技术人员编写，且要求编程人员对 FPGA 硬件结构熟悉，不易开发。所以一般情况下，对于固定功能的单元，如滤波器、下变频器等，一般使用 FPGA 来实现，速度要高于 DSP，速度和灵活性两方面的要求能同时满足，支持软件无线电系统的动态配置，而对于计算密集部分，则放在 DSP 上完成。

要完成软件无线电系统的基带处理任务，需要不断提高基带硬件的处理能力，还需要基带软件算法优化和改进处理器，促进基带数字信号处理技术不断发展。迄今为止，人们对软件无线电技术基带处理的研究还主要集中在这两方面的应用上。随着卫星互联网的发展，用户将要求提供特性更多、功能更全、服务水平更高的业务，如多频段、多模式、多媒体业务等，同时还要求提供耗电低、体积小、重量轻的用户终端，目前常用的 DSP、FPGA 和微处理器等均有一定的局限性，需要研制既有编程能力，又有高速计算能力的新器件设备，采用自适应计算技术，把动态算法直接映射到动态硬件资源中去。与 DSP、FPGA 处理器不同，这种新器件设备不是由简单的寄存器、算术逻辑单元和乘法器组成，而是由规模可变的网络互联起来的多运算节点组成，这种包括寄存器、逻辑单元、乘法器和互联方式在内的复杂组合体，能够完成各种数据宽度的运算，对系统资源的自适应配置具有和 ASIC 一样快的速度，处理功耗却比 DSP 或 FPGA 更低。

软件无线电系统的基带处理还要能提供标准接口，保证系统在生命期内可以持续升级。用户通过标准接口在基带处理平台上实现各种所需的信号波形，下载程序，实时获取新的服务功能。目前，可以借鉴的是 VME（Versa Module Eurocard）总线。它由工业界开放标准支持，其总线宽度为 16～24bit，多达 21 个插槽供系统扩展，受到很多厂家的支持。至于 I/O 接口，可以在通用输入输出端口（GPIO）基础上，开发开放的、可伸缩的和软件配置的高速接口。

软件无线电系统实现功能单元的有机互联，采用基带标准，形成一种新的功能单元互联结构，可直接应用多种互联标准，打破了采用流水线方式的传统无线通信系统的弊端，是开放、可扩展、同时数据具有较高吞吐率的平台。

4）软件编程技术

软件无线电系统的重要内容是编程，关键是软件技术的有效性和可靠性。现代软件工程和开发技术的发展为建立软件无线电的开发环境创造了条件。软件无线电所采用的软件技术，虽然经历了从结构化程序设计技术发展到面向对象的设计技术，并正向大规模组件设计技术演进，但还远远没有达到软件无线电的要求。

20 世纪 90 年代以来，研究即插即用的软件技术成为热点，即基于 Java/Corba 的软件协议和标准的"软件总线"思想，建立标准、开放、易用的软件体系结构，与"硬件总线"类似，将软件应用单元按标准做成适合"软件总线"的形式，按需插入总线即可完成组合运行，实现系统所需要的功能，支持分布式的计算环境，设计思想与软件重用一致。

软件无线电技术可重构机制的一个重要内容是建立"算法工具箱"。基于每种标准（如 GSM、WCDMA 和 WiMAX）的完全独立软件模块，预先开发出可重配置的无线通信终端，把需要重配置的软件存储在这些终端或可提供空中下载的设备中，然后根据用户需要进行不同标准的模式转换，达到软件即插即用的目的。

此外，软件无线电可重构机制还包括"波形组件库"技术，以解决多模态无线通信问题。"波形"，是为实现信息的无线传输而对信息所采取的一系列变换，一般包括无线通信系统为实现信息传输而采用的所有协议。"波形组件"就是实现某种通信模式所需的功能模块，这些模块是独立于硬件、可重用、可执行的软件应用程序。"波形组件"主要包括信源编解码、信道编解码和调制解调程序，其内部有多个可选的模块以实现不同通信模式的功能。模块之间具有明确的接口关系，功能相对独立。所有这些模块及其接口就构成了"波形组件库"。

目前，软件技术的发展方向正在为软件无线电注入新的活力，例如，基于现代处理器的向量处理单元设计，其编译器可以把通用程序代码编译成能在各种不同平台上运行的代码，并能自动地为不同平台生成其所需的功能，从而大大减少跨平台移植的成本，并确保开发出的软件移植到不同的平台上后，其功能特性保持不变。又如，具有超长跨度的语法编译器开发，它能自动把独立编写的不同信号处理段算法合成为单一函数功能，从而提高信号处理代码的可重用性。

总之，软件无线电是通过操纵软件实现控制传统"纯硬件电路"的无线通信技术，它以软件为核心，硬件标准化、模块化，通过编程方式，实现无线通信的参数和协议设置以及信号的处理等。软件无线电是一种先进的无线通信体系架构，通信服务的功能全部通过软件下载更新来升级实现，不用完全更换硬件，具有可重构、灵活性、开放性等特点，尤其适合于卫星互联网这类硬件更新成本过高的应用场景，不但能延长卫星在轨的使用寿命，还能实现更高的有效全向辐射功率和带宽、更高的可靠性和灵活性以及更好的数字化标准适应性，为卫星通信系统提供了良好的技术基础。

4. 软件无线电的安全问题

软件无线电系统是一种信息技术系统，通过程序控制系统的运行，处理各种无线电信号，系统的实体由满足一定电气指标的硬件平台和受程序逻辑控制运行的软件功能模块组成，因此硬件和软件的安全是软件无线电系统安全的核心，本书 2.2 节对卫星互联网面临的安全威胁进行了系统的分类和详细介绍。造成软件无线电系统不安全的因素集中在物理设施安全威胁、计算机系统和网络安全威胁、数据安全威胁三大方面，具体包括系统本身存在的硬件缺陷和软件漏洞、环境干扰和自然灾害、配置缺陷、编程缺陷、非法窃取、破坏和敌对活动等。病毒及恶意代码的泛滥使得软件无线电系统的安全风险更为突出，需要安全技术的有力保障来确保软件无线电系统的可靠运行。

软件无线电在设计、实现、配置各个层次和环节可能存在各种缺陷，若被恶意利用，将影响构建在系统之上的正常业务的运行，危及系统及信息的安全，带来严重后果。

众所周知，研制软件无线电系统的开发过程中，开发人员最常采用的软件工具是 C/C++语言，但是因编程不当，非常容易在 C/C++代码中带来缓冲区溢出等严重安全漏洞。

人为的非法窃取和破坏则是软件无线电系统不安全的另一类因素。

由于软件的设计和数据库运行是软件无线电的核心工作，程序设计安全（软件安全）和数据库安全（数据安全）是需要优先考虑的问题，下面从软件工程的角度介绍一下这两类问题的应对思路。

1）程序设计安全问题

程序在设计、实现中的缺陷会造成各种安全漏洞，使系统在运行过程中发生意想不到的错误，因此程序设计的安全（即安全编程）是软件安全问题中最需要注意的问题。软件无线电系统大量基于 C/C++语言的开发工具平台，C/C++语言虽然具有程序设计的高效性和灵活性，但是因为语言本身未考虑对内存的安全限制使用，所以经验不足的开发者所编写的模块非常容易存在缓冲区溢出这类严重的安全漏洞。因此，开发人员必须知道如何编写安全的程序，运用好的编程技巧，掌握安全编程的技术，深入了解安全漏洞的来源，从而避免出现软件安全漏洞，使设计出来的程序清晰、有效和可靠，提高系统的最终质量，并在软件无线电系统投入运行前查找、排除软件安全漏洞，尽可能提前发现错误，减小工程的损失。

2）数据库安全问题

作为存储和访问管理海量信息的平台，20 世纪 60 年代诞生的数据库技术应用广泛。防止非法使用所造成的数据泄露、更改或破坏是数据库安全的主要内容，包括三个方面：一是保密性，禁止非法用户存取信息；二是完整性，允许合法用户修改数据；三是可用性，不拒绝合法用户对数据进行存取。

软件无线电系统同样利用数据库对信息进行存储和访问管理，数据库安全是软件无线电安全的重要内容。软件无线电系统数据库存在物理和逻辑两类威胁。物理威胁是指人为或自然等造成的硬件故障，从而导致数据的损坏和丢失等，通常采取备份和恢复的策略来应对。逻辑威胁主要是指对信息的未授权访问，需要系统设计安全的访问控制机制，消除逻辑威胁。操作系统的基本安全机制已经为实现数据库安全提供了基础，虽然数据库安全还包括标识和鉴别、信息流控制、数据加密、审计追踪和数据备份/恢复等，但应用最广也最为有效的仍然是访问控制技术。

2.3.9 认知无线电

认知无线电（cognitive radio，CR）又称智能无线电，概念起源于 1999 年 Mitola 博士的奠基性工作[89]，其核心思想是通过感知外界环境和可用频谱信息，使用人工智能技术从环境中学习，实现实时改变无线通信部分操作参数（如传输功率、载波频率和调制技术等），使其内部状态适应接收到的无线信号的统计变化，限制和降低频谱冲突的发生，从而实现任意时间地点的高可靠通信以及对异构网络环境有限的无线频谱资源的高效利用[90]。认知无线电的特点是灵活、智能、可重配置。在卫星互联网通信环境中，存在各种故意与无意干扰，加上大规模业务和用户接入卫星通信网络，必然造成网络资源紧缺和频谱资源的不足，带来日益增多的未授权用户对已分配频谱的侵占行为，成为限制卫星互联网发展的最大瓶颈之一。而认知无线电技术的提出，可在极大程度上缓解这种冲突，为卫星互联网通信提供智能化、自感知、频谱捷变的安全解决方案。

1. 概述

认知无线电是通过频谱感知和机器学习，实现动态频谱分配（dynamic spectrum allocation，DSA）和频谱共享，可利用经验（包括对死区、干扰和使用模式等的了解）来对实际环境进行响应，从而赋予无线电设备根据频段可用性、位置和经验来自主确定采用相关频段的功能。关于认知无线电的研究很多，Mitola 提出的基于机器学习和模式推理的认知循环模型具有代表性。

2. 认知无线电的特点

认知无线电的基本任务为：无线电环境分析、信道估计和信道预测建模、传输功率控制及动态频谱资源管理。技术上，一旦探测到空闲频谱，可以在主用户通信不被干扰的状态下利用主用户空闲的频段资源，如主用户在该频段恢复通信，认知无线电会及时跳转频段，或者调整传输功率，改变通信调制方式等方法，消除对主用户频段的通信干扰。在卫星通信中，认知无线电利用认知循环技术，分析获取的信息，合理选择子信道接入并自适应调整参数，以满足通信要求。认知无线电的循环原理如图 2-47 所示，通过频谱感知获取电磁环境信息，综合分析可用信道的特征参数，结合约束条件（如用户需求）等，及时接入最佳空闲信道，并选择有效功率通信，从而实现无线通信环境下的认知交互。

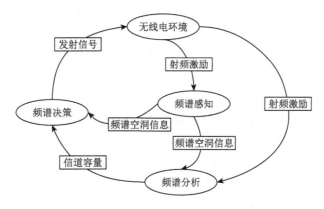

图 2-47　认知无线电循环原理

3. 认知无线电关键技术

认知无线电通信的关键技术分为认知链接、认知网络和认知系统[91]。

1）认知链接

认知链接包括：

（1）干扰抑制。通过改变频率、带宽和数据速率、天线指向，自动感知来避免频谱干扰。

（2）链路优化。认知链路控制器根据信道条件和用户任务平台约束，自动配置通信参数（如调制、编码、传输功率）。

（3）信号处理。通过识别干扰信号，优化系统配置和链路选择。

（4）非线性效应补偿。通过优化通信参数，以补偿由于信道、放大器或传播效应而产生的非线性。

（5）系统切换的优化。如微波通信系统和激光通信系统切换优化，实现跨系统不间断数据传输。

（6）动态频谱接入。一种频谱共享模式，允许二级用户访问未使用频谱的部分或许可频段中的"空白"。

（7）认知抗干扰。使用传感技术和机器学习算法检测并避免恶意干扰。

2）认知网络

认知网络侧重于网络层技术和协议，旨在建立一个分散的、基于服务的网络体系结构，实现电信运营商的无缝集成，包括：

（1）分布式数据存储。使用延迟容忍网络（delay tolerant network，DTN）和其他机制进行分布式数据分段、存储和重组。

（2）智能数据路由。使用人工智能技术，通过网络建立智能和自适应数据路径及网络路由决策。

（3）弹性网络。通过安全、分散的计算和数据分析基础设施提高网络抗灾能力。

3）认知系统

认知系统致力于使用跨越多个协议层的一系列认知代理实现系统范围内的认知，一般可分为以下几类：

（1）自配置，即自动配置网络设备的通信参数，包括地面站、中继卫星等。

（2）自优化，即监控网络参数和通信环境，不断更新参数，确保网络高效运行。

（3）自愈，即使用机器学习算法对网络性能进行自主监控，以进行故障检测、故障分类和故障恢复。

（4）结构和运行的优化，即利用机器学习实现对卫星的最佳配置和操作。

（5）优化链路配置，即根据电磁环境参数（包括可用信道资源）确定最佳链路配置（如应用配置管理（application configuration management，ACM）、干扰和多径缓解、多址），保障链路通信，同时降低系统复杂性和减轻链路负担。

（6）优化网络资产和资源利用率，即最大限度地提高中继卫星、地面站、可用频谱等资产利用率以发挥网络资源能力。

（7）自动和按需服务调度，即允许卫星（或地球站）动态请求扫描服务，无需人工干预。

（8）网络间数据传输，即基于数据特征和性能，增强跨多节点、多跳中继和地面系统的通信能力。

（9）合作中继，即集群内的节点使用传感技术发现和选择其他协作节点，以实现数据共享和中继，从而增强通信能力。

（10）认知波束形成，即使用机器学习算法选择天线阵列系数来调整天线阵列方向图，以保持链路连接并避免干扰。

在卫星互联网基础设施中加入认知通信能力和技术，结合机器学习，将增强数据交互能力和提高效率，能够感知电磁频谱与网络的状态，并根据响应对工作模式实现自优化，从而在复杂环境中提高卫星互联网的可靠性。

4. 认知无线电的安全问题

认知无线电作为无线通信的一种，不但面临着传统无线通信的窃听、信息干扰和路由攻击等通信链路威胁，还由于引入频谱感知、智能学习、动态频谱分配等新技术，从而带来模仿主用户攻击、干扰主用户、攻击认知用户、攻击频谱管理者、公共控制信道干扰、自私行为攻击和拒绝服务攻击等新的安全问题。

下面将从认知无线电网络中可能存在的安全问题和改善方法两个方面重点探讨认知无线电系统的安全技术。

1）模仿主用户攻击

认知无线电用户在通信过程中感知到主用户存在时，自动退出该信道，防止干扰主用户。然而，攻击者可以利用这一特点，当探测到空闲频段时，就发送具有主用户特征的欺骗信号，阻止其他认知无线电用户占用此频段。由于典型的频谱感知方案基于信号能力检测来区分主用户和认知用户，认知用户探测到不能识别的信号时默认来自主用户。在上述信任模型中，攻击者冒充主用户在授权频段上发送认知用户无法识别的信号阻止其他认知用户接入可用频段。这种攻击会对频谱感知过程产生严重干扰，会显著减少可用信道资源。

2）干扰主用户

为了防止干扰主用户，认知节点不仅需要进行准确的感知测量，而且需要接收控制信息，从而获得主用户通信的信息。在集中式网络中由频谱策略数据库完成控制信息的发送，而在分布式网络中需要节点间互相进行信息交换。这样，当发现主用户时，认知用户能够以较短的时间切换到可用信号信道上，从而避免对主用户造成干扰。但是攻击者由此可以发起对主用户的攻击，即通过干扰使认知用户检测不到主用户的通信信息，从而诱导认知用户发送信号，造成主用户被干扰。

3）攻击认知用户

在认知无线电系统中，认知用户的"认知"功能是通过对某些信息的统计，经过射频端的简单处理实现的。攻击者可以输出能干扰统计结果的信息，从而达到使认知用户无法选择最佳的方式对自身进行配置的目的。

4）攻击频谱管理者

在集中式认知无线电网络中，频谱信息数据库向认知节点发送策略信息的任务，对频谱管理者的攻击危害巨大。攻击者截取管理者发出的指令，阻止认知用户接入频谱信息数据库，并且还可能向认知用户注入错误的信息。

5）公共控制信道干扰

在分布式认知无线电网络中，节点间通过控制信道互相交换信道占用信息，保证正在通信的节点在后续通信过程中有信道可用。分布式认知无线电网络的瓶颈问题是控制信道饱和会造成网络通信效率急剧降低甚至瘫痪。攻击者通过发送恶意控制帧造成公共控制信道饱和，并严重阻塞信道的协商和分配等过程。此外，如果缺少认证控制帧，攻击者也容易通过伪造 MAC 帧或在 MAC 控制帧中插入欺骗信息来中断通信或不公平地分配网络资源。

6）自私行为攻击

由于分布式信道协商使用频谱感知的结果，所以信道分配的公平性取决于竞争节点间的合作。自私行为攻击即节点通过损耗网络的整体性能为代价来改善自己的性能，攻击方式多种，如自私节点在信道协商期间发送错误的信道可用信息帧欺骗其他节点，隐瞒可用频谱独占信道。

7）拒绝服务攻击

拒绝服务攻击是指一切阻止合法用户接入系统或者使系统进程发生延迟的攻击。攻击来源可能是攻击者或是发生故障的设备。

针对上述认知无线电网络特有的安全问题，目前的解决方案还不多，大都处于仿真阶段，需要进一步研究。认知无线电网络特有的安全问题主要都集中于系统的"认知"功能，一般来说，改善认知无线电系统安全性的方法主要包括改善传输信号、认知终端性能、认知网络等方法，具体实现技术可以参考安全相关书籍以及最新的与认知无线电安全相关的文献。

2.3.10 通信多址技术

在卫星通信系统中，多个地面站往往需要共用同一颗卫星建立各自的信道，实现各个地面站之间的通信，这称为多址通信。显然，多址通信方式能准确识别和区分地址不同地面站发出的信号，保证各个地面站发出的信号互不干扰，因此需要合理划分传输信号的频率、时隙、波形或空间。

1. 概述

依据划分对象的不同，通常将通信多址方式分为以下几种：频分多址、时分多址、码分多址和空分多址。需要说明的是，尽管多址连接与多路复用都是解决多路信号共用同一信道的问题，但多路复用是指一个地面站将用户终端送来的多路信号在基带信道上复用，而多址连接则是指由多个地面站发射的信号在卫星转发器中进行射频信道的复用。两者应用场景各不相同。

2. 通信多址方式

1）频分多址

频分多址（FDMA）是最基本和最早使用的一种多址方式，它采用信号分割方法将卫星转发器的射频频带分割成若干互不重叠的部分，分配给各地球站使用，根据信号频率的不同来区分各个地球站信号。FDMA 的示意图如图 2-48 所示。

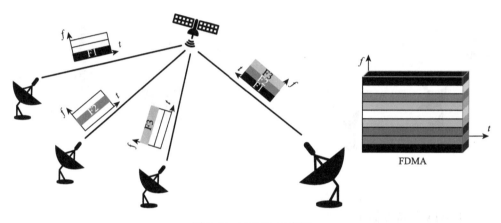

图 2-48　FDMA 示意图

FDMA 技术的优点是简单、可靠、技术成熟、便于实现。但有一些关键问题必须妥善解决，例如：

（1）对整个系统要进行严格的功率控制，若系统中某一地球站发射的功率大于额定值，就会侵占卫星发给其他地球站的功率，反之，发射功率过小，又会影响通信质量。

（2）在各载波占用的频带之间要设置一定的保护频带，防止频率漂移或邻道干扰等。

（3）当多个载波信号同时通过转发器时，会发生降低有效输出功率、产生互调噪声、强信号抑制弱信号等现象，需要采取措施，尽量减少互调的影响。

采用 FDMA 方式的卫星通信体制主要有：FDM/FM/FDMA（频分复用/调频/频分多址）、PCM/TDM/PSK/FDMA（脉码调制/时分复用/移相键控/频分多址）、SCPC/FDMA（单路单载波/频分多址）。

2）时分多址

为了提高转发器功率的利用率，增加电路容量，减少载波间的互调，1972 年通信专家提出了时分多址（TDMA）技术，基本原理是：把卫星转发器的工作时间分割成周期性的互不重叠的时隙，分配给各站使用。各地球站只在规定的时隙以突发（burst）的形式发射它的已调信号，这些信号通过转发器时在时间上是严格依次排列、互不重叠的。也就是说，任何一个时刻，由卫星行波管功率放大器放大的只有一个地球站的射频载波。TDMA 的示意图如图 2-49 所示。

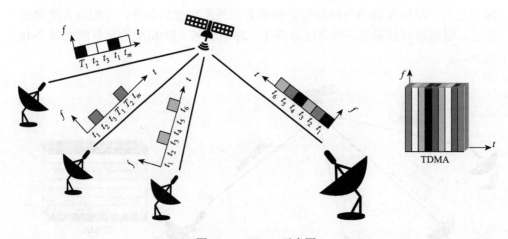

图 2-49　TDMA 示意图

TDMA 的特点如下：

（1）采用数字制，各地球站在分配时隙时把高速突发形式的脉冲串调制载波后发向卫星。各突发开始有"报头"码组，用以解决载波恢复、准确的时钟同步问题和站址识别问题。

（2）在任何时刻都只有一个站发出的信号通过转发器，转发器始终处于单载波工作状态，这样就从根本上克服了频分多址方式产生互调干扰的缺点。

（3）TDMA 方式的主要问题是需要精确的同步，以保证各突发到达转发器的时间不重叠，并且保证接收站能迅速建立载波、同步时钟和正确识别站址。

较典型的采用 TDMA 方式的卫星通信体制是 PCM/TDM/PSK/TDMA（脉冲编码/时分复用/移相键控/时分多址）。

3）码分多址

码分多址（CDMA）就是各站用各自不相同的、相互准正交的地址码分别调制各自要发送的信号，以区分各站地址，而在频率、时间、空间上可重叠。CDMA的原理是：利用自相关性非常强而互相关性比较弱的周期性序列作为地址码，对载波进行调制，使其频谱扩展（称为扩频调制）。在接收端根据相关性差异对收到的所有信号进行鉴别，从中将地址码与本地地址码完全一致的宽带信号还原为窄带选出，而滤去其他与本地地址码无关的信号（称为相关检测或扩频解调）。CDMA 的示意图如图 2-50 所示。

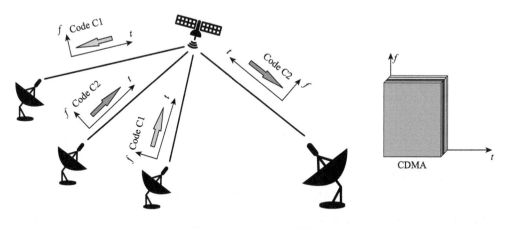

图 2-50　CDMA 示意图

要实现码分多址，必须具备下列三个条件：

（1）要有足够数量且具有相关特性的地址码，使系统中每个站都能分配到所需的地址码。

（2）必须用地址码对待发信号进行扩频调制，使传输信号所占频带极大地扩展，每一信号的能量谱密度大大降低。

（3）在接收端，以本地地址码为参考，根据相关性的差异对接收到的所有信号进行鉴别，从中将地址码与本地地址码完全一致的宽带信号还原为窄带信号而选出。

CDMA 方式的优点是具有较强的抗干扰能力和一定的保密能力，信号功率谱密度低、隐蔽性好，改变地址比较灵活；缺点是频带占用宽、利用率低，选择数量足够的可用地址码组较为困难，接收时对地址码的捕获与同步需要一定时间。

采用 CDMA 多址方式的卫星通信体制有 PCM/TDM/PSK/CDMA（脉冲编码/时分复用/移相键控/码分多址）。

4）空分多址

空分多址（space division multiple access，SDMA）的基本特征是卫星天线有多个点波束（又称窄波束），它们分别指向不同的区域地球站，利用波束在空间指向的差异来区分不同的地球站。SDMA 的示意图如图 2-51 所示。

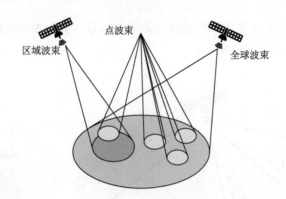

图 2-51　SDMA 示意图

SDMA 方式的优点是：卫星天线增益高；卫星功率可得到合理有效的利用；不同区域地球站所发信号在空间上互不重叠，即使在同一时间利用相同频率，也不会相互干扰，因而可实现频率重复使用，这就成倍地扩大了系统的通信容量。此外，卫星对其他地面通信系统的干扰减少，对地球站的技术要求也相应降低。其缺点是：对卫星的稳定及姿态控制的要求更高；卫星天线及馈线装置也比较庞大和复杂；转换开关不仅使设备复杂，而且由于空间故障难以修复，增加了通信失效的风险。

常用的 SDMA 方式的卫星通信体制有 FDM/FM/SDMA（频分复用/调频/空分多址）、PCM/TDM/SDMA（脉码调制/时分复用/空分多址）、TDM/SS/SDMA（时分复用/星上交换/空分多址）。

3. 通信多址面临的挑战

通信多址通过将时、频、空、码域资源划分为资源块，实现多用户的通信。可供划分的物理资源块有限，频谱利用率不够高，难以满足卫星互联网海量终端泛在接入的需求。干扰、过载、频率效率、吞吐量等影响多址接入安全，需解决以下关键问题：

（1）卫星通信覆盖范围广、时延较大以及卫星信道开放的问题，在免授权竞争接入、安全等方面进一步优化码本/复数域扩频序列的设计。

（2）现有多址多用户检测算法的复杂度较高，在卫星上采用这些算法会消耗过多的计算资源，因此需进一步对此类算法进行优化。

（3）受卫星寿命影响，卫星互联网中多体制卫星通信系统共存的局面将长期存在，为保证用户的服务质量以及技术更新的平滑过渡，新型多址卫星通信系统应能兼容传统的多址系统。

2.3.11　机器学习

作为人工智能的一个分支，机器学习通过经验和数据来研究机器怎样模拟或实现人类的学习行为，从而使机器获取新的知识或技能、重新组织并完善已有知识结构以及自动改进自身性能[92]。机器学习算法基于样本数据（也称为训练数据）来构建模型，并能够对未知样本进行决策。目前，机器学习算法已被广泛应用于多个行业及领域，包括电子医学、垃圾邮件过滤、语音识别、计算机视觉、自然语言处理等。

机器学习在软件漏洞的自动化发掘、恶意代码和网络异常流量的高效检测方面有积极的应用前景和意义。目前国际学术界正积极开展这一领域的研究，同样在卫星互联网的安全技术中，也具有重要的应用价值，本书将在后续章节进行介绍。

1. 概述

根据学习方式的不同，机器学习可以分为监督学习、无监督学习和强化学习。监督学习会根据已有的数据集，学习输入和输出结果之间的映射关系，通过这种映射关系来训练得到最优的模型以对测试集进行分类或回归值预测，常见的监督学习算法包括 K 近邻算法、支持向量机、决策树、神经网络等。而无监督学习则是在不知道数据集中输入与输出结果之间映射关系的前提下，达到其他目的，如通过聚类相关的算法得到数据之间的关系、通过一定的模型来进行数据降噪、数据压缩以及数据生成。常见的无监督学习算法包括 K-means、DBSCAN（密度聚类算法），以及由神经网络组成的自编码器、生成对抗网络等。强化学习则位于这两者之间，它本质上是一个马尔可夫决策过程，即智能体通过改变自己的状态来获得奖励并与环境发生交互的循环过程，在强化学习过程中，机器每次预测都有一定形式的反馈，但是反馈信息并不能确认正确还是错误。作为人工智能的典型代表，战胜职业九段棋手李世石的 AlphaGo 就是通过强化学习算法来增强自己的棋局决策能力的。目前常见的强化学习算法包括 Q 学习、DQN（深度 Q 网络）以及 Sarsa 等。

2. 常见机器学习算法及特点

常见机器学习算法如下。

1）K 近邻算法

该机器学习算法是一种比较成熟、原理简单的监督式分类学习算法，它将测试数据的所有特征在特征空间上与所有训练数据的特征进行欧氏距离计算，经过

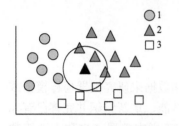

图 2-52　一个典型的 4 近邻算法

排序选出前面 K 个距离最近的训练数据实例，最后参考这些实例的实际标签来决定测试数据的标签[93]。图 2-52 展示了二维特征空间下 K 为 4 时，K 近邻算法对新测试实例判断的场景：测试点找到与它欧氏距离最小的 4 个点（即圈内里的 4 个点），由于这 4 个点分别是 3 个类别 2、1 个类别 3，最后测试点被归类为类别 2。

K 近邻算法是一种非参、惰性的算法，它可以快速构建检测模型并有不错的分类效果，但由于它需要存储所有训练数据并计算欧氏距离，因此算法对内存的要求比较高，分类所消耗的时间也会随着训练数据的增多而增加。

2）支持向量机

支持向量机同样是一种监督式分类学习算法，是一种定义在特征空间上的二分类线性分类算法，其学习策略就是找出特征空间中的超平面，并使超平面的间隔最大化来完成对样本的分类[94]，一个典型的线性支持向量机如图 2-53 所示。此外，支持向量机还可以使用核技巧，该技巧将低维空间非线性超平面映射到一定的高维空间下的线性超平面，通过将问题转化来处理非线性样本分类。值得一提的是，支持向量机的间隔最大化问题涉及拉格朗日乘子法，等价于求解一个有约束条件的凸二次规划问题，在这方面涉及许多数学公式，但支持向量机与机器学习不是本书讨论的重点，有兴趣的读者请参阅周志华的《机器学习》[95]。

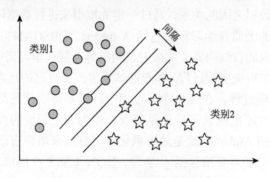

图 2-53　一个典型的线性支持向量机

3）神经网络与深度学习

神经网络是模拟动物大脑神经元，使机器具备感知与学习能力的机器学习算法，它既可以是监督式的，也可以是非监督式的[96]。神经网络最初由感知器这样一种二元分类器发展而来，后来研究人员将多个感知器以不同的方式连接，并由

不同的激活函数控制，组成了如图 2-54 所示的
一个典型的前馈神经网络，它包括一个输入层、
一个输出层以及任意个隐藏层。此外，为了训练
这种神经网络，反向传播算法应运而生，目前它
是主流的神经网络的梯度下降算法。

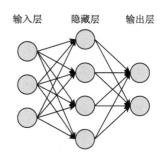

图 2-54　一个典型的前馈神经网络

　　为满足系统复杂判断逻辑下的需要，剖析
更深入的数据特征空间，深层神经网络以及深
度学习的概念应运而生。深度学习就是利用具
有两层以上隐藏层的深层神经网络进行复杂数
据的学习并进行泛化判断，这种神经网络能够比单层神经网络拟合更加高阶数据
的特征表现。

　　在大数据时代，深层神经网络由于强大的学习能力与灵活的扩展性，在学术
界和工业界得到高度的认可和应用，例如，在图像领域上应用的卷积神经网络，
在序列数据上应用的循环神经网络，实现数据降噪与压缩的自编码器，实现包括
流量、图像、音频、视频等生成的生成对抗网络，注重注意力机制的 Transformer
等。值得一提的是，相比于其他机器学习算法，神经网络的不可解释性受到了许
多学者的质疑与抨击。

　　4）K-means 算法

　　K-means 算法是一种基于欧氏距离的无监督聚类算法，它实现较简单，聚
类效果较好，得到广泛的应用[97]。对于给定的样本集，K-means 算法按照样本
之间的距离大小将它们划分成 K 个簇，聚类结束后簇内的点会尽量紧密，簇之间
的距离会尽量远，K-means 算法聚类效果如图 2-55 所示。

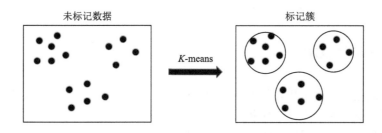

图 2-55　K-means 算法聚类效果

　　K-means 算法实现起来比较简单，并且收敛速度比较快，一般仅需 5～10 次
迭代即可完成聚类，但该算法对 K 值与初始点的选取都比较敏感，并且相同的 K
值和初始点，也可能产生不同的聚类效果。

5）Q 学习算法

Q 学习（Q-learning）算法在强化学习领域中是一个比较基础的算法[98]，该算法的主要思想就是将状态与动作构建成一张 Q 表来存储 Q 值，然后根据 Q 值来选取能够获得最大收益的行为。Q 学习算法使用了时间差分法，该方法融合了蒙特卡罗法和动态规划法，从而能够使机器进行离线学习。此外，Q 学习算法还使用贝尔曼方程来对马尔可夫过程求解以获得最优智能体收益策略。

Q 学习算法的概念示意如图 2-56 所示。在该算法中，定义 $Q(s, a)$ 为某一时刻主体在 s 状态下（$s \in S$），采取动作 a（$a \in A$）能够获得收益 r 的期望，环境会根据智能体的行为反馈相应的回报，切换至下一时刻的状态 s' 和获取下一时刻的收益 r'。

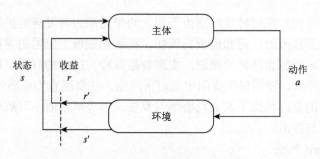

图 2-56 Q 学习算法概念示意图

Q 学习算法在数据量较少的情况下表现较好，并且收益策略比较直观，容易对行为进行评价。由于该算法需要存储一个 Q 表，所以当数据量增多时，对 Q 表进行查找和存储操作都需要消耗大量的时间和空间。此外，如果智能体探索不充分或者奖励函数设置不合理，就很有可能造成算法陷入局部最优的情况。

2.3.12 区块链技术

区块链起源于比特币，其创始人中本聪最早于 2008 年在论文"比特币：一种点对点式的电子现金系统"中提出了区块链概念[99]，并在 2009 年建立了比特币网络，发布了第一个区块，即"创世区块"。随后，区块链的价值传递体系被众多加密货币效仿，并在工作量证明上和算法上进行了改进。区块链生态系统在全球不断进化，涌现出以智能合约应用为特征的区块链平台以太坊等。

1. 概述

区块链本质上是一种记录信息的分布式共享数据库，具有防伪造、公开透明且可追溯、集体维护和去中心化等特点[100]。在一个区块链中，会有多个计算机节点共同维护该区块链的区块状态。区块链的每个区块都包含多条交易记录，当有新的交易发生时，该交易会被记录到区块链中的最新区块；每当有节点要申请产生新的区块时，其他节点会根据共识机制来承认该区块的合法性，如果该区块得到承认，那么每个节点会保存该区块以保持各节点区块链的同步。目前，区块链作为一种去中心化共识机制，其主要应用还集中于比特币、以太坊、莱特币等加密数字货币上。

图 2-57 展示了比特币的区块链数据结构：每个区块包含一个块头和块尾，块头存储了块头哈希、共识机制（即工作量证明）信息以及一些其他参数，表头哈希值是对上一个区块里所有信息求哈希取得的；块尾则存储了各条交易记录，在比特币中，每个区块存储了全球在某个时间段（10min 左右）的交易记录数。

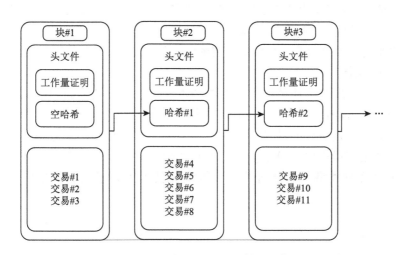

图 2-57　比特币的区块链数据结构

存储区块链的节点还分为全节点和轻节点，全节点存储了区块链所有信息，即块头和块尾信息，而轻节点则只存储表头信息。区块链的信息主要由全节点维护和更新，当轻节点想要查询交易记录时，需要向全节点进行申请。这些全节点基本上都是 24h 运行的大型服务器或高性能计算机；而轻节点则是个人用户终端，包括手机、笔记本电脑等。

2. 区块链的特点

区块链的特点主要为去中心化、防篡改和智能执行[99, 100]。

1）去中心化

在区块链体系中，没有特权节点。所有区块内容（即交易信息）的确认写入都必须通过全节点参与的共识算法实现。由于没有超级节点，在应对网络攻击方面，区块链有着较高的安全性。目前区块链采用的共识算法主要有工作量证明（prove of work，PoW）、权益证明（prove of stake，PoS）、实用拜占庭容错（practical Byzantine fault tolerance，PBFT）等。

2）防篡改

当发起的交易要写入区块链系统时，该交易需要以一定的共识机制来取得大多数节点的认可。此外，加入区块链后，有关此交易的信息会被哈希化，且下一块的块头哈希依赖于该交易信息的哈希值。这使得每个区块的块头哈希都会依赖于前一个区块的信息，形成一条依赖传递的链，这使得修改任意区块中的任意交易记录的数值，都会导致其后所有区块的数值发生改变。因此，如果有人想修改某个区块的内容，必须修改包含该区块之后所有区块的哈希值，以保证链条的一致性和连续性。然而，区块的内容和哈希值是由区块链上所有节点共同维护和分别保存的，除非能修改所有节点保存的区块内容，这使区块链的内容很难篡改。防篡改主要通过单向哈希函数以及公钥密码技术来实现。

3）智能执行

智能执行体现在区块链的智能合约技术，是一个根据事先约定的规则来自动执行相关任务的机制，区块链的参与者可以在区块链上编写智能合约代码，这些代码会在满足条件时被调用执行。所有基于智能合约的业务都会遵循合约代码中的规则来操作区块链上业务方的相关数据。利用智能合约系统，根据不同需求编写各种类型的智能合约，让区块链技术拥有了能够被更广泛应用的"灵魂"。

3. 区块链分类

区块链分为三类，如表 2-17 所示，有公有链、私有链与联盟链。

表 2-17　区块链分类

区块链	公有链	联盟链	私有链
治理类型	共识是公共的	共识由一组参与者管理	共识由单个所有者管理
交易确认	任何节点（或者矿机）	授权节点（或验证器）列表	
共识算法	PoW、PoS、PoET（所用时间证明）等	PBFT、Tendermint、PoA（权威证明）等	
交易阅读	任何节点	任何节点（未经许可）或预定义节点列表（有权限）	
数据不变性	区块链回滚几乎是不可能的		
交易吞吐量	低（每秒验证几十个事务）	高（每秒验证几百/上千个事务）	

续表

区块链	公有链	联盟链	私有链
网络可扩展性	高	低到中等（几十/几百个节点）	
基础设施	高度分散	分散的	分布式
功能	审查阻力；不受监管；支持本地资产；匿名的身份；可伸缩的网络架构	适用于高度规范的业务（已知身份、法律标准等）；有效的事务吞吐量；交易无费用；基础设施规则更容易管理；更好地保护免受外部干扰	
技术实例	比特币、以太坊、瑞波币等	多链、Quorum、超级账本、Ethermint、Tendermint 等	

公有链具有透明性和开放性的特点，目前我们所熟知的比特币、以太坊等加密货币就是公有链的代表。然而，对企业或专业机构来说，使用此类型的区块链搭建私有分布式架构是不合适的。私有链和公有链相比，不同之处在于，私有链参与者需提供自己的身份，网络共识需要一定的权限。因此，私有链对网络的控制权比公有链更大。联盟链的设计介于公有链和私有链之间[101]，这种架构既有私有链的特点，即较高的交易效率、不错的隐私性，同时又有公有链的去中心化特点：一方面，为保护联盟链里的数据隐私，联盟链具有私有链的身份认证机制；另一方面，成员构建的区块仍需要其他节点的共识才能合法。

4. 区块链在构建安全的卫星互联网中的应用

区块链在信任方面的确保和可信传递特点，使其成为构建卫星星座系统的空间节点可信组网、地面节点可信接入方面理想的方案和技术手段。在本书第 6 章将对基于区块链的卫星互联网可靠组网方面的前沿技术方案进行详细讨论。

2.4　本　章　小　结

本章系统介绍了卫星互联网安全的基础知识。从卫星互联网攻击案例事件出发，多角度分析了卫星互联网目前面临的安全威胁，包括物理设施安全威胁、通信链路安全威胁、计算机系统和网络安全威胁、数据安全威胁、业务应用安全威胁。对卫星互联网安全相关的基础理论与关键技术进行了汇总梳理，包括信道编码理论、密码算法基础、身份认证与访问控制、软件脆弱性分析、入侵检测、追踪溯源、软件定义网络、软件无线电、认知无线电、通信多址技术、机器学习以及区块链等。

参 考 文 献

[1]　Manulis M, Bridges C P, Harrison R, et al. Cyber security in new space[J]. International Journal of Information

Security, 2021, (20): 287-311.

[2]　Office U. Critical infrastructure protection: Commercial satellite security should be more fully addressed[R]. Washington: Government Accountability Office, 2002.

[3]　Grau L. GPS signals jammed during tank trials[J]. Leavenworth: Military Review, 2001, 81(2): 12-16.

[4]　Scheidl T, Handsteiner J, Rauch D, et al. Space-to-ground quantum key distribution[C]. International Conference on Space Optics, Chania, 2018, 11180: 714-721.

[5]　Hencke D, Gibson O. Protest to Libya after satellites jammed[EB/OL]. http://www.theguardian.com/uk/2005/dec/03/politics.Libya[2005-5-20].

[6]　Steinberger J A. A survey of satellite communications system vulnerabilities[J/OL]. http://core.ac.uk/download/pdf/288295156.pdf[2008-10-20].

[7]　Sonne P, Fassihi F. In skies over Iran, a battle for control of satellite TV[J/OL]. https://www.wsj.com/articles/SB10001424052970203501304577088380199787036[2011-12-27].

[8]　Laurie A. Satellite hacking for fun and profit[EB/OL]. http://www.securitytube.net/video/263[2009-02-20].

[9]　Sydney J, Freedberg J. US jammed own satellites 261 times; what if enemy did?[EB/OL]. http://breakingdefense.com/2015/12/us-jammed-own-satellites-261-times-in-2015-what-if-an-enemy-tried[2015-12-2].

[10]　John K. Marine corps exercise investigated whether the U.S. navy MUOS satellites could handle electronic jamming[EB/OL]. https://www.militaryaerospace.com/communications/article/14169653/communications-satellites-jamming[2020-3-12].

[11]　Senator T E, Henry G, Goldbery A M, et al. Detecting insider threats in a real corporate database of computer usage activity[C]. Proceedings of the 19th ACM SIGKDD International Conference on Knowledge Discovery and Data Mining, Chicago, 2013: 1393-1401.

[12]　Bellows A. Remember, remember the 22nd of november[EB/OL]. http://www.damninteresting.com/remember-remember-the-22nd-of-november[2007-10-12].

[13]　Schleifer R. Psyoping hezbollah: The israeli psychological warfare campaign during the 2006 Lebanon war[J]. Terrorism and Political Violence, 2009, 21(2): 221-238.

[14]　Friedman H A. Psychological operations during the israel-lebanon war[J/OL]. http://www.psywar.org[2006-12-1].

[15]　Wohlmuth R. Umělci Napadli vysílání ČT 2[EB/OL]. http://aktualne.centrum.cz/kultura/umeni/clanek.phtml?id=448450[2007-10-11].

[16]　Morrill D. Hack a satellite while it is in orbit[J]. ITtoolbox, 2008, 1: 3-25.

[17]　Norris P. Watching Earth from Space: How Surveillance Helps Us-and Harms Us[M]. Berlin: Springer Science & Business Media, 2010.

[18]　Soares M. The Great Brazilian Sat-Hack Crackdown[EB/OL]. http://www.wired.com/2009/04/fleetcom/2009[2020-9-20].

[19]　Epstein K, Elgin B. Network Securing Breaches Plague NASA[EB/OJ]. https://www.cs.clemson.edu/cowse/cpscwo lmateial Papers[2020-9-20].

[20]　The American Gaddafist. Gaddafists hack Libyan TV signal[EB/OL]. https://www.youtube.com/watch?reload=9&v=QwjAZGoGjPo&app=desktop[2017-3-5].

[21]　Toi Staff. Hamas hacks into Israeli TV and threatens: Terror will never end[EB/OL]. https://www.timesofisrael.com/hamas-hacks-israeli-tv-the-terror-will-never-end[2016-4-18].

[22]　Reuters, Jerusalem Post Staff. Hacking of Russian satellites would justify war, space chief says after alleged hack[EB/OL]. https://www.jpost.com/international/article-699104[2022-4-6].

[23]　Emma P B. Algorithm for autonomous Longitude and eccentricity control for geostationary spacecraft[J]. Journal

of Guidance Control and Dynamics, 2003, 26(3): 483-490.

[24] 苏霍伊爱好者. 太空垃圾来袭, 国际空间站机械臂被撞出破洞, 我们该如何防御? [EB/OL]. https://baijiahao. baidu.com/s?id=1701244135288223489&wfr=spider&for=pc[2021-10-12].

[25] 环球大观. 国际空间站机械臂被太空垃圾击中, 孔状洞口清晰可见, 状况堪忧! [EB/OL]. https://www. sohu.com/a/469474997_121101698[2021-10-12].

[26] 科技时报网. SpaceX 星链卫星 2 次接近中国空间站, 中方实施 "紧急避碰" [EB/OL]. http://www.sta.gd.cn/ keji/20211227/19468.html[2021-10-12].

[27] Wauthier P, Franckon P, Laroche H. Co-location of six ASTRA satellites: Assessment after one year of operations[C]. Proceedings of the 12th International Symlmaium on Space Flight Dynamics, Darmstadt, 1997: 1-13.

[28] 石善斌. 静止轨道多星共位技术研究[D]. 郑州: 解放军信息工程大学, 2009.

[29] 马庆甜. 连续小推力卫星的几种典型非开普勒轨道设计[D]. 北京: 清华大学, 2011.

[30] Macdonald M, McKay R. Extension of the sun-synchronous orbit[J]. Journal of Guidance, Control, and Dynamics, 2010, 33(6): 1935-1939.

[31] 周立栋, 孙永卫, 蒙志成. 复杂太空环境对航天器的影响[J]. 飞航导弹, 2017, (7): 65-68, 76.

[32] 遭遇地磁暴, "星链" 损失多达 40 颗卫星[EB/OL]. https://m.thepaper.cn/baijiahao_16641892[2022-2-10].

[33] 徐云峰, 郭正彪. 物理安全[M]. 武汉: 武汉大学出版社, 2010.

[34] 王同权, 沈永平, 王尚武, 等. 空间辐射环境中的辐射效应[J]. 国防科技大学学报, 1999, 21(4): 36-39.

[35] 王同权, 沈永平, 张若棋, 等. 空间辐射效应的蒙特卡罗模拟[J]. 强激光与粒子束, 2000, 12(3): 339-342.

[36] 肖阳. 实践四号卫星[EB/OL]. http://www.gov.cn/govweb/ztzl/zghk50/content_419696.htm[2006-12-20].

[37] 梁永楼, 贾树波, 沙金, 等. 探空雷达对卫星接收信道饱和干扰的处理[J]. 气象科技进展, 2018, 8(6): 159-161.

[38] 中国经济网. 美国 "星链" 计划影响天文观测[EB/OL]. https://baijiahao.baidu.com/s?id=1636118741753142 772&wfr=spider&for=pc[2019-4-18].

[39] 杨杰, 王磊. 电子频谱管理技术[M]. 北京: 清华大学出版社, 2015.

[40] 朱立东, 李成杰, 张勇杰, 等. 卫星通信系统及应用[M]. 北京: 科学出版社, 2020.

[41] 陈树新. 空天信息安全概论[M]. 北京: 国防工业出版社, 2010.

[42] 李晖, 王萍, 陈敏. 卫星通信与卫星网络[M]. 西安: 西安电子科技大学出版社, 2018.

[43] Wheeler D J, Needham R M. TEA, a tiny encryption algorithm[J]. International Workshop on Fast Software Encryption, 1994, 14: 363-366.

[44] 张晶晶, 李秋艳, 刘硕, 等. 基于深度学习的人脸识别在身份认证领域应用综述[J]. 数据通信, 2021, (4): 1-6.

[45] Taigman Y, Yang M, Ranzato M, et al. DeepFace: Closing the gap to humarlevel performance in face verification[C]. Proceedings of the IEEE Conference on Computer Vision and Pattern Recognition, Washington, 2014: 1701-1708.

[46] Sun Y, Wang X, Tang X. Deep learning face representation from predicting 10,000 classes[C]. Proceedings of the IEEE Conference on Computer Vision and Pattern Recognition, Washington, 2014: 1891-1898.

[47] Sun Y, Chen Y, Wang X, et al. Deep learning face representation by joint identification-verification[C]. Advances in Neural Information Processing Systems, Montreal, 2014: 1988-1996.

[48] Sun Y, Wang X, Tang X. Deeply learned face representations are sparse, selective, and robust[C]. Proceedings of the IEEE Conference on Computer Vision and Pattern Recognition, Washington, 2015: 2892-2900.

[49] Schroff F, Kalenichenko D, Philbin J. FaceNet: A unified embedding for face recognition and clustering[C]. Proceedings of the IEEE Conference on Computer Vision and Pattern Recognition, Washington, 2015: 815-823.

[50] 刘宏月, 范九伦, 马建峰. 访问控制技术研究进展[J]. 小型微型计算机系统, 2004, (1): 56-59.

[51] 李新明, 李艺, 姜湘岗. 软件脆弱性描述方法研究[J]. 计算机工程与科学, 2004, (11): 33-36.

[52] 秦晓军, 匡碧英, 肖健. 软件脆弱性检测方法综述[J]. 保密科学技术, 2012, (5): 10-14.

[53] 王蕾, 李丰, 李炼, 等. 污点分析技术的原理和实践应用[J]. 软件学报, 2017, 28(4): 860-882.

[54] 甘水滔, 秦晓军, 陈左宁, 等. 一种基于特征矩阵的软件脆弱性代码克隆检测方法[J]. 软件学报, 2015, 26(2): 348-363.

[55] Nguyen T T, Nguyen H A, Pham N H, et al. Recurring bug fixes in object oriented program[C]. Proceedings of the International Conference on Software Engineering, Pittsburgh, 2010: 315-324.

[56] Pham N H, Nguyen T T, Nguyen H A, et al. Detection of recurring software vulnerabilities[C]. Proceedings of the International Conference on Automated Software Engineering, Pittsburgh, 2010: 447-456.

[57] Li J, Ernst M D. CBCD: Cloned buggy code detector[C]. Proceedings of the International Conference on Software Engineering, Lisbon, 2012: 1-8.

[58] 王曙燕. 基于错误注入测试的软件可靠性评估模型研究[D]. 西安: 西安邮电大学, 2017.

[59] 罗拥华, 邱尚明, 李冬睿, 等. 网络安全渗透测试研究[J]. 电子世界, 2021, (22): 58-59.

[60] 任泽众, 郑晗, 张嘉元, 等. 模糊测试技术综述[J]. 计算机研究与发展, 2021, 58(5): 944-963.

[61] Zhao Y. Network intrusion detection system model based on data mining[C]. IEEE/ACIS International Conference on Software Engineering, Artificial Intelligence, Networking and Parallel/Distributed Computing, Shanghai, 2016: 155-160.

[62] Vinchurkar D P, Reshamwala A. A review of intrusion detection system using neural network and machine learning[J]. International Journal of Engineering Science and Innovative Technology, 2012, 1: 54-63.

[63] 薛玉芳, 路守克, 李洁琼, 等. 入侵检测技术框架结构分析[J]. 中国新技术新产品, 2011, (13): 17-18.

[64] Staniford-Chen S. The common intrusion detection framework(CIDF)[C/OL]. https://ci.nii.ac.jp/naid/200000 98451[2021-4-20].

[65] Ullrich J. Dshield internet storm center[J/OL]. https://www.ren-isac.net/public-resources/SANS/Resources/ Internet%20Storm%20Center.html[2000-10-20].

[66] Kemmerer R A. NSTAT: A model-based real-time network intrusion detection system[R]. Santa Barbara: University of California, 1998.

[67] Staniford-Chen S, Cheung S, Crawford R, et al. GrIDS—A graph based intrusion detection system for large networks[C]. Proceedings of the 19th National Information Systems Security Conference, Baltimore, 1996: 361-370.

[68] Porras P A, Neumann P G. EMERALD: Event monitoring enabling response to anomalous live disturbances[C]. Proceedings of the 20th National Information Systems Security Conference, Baltimore, 1997: 353-365.

[69] Ganame A K, Bourgeois J, Bidou R, et al. A global security architecture for intrusion detection on computer networks[J]. Computers & Security, 2008, 27(1-2): 30-47.

[70] Balasubramaniyan J S, Garcia-Fernandez J O, Isacoff D, et al. An architecture for intrusion detection using autonomous agents[C]. Proceedings of the 14th Annual Computer Security Applications Conference, Washington, 1998: 13-24.

[71] Vigna G, Kemmerer R A. NetSTAT: A network-based intrusion detection system[J]. Journal of Computer Security, 1999, 7(1): 37-71.

[72] Yegneswaran V, Barford P, Plonka D. On the design and use of internet sinks for network abuse monitoring[C]. International Workshop on Recent Advances in Intrusion Detection, Berlin, 2004: 146-165.

[73] Ye D, Bai Q, Zhang M, et al. P2P distributed intrusion detections by using mobile agents[C]. The 7th IEEE/ACIS International Conference on Computer and Information Science, Portland, 2008: 259-265.

[74] Janakiraman R, Waldvogel M, Zhang Q. Indra: A peer-to-peer approach to network intrusion detection and prevention[C]. IEEE International Workshops on Enabling Technologies: Infrastructure for Collaborative Enterprises, Linz, 2003: 226-231.

[75] White G B, Fisch E A, Pooch U W. Cooperating security managers: A peer-based intrusion detection system[J]. IEEE Network, 1996, 10(1): 20-23.

[76] 王浩淼. 基于行动特征的 APT 攻击追踪溯源浅析[J]. 网络安全技术与应用, 2019, (8): 23-25.

[77] 刘雪花, 丁丽萍, 郑涛, 等. 面向网络取证的网络攻击追踪溯源技术分析[J]. 软件学报, 2021, 32(1): 194-217.

[78] Kreutz D, Ramos F M V, Veríssimo P E, et al. Software-defined networking: A comprehensive survey[J]. Proceedings of the IEEE, 2015, 103(1): 14-76.

[79] Du P, Nazari S, Mena J, et al. Multipath TCP in SDN-enabled LEO satellite networks[C]. IEEE Military Communications Conference, Baltimore, 2016: 354-359.

[80] SDN 安全相关研究分类[EB/OL]. https://www.sdnlab.com/18034.html[2016-10-15].

[81] Casado M, Garfinkel T, Akella A, et al. SANE: A protection architecture for enterprise networks[C]. Proceedings of the 15th USENIX Security Symposium, Vancourver, 2006: 50.

[82] Dhawan M, Poddar R, Mahajan K, et al. SPHINX: Detecting security attacks in software-defined networks[C]. Network & Distributed System Security Symposium, San Diego, 2015: 8-11.

[83] Hongxin H, Wonkyu H, Gail-Joon A, et al. FLOWGUARD: Building robust firewalls for software-defined networks[C]. Workshop on Hot Topics in Software Defined Networking, Hong Kong, 2010: 97-102.

[84] SDNLAB 君. 保护你的 SDN 控制器[EB/OL]. https://www.sdnlab.com/20423.html[2018-10-15].

[85] Ferguson A D, Guha A, Liang C, et al. Participatory networking: An API for application control of SDNs[C]. Proceedings of the ACM Conference on SIGCOMM, Hong Kong, 2013: 327-338.

[86] Porras P, Shin S, Yegneswaran V, et al. A security enforcement kernel for openflow networks[C]. Proceedings of the 1st Workshop on Hot Topics in Software Defined Networks, Helsinki, 2012: 121-126.

[87] Al-Shaer E, Al-Haj S. Flowchecker: Configuration analysis and verification of federated openflow infrastructures[C]. Proceedings of the 3rd ACM Workshop on Assurable and Usable Security Configuration, Chicago, 2010: 37-44.

[88] 粟欣, 许希斌. 软件无线电原理与技术[M]. 北京: 人民邮电出版社, 2010.

[89] Mitola J, Maguire G Q. Cognitive radio: Making software radios more personal[J]. Personal Communications, 1999, 6: 13-18.

[90] 赵知劲, 郑仕链, 尚俊娜. 认知无线电技术[M]. 北京: 科学出版社, 2013.

[91] Eric J. Knoblock cognitive communications and networking technology infusion study report[R]. Washington: NASA/TM, 2019.

[92] Goodfellow I, Yoshua B, Aaron C. Deep Learning[M]. Cambridge: MIT Press, 2016.

[93] Peterson L E. K-nearest neighbor[J]. Scholarpedia, 2009, 4(2): 1883.

[94] Noble W S. What is a support vector machine[J]. Nature Biotechnology, 2006, 24(12): 1565-1567.

[95] 周志华. 机器学习[M]. 北京: 清华大学出版社, 2016.

[96] Wang S C. Artificial Neural Network[M]. Boston: Interdisciplinary Computing in Java Programming, 2003.

[97] Hamerly G, Elkan C. Learning the K in K-means[J]. Advances in Neural Information Processing Systems, 2003, 16: 281-288.

[98] Watkins C J C H, Dayan P. *Q*-learning[J]. Machine Learning, 1992, 8(3-4): 279-292.

[99] Nakamoto S. Bitcoin: A peer-to-peer electronic cash system[J]. Decentralized Business Review, 2008, 1: 21260.

[100] Farah N A A. Blockchain technology: Classification, opportunities, and challenges[J]. International Research Journal of Engineering and Technology, 2018, 5(5): 3423-3426.

[101] Li Z, Kang J, Yu R, et al. Consortium blockchain for secure energy trading in industrial internet of things[J]. IEEE Transactions on in Dustrial Informatics, 2017, 14(8): 3690-3700.

第3章 卫星互联网的信号与链路安全

卫星通信是卫星互联网的基础支撑，具有覆盖区域大、通信距离远等优点，但卫星通信的无线机制带来的信号覆盖广域性和广播特性，使信息在传播过程中易被攻击，这对于卫星互联网来说是一个严重的安全威胁。本章从信号与链路两个层面，对卫星互联网面临的安全威胁进行系统性分析。

3.1 空口信号的监测

如图 3-1 所示，卫星通信的架构和协议随着技术和应用的发展越来越复杂，这对设备、终端制造商及运营商的产品研发测试、技术实施与故障排除等都提出了巨大的挑战，尤其体现在"空中接口"的设计和运维上。"空中接口"是卫星通信系统最复杂和最重要的接口，也是连接卫星与地球站的唯一接口，其不仅传输语音、文字、图像等信息，还传输通信系统本身的广播信号、控制信号、同步信号等信号信息。和有线传输不同，无线电波的传输由于存在衰减、干扰、折反射、多普勒效应等问题，对于协议层之间的问题或故障，往往需要耗费很长时间进行精确定位，带来认证延误、部署延迟、可靠性差等缺陷。

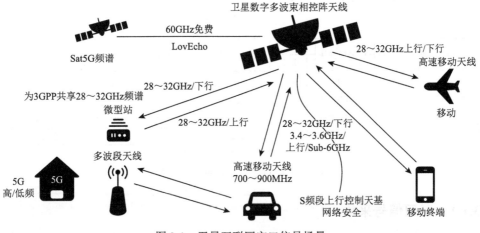

图 3-1　卫星互联网空口信号场景

空口信号检测是保障"空中接口"安全可靠运行的重要技术和手段，其基本过程是首先利用天线直接从空中捕获卫星通信信号，再按照空中接口协议把所需的（或全部）信息进行解析，主要包括物理层、链路层到信令层的协议，最终得到空中接口每个时隙所有信道的信息，图 3-2 为空口信号监测的特点[1]。

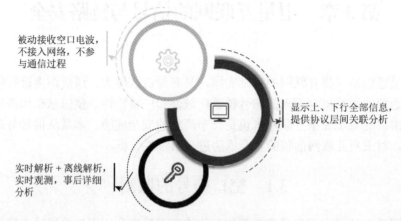

被动接收空口电波，不接入网络，不参与通信过程

显示上、下行全部信息，提供协议层间关联分析

实时解析＋离线解析，实时观测，事后详细分析

图 3-2　空口信号监测的特点

卫星通信空口信号的监测包括信号采集与信号识别，必要情况下还应具有进一步信号解析的能力，即针对空口协议，通过监听无线网络信号的特性，对各类故障和问题进行定位，同时对上、下行协议和终端、网络操作的一致性进行测试[2]。与传统的信号监测不同，卫星通信空口信号的监测是通过射频接口进行信号的复制，以完成对卫星互联网环境中共存的多模通信机制进行综合监测，包括监测网络之间的切换以及精确故障定位分析。可见，空口信号监测是保障卫星互联网信号安全的重要手段，其系统组成如图 3-3 所示。

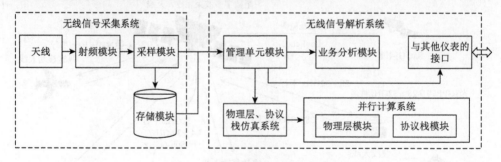

图 3-3　空口信号监测系统组成图

3.1.1　空口信号采集

空口信号采集是对卫星与地面之间的上、下行信号进行采样，采集系统由天线、高精度射频单元、高速采样单元与存储单元组成，实现对卫星通信数据的接收与存储。图 3-4 为典型的空口信号采集系统原理，主要由多个单元组成：多天

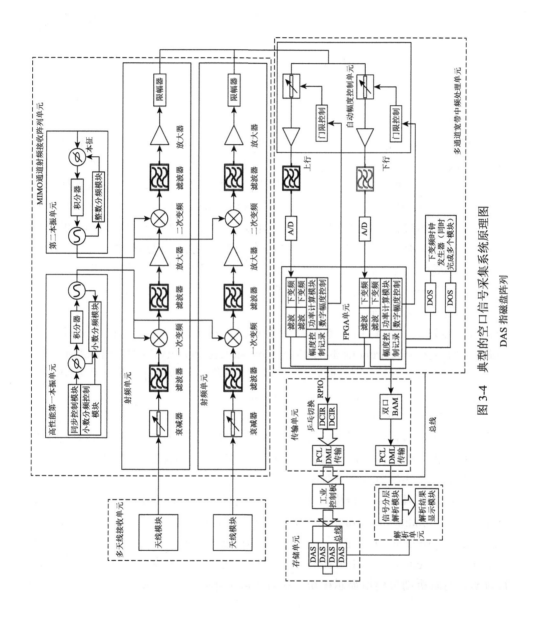

图 3-4　典型的空口信号采集系统原理图

线接收单元、多输入多输出（multiple input multiple output，MIMO）通道射频接收阵列单元、多通道宽带中频处理单元、传输单元、存储单元、解析单元。

图 3-4 的空口信号采集过程如下：

（1）通过多天线接收单元从空中接收卫星信号，传送给 MIMO 多通道射频接收阵列上的射频单元。

（2）卫星信号进入射频单元后，首先经过衰减器执行可控的幅度衰减控制，使得进入后级处理的信号控制在一定范围内，再进行滤波以降低外界干扰，以提升信号纯度；接下来，完成滤波后的信号与高性能第一本振（本地振荡器）进行混频（混频调谐方程为 $IF_1 = RF - LO_1$），产生第一中频信号，接着进行二次滤波，以消除混频所带来的其他不需要的杂质信号；二次滤波后的信号经放大，提高增益，消除前级混频差；放大后的卫星信号再与第二本振信号混频，产生第二中频信号（以满足 A/D 采样的频率范围要求）；对第二中频信号依次执行滤波放大操作，再通过限幅器（防止外界信号突变导致的中频信号溢出），送给多通道宽带中频处理单元（中频单元）。

（3）在多通道宽带中频处理单元中，对多路卫星信号先分别进行自动幅度控制处理，再进行 A/D 采集，实现 A/D 转换；信号数字化后，根据需求，完成多频点通信信号的提取；数字信号经下变频处理后进行数字滤波，对信号功率幅度进行自动控制，以提升信号的采集精度，同时将滤波后的信号通过 RPIO（输入输出信号选择交换矩阵）送给传输单元。

（4）传输单元先将信号数据存储到双倍数据率同步动态随机存取存储器（double data rate-synchronous dynamic random-access memory，DDR-SDRAM）中，即先将信号数据存入第一片 DDR 中，存满后，再将信号数据存入第二片 DDR 中，同时通过 PCIe 的直接存储器访问（direct memory access，DMA）方式将第一片 DDR 中存储的数据传输给工业控制板；等第二片 DDR 存满后，再将信号数据存入第一片 DDR 中，同时通过 PCIe 的 DMA 方式将第二片 DDR 中存储的数据传输给工业控制板；以此类推，通过乒乓切换将采集数据传输给工业控制板。

（5）通过总线将数据存储到磁盘阵列中。

（6）通过信号分层解析模块对卫星信号的控制面协议栈 PHY、MAC、无线链路层控制（radio link control，RLC）协议、分组数据汇聚协议（packet data convergence protocol，PDCP）、无线资源控制（radio resource control，RRC）、网络附属存储（network attached storage，NAS）、用户面协议栈（各种应用协议）进行解析，将解析结果传给显示模块，执行列表显示。

3.1.2 空口信号解析

空口信号解析从空中直接抓取卫星和地面段之间上、下行的电磁波信号，对照相应的通信协议解析出相关信道的所有信息。图 3-5 为典型的空口信号解析系统，主要由管理单元、业务分析单元、物理层/协议栈仿真单元、高性能并行计算单元及与其他仪表的接口五部分组成。

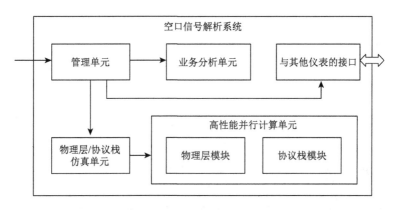

图 3-5　空口信号解析系统

1. 管理单元

管理单元主要由工业 CPU 主板硬件构成。工业 CPU 主板上安装了操作系统、各类硬件驱动程序、系统管理软件，能实现对无线信号采集系统、高性能并行处理系统的控制和管理，能高效完成空口信号的采集、解析以及各种扩展功能。

2. 业务分析单元

业务分析单元具有对卫星各类业务的自动识别和分析处理能力，也能实现多频点、多用户、多天线模式下的空口信号解析。

3. 物理层/协议栈仿真单元

物理层/协议栈仿真单元负责物理层和协议栈的仿真，实现对卫星通信物理层和协议栈的技术方案验证，所建立的用户界面和控制界面包括物理层、MAC 层、RLC 层、PDCP 层的仿真环境，实现相关算法的可行性验证，并生成典型场景下的特征包，输出仿真结果。

4. 高性能并行计算单元

高性能并行计算单元通过并行计算使软件平台能够高速、高效地完成各类复杂的运算。在高性能并行计算单元上分析卫星通信物理层和协议栈，能够完成对卫星通信协议的实时解析。

5. 与其他仪表的接口

提供与其他仪表的接口，实现和空中接口监测仪表、路测仪表、网络监测仪表的协同分析和关联工作。

图 3-6 是一个典型的利用空口信号进行异常载波监测的示意图，主要通过空口监测分析信号特征，对异常载波的格式、内容和数据进行分析和提取并发布预警信息。

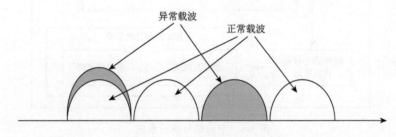

图 3-6　空口信号异常载波监测

3.2　信号的抗干扰

暴露在太空中的卫星极易受到自然环境或人为因素影响，造成卫星通信的信号传输质量变差甚至消失，严重影响通信效果。常见的干扰威胁信号分类如表 3-1 所示。因此，信号抗干扰技术手段能极大地提高卫星通信的质量，确保通信安全、稳定与可靠。

表 3-1　常见的干扰威胁信号分类

技术特征	干扰技术等级	干扰信号
噪声类主动"压制式"干扰	第一代	射频噪声干扰信号
	第一代	噪声调幅干扰信号
	第一代	噪声调频干扰信号
模拟回波"引导式"干扰	第二代	正弦波调幅等调幅干扰信号
	第二代	正弦波调频等调频干扰信号
	第二代	方波调相等调相干扰信号
数字射频存储器（digital radio frequency memory，DRFM）"转发式"干扰	第三代	发射信号的复制信号（窄带）
	第四代	发射信号的复制信号（宽带、精密）

下面分别从信号干扰的威胁模型和信号干扰的对抗技术两方面阐述卫星通信的信号抗干扰技术。

3.2.1　卫星互联网的信号干扰技术

卫星通信信号的干扰威胁分为对上行信号、下行信号和转发器信号的干扰威胁[3]。

1. 上行信号的干扰技术

卫星通信的上行信号包括卫星接收信号和地面段发射信号。实施干扰时，通信距离与干扰距离相等（约等于卫星轨道高度），干扰源没有距离优势，而上行信号却可以使用跳频、扩谱等手段相对于干扰信号取得几十分贝（dB）（跳频增益和扩谱增益）的功率优势。为了在卫星接收信号的输出端取得 1：1 的干信比，干扰的有效辐射功率要比信号接收的有效辐射功率大许多倍，因此对卫星通信上行信号干扰的功率很大。对于这种大功率的集中式干扰，当干扰与信号接收的距离间隔较大时，天线自适应调零技术可以在卫星接收信号时，提高抗干扰能力，使干扰效果进一步降低，因此对卫星上行信号干扰难度较大。

利用单音、多音、窄宽带噪声调频，拦阻干扰等波形，干扰采用模拟信道或数字信道调制方式的卫星信号，可形成有效威胁。对正在发展中的跳频和扩频信号机制，利用瞄准式或引导跟踪式干扰也能带来较强的干扰威胁。由于卫星接收系统为宽带、多载频工作模式，其行波管极易受到多载波时的三阶和五阶组合干扰及幅度不均匀引起的幅-相变换干扰。多载频干扰频率和幅度可以在很大程度上造成卫星接收系统工作不正常，从而形成上行信号的干扰。

由于卫星通信是采用转发器的一种特殊无线通信方式，干扰信号通过卫星的转发器插入卫星信号的传输链路中，就会造成目标卫星通信系统瘫痪。

干扰功率为

$$N = \text{EIRP}_n + G(0) - L_n - \text{LA}_n - L_p \tag{3.1}$$

式中，N 为卫星接收机输入端的干扰功率；EIRP_n 为干扰有效全向辐射功率；$G(0)$ 为卫星接收天线在干扰方向上的增益；L_n 为与干扰源和卫星之间的距离以及与干扰载波频率成正比的传输损耗；LA_n 为大气损耗；L_p 为由抖动和指向精度误差造成的指向损耗。

上行信号功率与干扰功率的表达式基本相同，表示为

$$S = \text{EIRP}_s + G - L_s - \text{LA}_s - L_p \tag{3.2}$$

式中，S 为卫星接收信号功率；EIRP_s 为地面发射的有效全向辐射功率；G 为卫星接收天线在地面信号发射方向的增益；L_s 为传输损耗；LA_s 为信号功率的大气损耗；L_p 为由抖动和指向精度误差造成的指向损耗。

实际的卫星信道干信比为

$$\frac{N}{S} = \text{EIRP}_n - \text{EIRP}_s + G(0) - G - L_n - \text{LA}_n + L_s + \text{LA}_s \tag{3.3}$$

卫星有效工作时的最大干信比即临界干信比为 N/S，得到的最大干信比与实际的干信比差值就是干扰裕度：

$$\text{干扰裕度} = \left(\frac{N}{S}\right)_{\text{最大}} - \left(\frac{N}{S}\right)_{\text{实际}} \tag{3.4}$$

从干扰裕度值能确定卫星是否受到了干扰威胁。若干扰裕度为正，则卫星系统能按照要求可靠地工作；若干扰裕度为负，则代表卫星系统受到干扰威胁，无法有效工作。

2. 下行信号的干扰技术

在干扰卫星通信下行信号的环境中，对于卫星发射信号与地面段接收信号，从能量的角度考虑，地面、舰载、机载或星载干扰原则上对下行信号均可造成威胁，前两种系统可做成大功率、高增益天线。但由于波束偏交、地球曲率、地物障碍等原因，降低了干扰的有效威胁。

星载干扰方式具有覆盖面广的特点，但由于远距离损耗及星上容积、重量、能源等因素，威胁范围受到一定限制。而各种升空平台干扰机，如无人机干扰系统、隐身高空干扰飞机等具有离地面终端近、覆盖面广等特点，相比于地面干扰设备，能以更小的功率达到更好的干扰效果。

下行信号 S 可表示为

$$S = \text{EIRP}_d + G(0) - L_s - \text{LA}_s \tag{3.5}$$

式中，EIRP_d 为卫星的有效全向辐射功率；$G(0)$ 为卫星接收天线在干扰方向的增益；L_s 为传输损耗；LA_s 为信号功率的大气损耗。

地面段接收到的干扰信号 N 可表示为

$$N = \text{EIRP}_n + G - L_n - \text{LA}_n \tag{3.6}$$

式中，EIRP_n 为干扰有效全向辐射功率；G 为卫星接收天线在地面信号发射方向的增益；LA_n 为大气损耗；L_n 为与干扰源和卫星之间的距离以及干扰载波频率成正比的传输损耗。

当干扰抑制比为 1:1 时，可视为存在干扰威胁；当 $N \geqslant S$ 时，就可形成有效的下行干扰。

3. 转发器信号的干扰技术

转发器能实现转发地球站信号的作用，是通信卫星的主体设备。转发器一般可以分成两类，分别是透明转发器和星上处理转发器。地面信号发送到透明转发器后，仅进行低噪声放大、变频和功率放大后再发回地面，不对信号做任何处理。透明转发器工作状态分为以下两种情况：第一种情况，如果干扰使转发器工作在饱和点以下，此时非线性影响相对于干扰是次要的，当前性能主要由干扰决定，所以应用线性条件下的分析方法处理；第二种情况，如果干扰将转发器推向饱和，那么由于小信号压缩、互调分量等因素将导致额外的、更加严重的性能下降，甚至将使整个转发器的通信中断，此时需要分析转发器处于饱和状态时的性能。本书只对转发器处于饱和区的情况进行分析。

将转发器功放推至饱和，如果用 JSR_u 表示在卫星接收机输入端的上行单用户载波功率与干扰功率之比，则

$$\mathrm{JSR}_\mathrm{u} = \frac{J_\mathrm{u}}{S_\mathrm{u}} = \frac{\mathrm{EIRP}_\mathrm{ju} G_\mathrm{sj}}{\mathrm{EIRP}_\mathrm{tu} G_\mathrm{su}} \tag{3.7}$$

式中，J_u、S_u 分别为上行干扰功率和信号功率；$\mathrm{EIRP}_\mathrm{ju}$、$\mathrm{EIRP}_\mathrm{tu}$ 分别为干扰和信号的上行有效全向辐射功率；G_sj、G_su 分别为卫星接收天线对干扰和信号的增益。为了简化，令 $G_\mathrm{sj} = G_\mathrm{su}$。转发器工作于饱和点以下状态时非线性的影响很小，因此假定转发器处于饱和点以下时，转发器输出功率与输入功率呈线性关系。在饱和点以上，通过限幅保证下行功率固定在饱和输出功率 P_dsa。对于卫星透明转发器通信系统，若转发器在设计时没有考虑干扰，则认为输出功率仅由上行信号功率加噪声构成。转发器通常工作在回退状态，令 b（10log 为 dB 值）表示回退值。若转发器能够同时容纳 N_ch 个信道，则有

$$P_{\mathrm{dsa}/b} = (S_\mathrm{u} N_\mathrm{ch} + N_\mathrm{ou} W_\mathrm{p}) G_\mathrm{p} \tag{3.8}$$

式中，G_p 为整个转发器的增益；$N_\mathrm{ou} W_\mathrm{p}$ 为卫星接收机的单边噪声功率谱密度，即上行噪声功率谱密度。若干扰将转发器推向饱和，并且此时系统有 $n \leqslant N_\mathrm{ch}$ 个用户，则饱和输出功率 P_dsa 为

$$P_\mathrm{dsa} = (n S_\mathrm{u} + N_\mathrm{ou} W_\mathrm{p} + J_\mathrm{usa}) G_\mathrm{p} \tag{3.9}$$

J_usa 为将转发器推向饱和所需的上行干扰功率，表示为

$$J_\mathrm{usa} = P_\mathrm{dsa} / P_{\mathrm{dsa}/b} = (b-1) N_\mathrm{ou} W_\mathrm{p} + \left(b - \frac{n}{N_\mathrm{ch}} \right) S_\mathrm{u} N_\mathrm{ch} \tag{3.10}$$

式（3.10）表明，当 $n=1$ 时，J_usa 最大；当 $n=N_\mathrm{ch}$ 时，J_usa 最小。J_usa 最小值可表示为

$$(J_\mathrm{usa})_\mathrm{min} = (b-1)(S_\mathrm{u} N_\mathrm{ch} + N_\mathrm{ou} W_\mathrm{p}) \tag{3.11}$$

式（3.11）表明，干扰功率至少大于所有用户信号功率和的 $b-1$ 倍才能将转发器推向饱和达到干扰威胁的目的，同时保证转发器处于正常工作状态。

3.2.2　卫星互联网的信号抗干扰技术

信号抗干扰是指在复杂多变、密集的电磁干扰环境或在针对性的通信干扰环境中，采取各种抗干扰措施，保持通信畅通的技术措施[4]。基本思路是通过对信源和信道进行特定的处理，对通信接收端的输出信干比进行提升，从而使接收端能够更为有效地区分有用信号和干扰信号，降低对非所需信号的接收率。在卫星通信中，常用的信号抗干扰技术包括天线抗干扰技术、扩展频谱抗干扰技术、编码调制抗干扰技术、星上信号处理抗干扰技术、限幅和线性化抗干扰技术等，下面分别予以介绍。

1. 天线抗干扰技术

作为卫星通信的抗干扰措施之一，天线抗干扰技术能够实现卫星天线最大限度地接收有效信号，同时"零化"干扰是天线抗干扰技术的首要目的，主要技术包括多波束天线、自适应调零天线和智能天线等。

2. 扩展频谱抗干扰技术

卫星通信扩频技术包括直接序列扩频、跳频以及两种基本技术的组合。直接序列扩频通过将接收端的有用信号解扩后变成窄带信号，同时将原来频段较窄的干扰信号展宽为宽带信号，并被窄带滤波器滤除，能有效地提高信干比；跳频采用多个载波频率，并在频率间随机跳变切换，形成很强的抗干扰能力。扩频技术结合天线阵列技术基本上满足了无线抗干扰要求，在卫星通信中具有更强的鲁棒性，成为卫星通信中最基本的抗干扰技术。

3. 编码调制抗干扰技术

前向纠错（FEC）是适用于卫星通信系统差错控制的主要方式，可供选用的 FEC 码主要有卷积码、自正交卷积码门限译码、BCH（Bose-Chaudhuri-Hocquenghem）码、R-S（Reed-Solomon）码、卷积码序列译码和级联码。卷积码的解码方法中，viterbi 算法是应用最广泛的译码算法，译码性能最佳，误码率为 10% 时编码增益大于 5.8dB，目前已用于 INTELSAT 商业服务卫星体系、美国国防卫星通信系统（Defense Satellite Communications System，DSCS）、国际海事卫星组织的 INMARSAT 等。

4. 星上信号处理抗干扰技术

卫星通信系统抗干扰最脆弱的环节是透明转发器，其很容易被强干扰推向饱和甚至摧毁，因此星上处理抗干扰技术十分必要。通过对上、下行链路之间去耦，星上处理抗干扰技术能够阻止上行干扰对下行链路的影响，并避免转发器被推向饱和。星上信号处理抗干扰技术主要有星上信号解调再生、译码/编码、速率变换、多波束交换以及多址/复用方式转换（如上行 CDMA 或 FDMA 变换成 TDMA）等。随着卫星通信技术的发展，星上信号处理技术已成为卫星通信抗干扰的发展方向，美国的先进通信技术卫星（advanced communication technology satellite，ACTS）、DSCS 卫星、Milstaur 和 Iridium 都采用了星上信号处理抗干扰技术。

5. 限幅和线性化抗干扰技术

限幅和线性化抗干扰技术被通信卫星广泛采用，美军的通信卫星基本都有限幅控制，能够防止上行干扰将转发器中的功率放大器推向饱和。限幅一般可分为软限幅和硬限幅。其中软限幅的转发器会在线性区和限幅区工作，而硬限幅的转发器则会在非线性区工作。信号的压缩比与输入的信干比以及干扰类型有关，连续波干扰引起的压缩比最为严重。有干扰的条件下，透明转发器中的限幅转发器工作于饱和区，从而产生功率"掠夺"效应，降低了扩频信号的抗干扰能力，达不到理论上的干扰容限，可采用转发器线性化技术来提高功率的线性范围，从而提高通信卫星的抗干扰能力。

卫星通信的干扰技术与抗干扰技术相互博弈，二者在矛盾中不断得到发展与改进。

3.3 信号的反欺骗

信号欺骗是利用与正常信号相同或相似，但包含假信息的信号，造成设备或操纵人员的错误识别和误判[5]。按生成机制，信号欺骗分为转发式信号欺骗和产生式信号欺骗。转发式信号欺骗是直接抓取卫星信号，经时间或频率的延迟与放大处理，再直接发送出去，造成接收端的误判，这种方式不需要另外产生高逼真信号，在技术上相对容易实现。产生式信号欺骗则是需要先对目标信号的通信协议进行破解，在此基础上生成和目标信号一致的高逼真欺骗信号，这种方式的前提是掌握目标信号的体制，实现难度更大，但是效果更加明显。

与此相对，卫星信号的反欺骗则可以采取以下方式：

（1）以实时的方式对下行载波信号功率进行检测，如果信号功率超出阈值就进行报警并记录检测情况。其中检测的带宽可调，如全信道功率或单载波功率。

（2）对诸如 TDM 广播信息、定位信息、卫星测控信道等卫星下行信号进行实时接收解调。如果检测到异常信号就进行报警。

（3）对误码率进行监测，并设定能够准确判断受到干扰情况的阈值。警报信号会在误码率超过监测阈值时发出。

下面以 GNSS 信号为例，分别从信号欺骗的威胁模型和对抗手段两方面阐述卫星通信的信号反欺骗技术。

3.3.1 信号欺骗威胁模型

信号的欺骗实质上是通过广播虚假的欺骗信号，使目标接收器将其误认为真实信号。欺骗信号强制受害接收器接收错误信号，计算出错误的位置、错误的时钟偏移，从而诱发危险行为。

目前，卫星信号模拟相关资料已在 GitHub 上开源，这使得相关技术人员可以下载源代码，部署在自己的射频控制芯片上，实现信号欺骗。

1. 信号欺骗基本原理

实施卫星信号欺骗，首先需要获取目标卫星定位信号的 RF 载波，伪随机噪声码（pseudo random noise，PRN）/扩频码和数据位。以下是 GNSS 信号的公式[6]：

$$y(t) = \sum_{l=1}^{L} \sqrt{p_l} D_l(t-\tau_l) C_l(t-\tau_l) \mathrm{e}^{\mathrm{j}(\omega_l t + \varphi_l)} \tag{3.12}$$

式中，$D_l(t)$ 和 $C_l(t)$ 分别为攻击源中所包含的第 l 个 PRN 信号的导航电文和扩频码；φ_l、ω_l、p_l 和 τ_l 分别为其相应的相位、多普勒角频率、功率以及码延迟；L 为 PRN 信号数量。以下是信号欺骗的公式：

$$y_s(t) = \sum_{l=1}^{L_s} \sqrt{p_{sl}} D_{sl}(t-\tau_{sl}) C_{sl}(t-\tau_{sl}) \mathrm{e}^{\mathrm{j}(\omega_{sl} t + \varphi_{sl})} \tag{3.13}$$

一般来说，$L_s = L$，即欺骗信号的数量与真实信号的数量相同时，为了欺骗目标，每个欺骗信号必须具有与真实信号相同的扩频码 $C_l(t)$，并且会广播其对相同导航电文 $D_l(t)$ 的预测。攻击类型不同会导致信号接收数量可能与实际数量有所差别。

而在欺骗攻击期间，接收机收到的总信号数量 $y_{tat}(t)$ 为

$$y_{tat}(t) = y(t) + y_s(t) + v(t) \tag{3.14}$$

式中，$v(t)$ 为加性高斯白噪声。

2. 自洽式欺骗

自洽式欺骗通过合成自身模拟的相位，向受骗接收器提供相应的位置/时钟，并保持较小残差的伪距，简单计算出错误合成的相位阶段。自洽式欺骗一般用于欺骗传统的接收机，采用接收机自体完好性监控（receiver autonomous integrity monitoring，RAIM）策略，其关键在于设计与虚假欺骗相位一致的虚假拍频载波相位。否则，一些不寻常的代码或载波差异会促使受骗接收器发出警告，进而无法锁定欺骗信号。

自治式欺骗的关键点是如何诱使目标接收器锁定其提供的虚假信号，主要有两种方法：

（1）影响受骗接收器对正常信号的接收，诱使目标接收新信号，即让欺骗信号功率明显强于真实信号功率，则接收器极有可能锁定接收欺骗信号。

（2）从低功率开始发送虚假信号，使虚假信号在目标接收器天线的位置与真实信号进行码相匹配和多普勒匹配。欺骗的功率最初比较低，接着逐渐变高，直到可以达到捕获跟踪环路的功率。最后，目标对象被欺骗信号以自治的方式合成编码相位和载波相位。

3. 重放欺骗

重放欺骗（replay deception）又称转发欺骗、回放欺骗，是指攻击者记录真实的 GNSS 信号，并通过高增益的发射机进行信号重播，通过不断重播信号覆盖受害接收器天线上的真实信号。通过这种手段，攻击者欺骗 GNSS 信号。

根据重放信号的接收方与信号的原定接收方的关系，重放欺骗可分为三种：

（1）直接重放，该重放会在发送方和接收方均不变的情况下将欺骗重放给原来的验证端；

（2）反向重放，将原本发给接收方的信号反向重放给发送方；

（3）第三方重放，即将信号重放给域内的其他验证端。

4. 高级欺骗

随着信息对抗的不断发展，卫星定位信号出现了一些特殊的反欺骗防守策略，而欺骗技术则根据以上两种基本欺骗技术，演变出多种高级欺骗方式，以下对其中两种做简要介绍。

1）"清零攻击"的高级欺骗技术

攻击者针对每个欺骗信号发送两个信号：一个是欺骗信号，起到协同攻击信号的作用，引起错误的位置/时序定位；另一个是用于抵消接收器真实信号的负值。清零攻击会消除真实信号的痕迹，一般防御措施是通过寻找迹象的原理来表明收到两个来自同一颗卫星的信号，在欺骗信号的相位之间或载波多普勒频移之间，搜寻能够扩展的差异信号，或者寻找具有相似代码相位和载波多普勒频移的干扰信号。无论哪种情况，重复信号的所有痕迹，会通过清零被消除掉。防御此类攻击的措施比较困难。

2）针对拥有多天线接收器的高级欺骗

攻击者使用多个独立的欺骗发射天线，并匹配相应的接收器，尽可能靠近目标，攻击者会得到已经充分缩小之后的各个天线的增益方向图，并且让受害者天线只收到攻击者天线发出的信号。

　　包括上述两类在内的高级欺骗方式不会迅速对受害者的位置或时间进行改变，否则受害者可以通过物理信号特征来识别攻击，如惯性测量单元（inertial measurement unit，IMU）可以作为一种物理上的反欺骗检测，进一步限制欺骗的可能性。

3.3.2　信号反欺骗技术

　　信号反欺骗包括两个过程，首先是对欺骗的检测，然后是恢复经过验证的真实位置/时序。前者是反欺骗检测的前提和难点，所以本节的主要内容是介绍前提和难点，即针对检测攻击的反欺骗策略。所有基于接收器的反欺骗策略都依赖于以下两种方法。

　　第一种方法是检测出欺骗信号和真实信号二者的差异。潜在受害者的接收器可以用于检测到这些差异，如卫星导航尽管公开了民用 GNSS 信号公式，但除非有复杂且昂贵的信号模拟设备设施，通常欺骗信号都会有明显的合成差异。

　　第二种方法是去寻找真实信号和欺骗信号二者之间的相互作用。排除一下两种状况，相对于欺骗者，这样的交互是一定会发生的：第一是无效攻击；第二是严重的压倒性攻击。但是，只有一次的强攻击，会与真实信号的预期功率有很大的不同。

　　1. 基于高级信号处理技术的反欺骗

　　基于高级信号处理技术的反欺骗，即寻找在信号欺骗期间所发生的失真、干扰，以及在载波幅值、编码相位和载波相位中，检测出不合理的跳变，特别是在攻击初始阶段。该技术主要有以下三种。

　　第一种方法是使用接收功率监视（receive power monitor，RPM），该方法是以绝对比例查看总接收功率，包括查看所有接收到的载波幅值以及接收器射频前端的自动增益控制（automatic gain control，AGC）设定点。由于攻击者实施欺骗时，必须取得实质性的功率优势，当突然发生的功率跃变增幅超过 1dB 或 2dB 的时候，很可能表示发生了攻击行为。

　　第二种方法是通过接收机分析出用于跟踪环路的鉴别符相关性。如图 3-7 所示，在欺骗攻击的最初释放期间，计算接收器信号副本和接收信号之间的其他复杂基带相关性，这些相关性将沿着代码偏移轴以一组扩展的延迟进行计算，最终使真实信号和欺骗信号在载波阶段之间形成错位，因此会使真实信号和欺骗信号在载波阶段之间，因没有对齐而致使相关函数的失真。由于该方法具有短暂性适用的特点，此类失真仅在初始拖拽欺骗期间发生。

　　第三种方法是基于信号统计的检测技术，采用强力搜索方法在可能的代码相位和载波多普勒频移的整个范围内对跟踪信号不断重新获取，该方法能在初始拖拽欺骗后长时间起作用，但采用强行采集搜索会给接收机带来较大的信号处理负担。

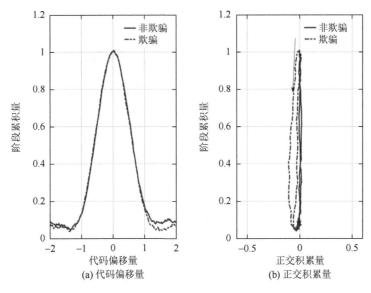

(a) 代码偏移量　　　　　　　　　　(b) 正交积累量

图 3-7　跟踪环路的鉴别符

2. 基于漂移的反欺骗

基于漂移的反欺骗技术是通过寻找接收机位置或时钟的异常变化来识别欺骗攻击。若欺骗信号使得接收机的时钟误差改变得太快，那么时钟漂移率会大于它的振荡器类别的合理值，接收机可以检测到此情况。目标位置的合理漂移率可以被施加类似约束，该约束可以由 IMU 及其他运动传感器施加。若检测出目标具有不真实的运动轨迹，接收机将在立即发出欺骗警报，与检测时钟漂移时类似。

但是，攻击者可以通过缓慢建立错误的时钟偏移和错误位置，从而避免被基于漂移的反欺骗方法所发现。

3. 基于信号/地理位置的反欺骗

基于信号/地理位置的反欺骗定义是，该技术监视信号的到达方向，是通过接收到的拍频载波相位。如图 3-8 所示，接收机使用干涉测量法，通过使用 3 个或更多具有不同偏移量 Δd 的天线或通过使用已知 $\Delta d(t)$ 运动曲线的单个天线来测量接收信号的矢量方向。当接收机设计达到一定标准后，接收机测量的 ϕ_i 可以达到 1/40 周期的精度。因此，接收机仅需使用 $\Delta d = 0.1\text{m}$ 的短基线就能使真实的方向向量 p^i 达到约 3° 的精度。在常规情况下，p^i 在天空周围分布，但是低成本的攻击者通常将从同一方向广播其所有信号进行欺骗。基于几何的欺骗检测系统一般是通过测试在多根接收天线上接收到的 ϕ_i 是否与真实信号所期望的 p^i 方向的多样性一致，还是与来自同一方向的欺骗发射机更一致来实现欺骗检测的。

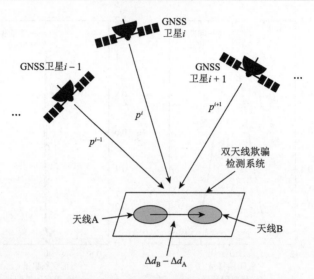

图 3-8　基于信号/地理位置的反欺骗技术

　　卫星信号欺骗有其独有的特点，也有与噪声、压制干扰、多径等因素相似的特点，不需要太强的功率，隐蔽性好，欺骗模式灵活多变，在防范方面，不同于信号干扰可以通过更大功率的信号来压制，一般习惯假设欺骗是某一种模式，没有充分考虑欺骗灵活多变的特点，一旦采用新的欺骗模式，现有防护手段很可能失效，而截至目前一直没有找到通用的欺骗防范方法，成为业内公认的难题和研究热点。

　　总体来看，目前针对卫星信号欺骗防护的研究已经取得了不少有益的成果，但远未完善，尚有许多问题没有得到较好的解决。卫星信号反欺骗技术的发展趋势如下[7]：

　　（1）注重欺骗方法的研究，促进卫星信号反欺骗方法的革新。结合欺骗与反欺骗的攻防辩证关系，研究欺骗技术，以进一步促进反欺骗技术的革新。

　　（2）卫星信号反欺骗方法的可靠性、稳定性仍需进一步增强。

　　（3）欺骗抑制、消除技术，乃至欺骗反向跟踪技术的研究。最好的防守是进攻，对于欺骗的反向定位研究也是未来值得研究的方向。

　　（4）天线阵技术等方面技术的融合。天线阵技术在信号抗干扰领域发挥着重要的作用，但其在反欺骗方面研究还不多，相比其他抗干扰技术，天线阵技术有重要的优势。有理由相信天线阵技术在欺骗检测和欺骗抑制乃至欺骗反向定位方面均可发挥重要的作用，这可以作为未来研究反欺骗技术的一个重要的方面。

　　此外，研究反欺骗技术可以根据卫星信号具体应用领域的不同，融合滤波等理论，这些都可能衍生出新的更可靠、更实用的技术。

3.4　信号防窃听

如前所述，卫星通信的大范围无线广播机制，导致在信号覆盖范围内易被窃听，并从中获取有用信息，该行为非常难以被检测。

卫星通信发展初期并没有采用加密技术，因为加密会加大系统的复杂程度、研发和投入成本，产生资源的大量消耗等。卫星通信设备包括接收线路和上行设备，其中接收线路通常有：下变频器、调制解调器、解码和软件服务器；上行设备通常有：上变频器、功放、天线等设备。所以初期的卫星通信设备造价已经很高了。接收并解码卫星数据需要更多的资源，因此加密通信在初期未列入卫星通信的必备手段。但随着科技的进步，新技术（如 SDR）大大降低了卫星信号的接收（信号窃听）成本，严重威胁着服役中的未加密卫星数据。

以下分别从信号窃听的威胁模型和对抗手段两方面阐述卫星通信的信号防窃听技术。

3.4.1　信号窃听威胁模型

图 3-9 为典型的信号窃听威胁模型，主要由工作在 Ka 频段的多波束卫星通信系统构成[8]。该模型由一个地球静止轨道的多波束通信卫星、一个合法用户和 K 个窃听者组成。其中多波束卫星采用多馈源单反射面形式的天线，配置有 L 个馈源产生 N 个波束（$L \geq N$）。合法用户和窃听者均使用高增益的抛物面天线以补偿自由空间损耗带来的影响。在多波束卫星向地面合法用户发送信号时，位于卫星覆盖区域内的 K 个窃听者采取合作窃听的方式试图窃听卫星发送的信号。

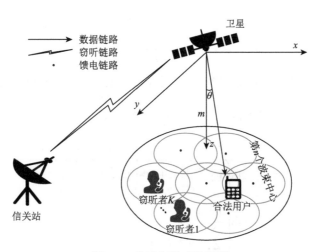

图 3-9　信号窃听威胁模型

假设合法用户的数据信号为 $s(t)$，满足 $E[|s(t)|^2]=1$，信关站获取合法用户的数据信号 $s(t)$ 后，先采用基于多天线的波束成形（beam forming，BF）技术进行处理，再通过馈电链路将处理后的信号 $ws(t)$ 发送给卫星。假设在馈电链路中进行理想传输，该信号经过卫星信道后，合法用户接收的信号和第 i 个窃听者接收的信号分别表示如下。

合法用户：

$$y_s(t) = h_s^{\mathrm{H}} ws(t) + n_s(t) \tag{3.15}$$

窃听者：

$$y_i = h_i^{\mathrm{H}} ws(t) + n_i(t), \quad i \in \{1, 2, \cdots, K\} \tag{3.16}$$

式中，$w \in \mathbf{C}^{N \times 1}$ 为 BF 权值矢量；$n_m(m \in \{s, i\})$ 表示均值为 0、方差为 σ_s^2 的加性高斯白噪声，噪声功率为 $\sigma_s^2 = kT_m B_m$，其中，$k \approx 1.38 \times 10^{-23}$ J/K 为玻尔兹曼常量，T_m 为噪声温度，B_m 为噪声带宽，不失一般性，令 $\sigma_s^2 = \sigma_i^2 = \sigma^2$；$h_m \in \mathbf{C}^{N \times 1} (m \in \{s, i\})$ 为卫星下行链路的信道矢量，将其建模为

$$h_m = \sqrt{G_m} r_m^{-\frac{1}{2}} \odot b_m^{\frac{1}{2}} \odot \tilde{h}_m, \quad m \in \{s, i\} \tag{3.17}$$

式中，G_m 为地面用户（包括合法用户和窃听者）的抛物面天线增益；r_m 为降雨衰落系数矢量；b_m 为卫星波束增益矢量；$\tilde{h}_m$ 为信道响应矢量。

由于在实际通信过程中，几乎无法获取理想的信道状态信息，假设仅已知统计信道信息，即 $\phi_s = E\{h_s, h_s^{\mathrm{H}}\}$，$\phi_i = E\{h_i, h_i^{\mathrm{H}}\}$。根据上述公式，合法用户和第 i 个窃听者的接收信噪比（signal to noise ratio，SNR）表示如下。

合法用户：

$$r_s = \frac{w^{\mathrm{H}} \phi_s w}{\sigma^2} \tag{3.18}$$

窃听者：

$$r_i = \frac{w^{\mathrm{H}} \phi_i w}{\sigma^2} \tag{3.19}$$

系统模型中，K 个窃听者试图合作窃取私密信息。因此，系统的安全速率表示为

$$R_s = \left[\mathrm{lb}(1 + r_s) - \mathrm{lb}\left(1 + \sum_{i=1}^{K} r_i\right) \right]^+$$

$$= \mathrm{lb}\left(1 + \frac{w^{\mathrm{H}} \phi_s w}{\sigma^2}\right) - \mathrm{lb}\left(1 + \frac{\sum_{i=1}^{K} w^{\mathrm{H}} \phi_i w}{\sigma^2}\right) \tag{3.20}$$

$$= \mathrm{lb}\left(\frac{w^{\mathrm{H}} \phi_s w + \sigma^2}{\sum_{i=1}^{K} \phi_i w + \sigma^2}\right)$$

式中，$[x]^+ = \max(x, 0)$，lb 指以 2 为底的对数函数。

上述公式为卫星信号窃听威胁模型。

3.4.2　信号防窃听技术

卫星互联网的信号防窃听技术需要综合考虑窃听者距离合法接收者的相对位置。卫星互联网安全通信的基本方案如图 3-10 所示，具体分为如下两种情况[9]：

（1）当窃听者和合法接收者之间的距离接近时，即与星地距离相比可以忽略不计，这时主信道和窃听信道之间可以近似相等。因为传统的地面无线通信的物理层安全技术，都是利用主信道和窃听信道之间的差异，所以不能用于这种情况。使用中继和同时同频全双工技术，向卫星传递信息，包括接收和转发等，还需按照相关策略发送干扰，这样即可实现保密通信，从而弥补主信道和窃听信道相似的缺陷，实现这种情况下的物理层安全通信。

（2）当窃听者和合法接收者之间的距离很远时，主信道和窃听信道之间的信道状态信息并不相似，这种情况跟地面通信类似，要解决这种情况下的星地通信安全，可以使用预编码、波束成形以及人工噪声技术。

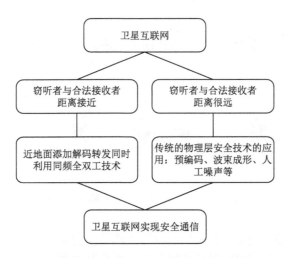

图 3-10　卫星互联网安全通信的基本方案

图 3-11 为卫星互联网信号窃听威胁示意图。假设卫星互联网中，星地间链路的信道建模为弱莱斯信道，多天线合法发射者 Alice（代表卫星）的目标是向合法接收者 Bob1 和 Bob2 分别发送数据信息。系统中有 M 个同时同频全双工的中继

（Relay），Eve1 和 Eve2 分别想要窃听 Bob1 和 Bob2 的消息。Bob1 和 Eve1 间的距离很近，在 M 个 Relay 中选择与 Alice 和 Bob1 近似共线的 Relay k 作为数据消息传输的解码后前送（decode forward，DF）中继（卫星）。Alice 将数据信息发送给 Relay k，Relay k 接收 Alice 想要发送给 Bob1 的信号并进行解码，与此同时向 Bob1 发送前一时隙的解码的信号。假设 Bob1 只能接收到 Relay k 的信号，窃听者 Eve1 可同时接收到来自 Alice 和 Relay k 的信号。Bob2 和 Eve2 距离很远，Alice 不通过中继，直接向 Bob2 发送数据信息，Eve2 接收 Alice 的信号对 Bob2 进行窃听。Alice、Bob、Relay 和 Eve 分别装有 N_s、N_d、N_r 和 N_e 根天线。Alice 到 Bob、Eve 和 Relay 的信道矩阵分别为 H_{sd}、H_{se} 和 H_{sr}，Relay 到 Bob 和 Eve 的信道矩阵为 H_{rd} 和 H_{re}。图中 Eve3 与 Eve1 窃听原理相同，Relay m 作为数据消息传输的解码后前送中继平台采用飞机。

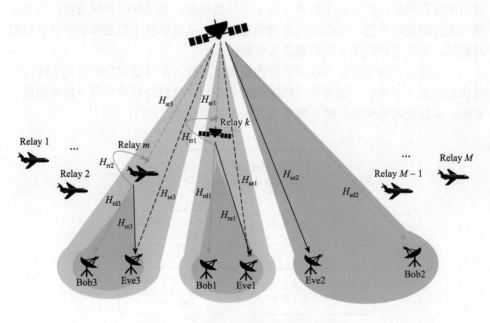

图 3-11　卫星互联网信号窃听威胁示意图

　　由图 3-11 中模型可知，系统的数据传输模式由窃听者 Eve 和合法接受者 Bob 之间距离的长度决定。由此可知，系统的保密容量与窃听者 Eve 和合法接受者 Bob 之间距离的长度有关系。所以将该距离分为协作和直连两种情况，分别说明系统的保密容量。

　　（1）协作：窃听者 Eve 在其合法接收者 Bob 的附近，图 3-11 模型中的 Bob1 和 Eve1 就是这种情况。Alice 发送有用的数据信号给中继 Relay k，Relay k 接收并解码信号，同时向 Bob1 发送上一时刻的数据信号，Bob1 仅能接收到 Relay k 的信号，Eve1 可接收到 Alice 和 Relay k 的信号，也就是上一时刻数据信号和此时此刻数据信号的叠加信号，使接收到的信号质量下降，从而获得保密容量。至于具体的 Alice 和 Relay k 的发射功率的设定及中继的选择问题，需要进行数学上的优化，从而实现最优的保密容量。

（2）直连：合法接收者 Bob 距离窃听者较远，图 3-11 中模型的 Bob2 和 Eve2 就是这种情况。Alice 通过波束成形，发射有用的数据信号和人工噪声，从而提高 Bob2 端的信号质量，降低 Eve2 端的信号质量，获得保密容量。同时，需要优化设计最优的波束成形矩阵及人工噪声，使保密容量最大化、保密性能最优。

卫星互联网的信号防窃听需要更多的技术手段。对文中公式推理如有需求，可参考相关文献。

3.5　卫星互联网的信号攻击分析

未来几年内，太空中将出现数以万计的互联网卫星，然而卫星互联网的安全标准规范、国际公约尚未建立，使得在巨大经济和政治利益驱动下针对卫星互联网的攻击必将愈演愈烈，如攻击者通过简单的指令批量关闭卫星通信，中断全球服务；还可能干扰卫星的信号，破坏关键基础设施。下面就从卫星互联网的信号攻击来阐述这类危害[10]。

3.5.1　空间段攻击

1. 卫星天线攻击

卫星的星载天线和通信链路容易受到环境和人类因素的影响，从而降低天线性能。天线性能意外下降的原因包括相邻卫星旁瓣的意外信号干扰、太阳的电离层干扰、频谱拥塞，以及周围环境造成的物理损伤。卫星天线性能下降的原因包括信号攻击（即射频干扰）、欺骗（或入侵）、窃听和物理攻击。

相邻卫星地球站同时发射信号，天线旁瓣的射频干扰可能与预期信号同时到达卫星天线，若两个信号的频率相同，则会对预期信号造成干扰。天线指向误差是旁瓣干扰的主要原因，这种旁瓣干扰也可能由相邻卫星的天线引起。如图 3-12 所示，来自地面源（如移动基站）的射频干扰可通过信号的旁瓣进入，从而对传输至卫星的信号造成干扰。

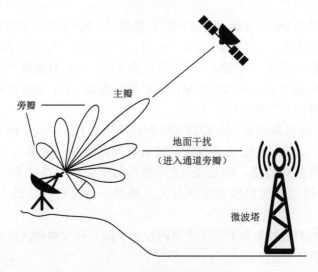

图 3-12 天线旁瓣干扰示意图

图 3-13 为典型天线波束图，天线的主瓣包含大部分波束功率。通常，旁瓣的功率最多比主瓣低 18dB。然而，旁瓣的辐射强度仍然足以引起信号干扰。

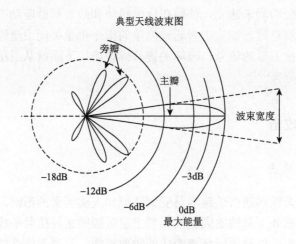

图 3-13 典型天线波束图

此外，每年春分和秋分时，太阳穿过赤道，直接从地球同步带中的每个卫星后面经过（图 3-14），导致地球站接收天线的主波束与太阳直射，压制了卫星信号，接收端只能接收太阳的噪声，日照中断持续约 10min。

图 3-15 展示了欺骗信号攻击的原理，信号欺骗攻击向卫星发送虚假信息，从而覆盖正确信号，目的是向接收方发送攻击信号，达到欺骗的目的。天线接收的

复合信号是正确信号、欺骗信号以及噪声信号的合成。欺骗比干扰更严重，攻击者通过欺骗控制接收器，干扰攻击导致信号降级。

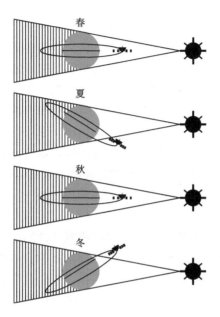

图 3-14　日照中断示意

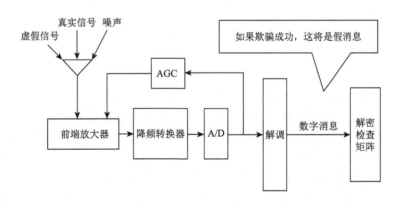

图 3-15　欺骗信号攻击原理示意图

2. 转发器攻击

如果攻击者的信号从卫星天线发送到弯管式应答器，且信号处于正确的载波频率，则该信号将与正确信号一起被处理，传输至接收机。如果攻击者的信号具有足够大的 SNR，使接收机无法从攻击者的信号中辨别出正确信号，则攻击者的信号可能会在接收机处掩盖正确信号。此外，攻击者的信号会提高转发器的噪声下限（即背景噪声），并导致所有正确信号的 SNR 降低。若正确信号在背景噪声中丢失，则无法恢复。

通常，攻击者会利用窄带、高信噪比、未调制的载波，因为该类型的载波信噪比高于调制载波。通过使用未经调制的载波，攻击者可以达到预期信号的噪声下限。因此，攻击者的信号会降低或完全切断整个转发器的通信。

频率是卫星最宝贵的资源，直接影响有效带宽。卫星通信发展初期，转发器的主要功能是，收到其中一方的信号，在卫星上处理完成并交换后，转发给另外一方。由于卫星资源的限制，如卫星平台的供电功率不能过大，以及星载计算机的处理能力不足，所以这种系统被透明转发器逐步取代。卫星发射后，无法对星载硬件系统进行后期的升级和维护，硬件处理能力无法提高，导致卫星通信向"星上转发，星下处理"发展，即升级地面站的硬件，而卫星只能去做有效利用频率资源提供最大通信宽带的工作。

这种机制会导致漏洞的出现，即对卫星带宽资源的窃取。由于卫星不对信号进行更深入的解包工作，无法判定接收信号和数据的合法性。如攻击者向卫星发送非法信号，卫星仍旧对此信号进行转发工作，在经过变频处理后，用大功率向地面站发送，攻击者通过搭建接收系统，对数据进行解调和解码，从中获得有用的数据，再利用卫星的私自通信，最后形成完整的窃取卫星资源攻击。攻击者甚至对通信数据进行有效加密，使数据的合法性判定更加困难。

3.5.2　地面段攻击

地球站天线遭受卫星天线类似攻击，地球和空间环境的差异导致地球站天线存在不同类型的脆弱性。由于地球站天线的信号需要能覆盖到在轨卫星，一般会安装在无遮挡空旷地段，成为最易遭受物理攻击的部件。攻击者损坏或摧毁地球站天线可采用高功率步枪，天线会在第一次被子弹冲击时开始断裂，导致性能立即下降。如果攻击者知道攻击天线的馈源喇叭，只需几发子弹便可摧毁任何天线的通信。馈源喇叭位于天线盘（反射器）的焦点处，在发射机器/接收机器和反射器之间传输射频信号。馈源喇叭选择接收信号的极化，有助于减弱同频道干扰。此外，地球站天线也可能受到车辆碰撞的影响。如攻击者可能驾车撞击地球站天线，造成损坏，中断通信。

如果攻击者还能够进一步控制从地面操作到卫星的遥测、跟踪和控制链路，则可能发起更多攻击，导致卫星失控。例如，使用多个地球站向卫星应答器发送信号，然后观察从卫星返回的信号的相位差异，进而向卫星发送错误的响应，从而导致不正确的轨道确定。此外，攻击者还可以通过链接向卫星发送命令，或记录来自测控站的命令，以便稍后重播，并导致卫星发生重复操作。由于备用卫星并不总是由测控公司跟踪，易被攻击者接管。

除了来自附近地面站的天线旁瓣干扰，其他形式的地面干扰也会导致地球站通信信号的退化，如来自发射脉冲信号的雷达或雷达高度计等设备。

地球站的天线干扰也可能来自地面源，如移动基站，图 3-16 为射频干扰示意图。由于地站基频设备（如调制解调器和多路复用器）与地球站射频设备（如低噪声放大器）之间的连接不良，移动信号通过地球站的中频进入天线系统，然后传输到卫星，对正确信号造成干扰。

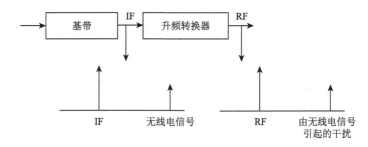

图 3-16　射频干扰示意图

IF 指中频（intermediate frequency）

3.5.3　卫星通信 GMR 算法的攻击分析

地球同步轨道移动无线接口（GEO-mobile radio interface，GMR）算法（包括 GMR-1 和 GMR-2）是卫星通信系统 Thuraya 和 INMARSAT 所采用的加密算法。图 3-17 描述了信号通过 GMR 算法加密的整个过程，主要包括用户的身份鉴别和信息的加密传输。与 GSM 系统的安全机制类似，A3 和 A8 算法用于身份鉴别，在卫星电话的 SIM 卡中存储有一个特定密钥 K，GMR 算法用于信息加密。首先同步卫星向卫星电话发送请求建立两者之间的连接，并向 SIM 卡发送一个伪随机数。该随机数和该密钥经过 A3 算法产生一个身份验证码，同时经过 A8 算法产生一段会话密钥 K_c，卫星电话将该身份验证码发回给同步卫星进行身份验证。当验证通过后，随后在相应信道上传输的信息都要通过 GMR 算法进行加密。需要注意的是，由于 SIM 卡运算能力的限制，信息的加密过程在卫星电话中完成，即根据产生的会话密钥 K_c 和相应帧号 N 产生一系列密钥流，再和待加密信号进行异或，即可产生加密密文[11]。

GMR-1 算法是由 ETSI 根据 GSM 陆地蜂窝通信演化而来的协议族中的一种。

事实上，GMR 算法的规范是 GSM 标准的一种延伸，因此 GSM 中的一些规范仍然适用于卫星电话通信。这些协议族有很多供应商和非正式标准的支持，并且经历了多次修订来满足更为广泛的应用服务。以这种算法加密的卫星电话有很多，其中最受欢迎的是由 Thuraya 卫星通信公司于 2006 年推出的 Thuraya SO-2510 型号的卫星电话。

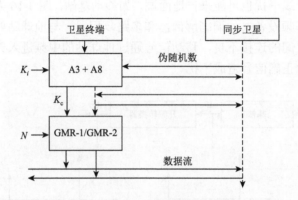

图 3-17　卫星终端鉴权和加密过程

GMR-2 算法仍由 ETSI 提出，但是该算法完全脱离了 GMR-1/GMR-2 算法，是一种全新的算法结构。国际移动卫星组织管理的 INMARSAT 于 2010 年 6 月推出了以 GMR-2 算法为加密保护的卫星电话——The INMARSAT IsatPhone Pro。

基于对两种算法结构的分析发现，GMR-1 算法与 GSM 系统中 A5/2 算法很相似，基本结构大致相同。因此，分析 A5/2 算法的破解方法有助于 GMR-1 算法的破解。A5/2 算法是法国于 1989 年开发的，目前主要应用于欧美之外的国家，该算法由四个线性反馈移位寄存器（linear feedback shift register，LFSR）R_1、R_2、R_3、R_4 构成，其中 R_4 作为控制寄存器，在产生密钥流的过程中控制其他三个寄存器的步进。A5/2 算法的主要问题集中在控制寄存器 R_4 上，因此对其破解方法主要是对状态 R_4 的研究。可以穷尽 R_4 的所有初始状态，每次猜测一种初始状态，由该状态控制其他三个寄存器的运行，由此列出 GF(2)（二元有限域）上的二次非线性方程组，再将这个非线性方程组线性化。最后利用高斯消去法求解得到初始化后的寄存器状态，并由得到的状态异或已知帧号求出会话密钥 K_c。通过 GMR-1 算法与 A5/2 算法的差异性分析，并参考 A5/2 算法的密码学分析得到适用于 GMR-1 算法的破解；相反，GMR-2 算法是新型算法结构，采用猜测决定破解方法，该方法是对 GMR-2 算法的性质进行分析，得出四条定理，并根据这四条定理对其进行一种低数据复杂度的动态猜测决定破解。该过程需要 15B 的密钥流，在有效时间内便可猜测出所有 64bit 的密钥，是一个以时间换空间的破解方法。

1. GMR-1 算法的分析

GMR-1 算法是一种典型的流密码体制，其与 GSM 系统中应用的 A5/2 算法结构类似，故又称为 A5-GMR-1 算法，具体结构如图 3-18 所示。

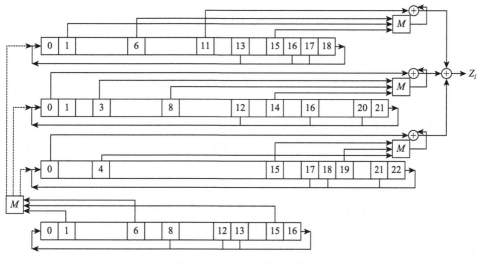

图 3-18　GMR-1 算法结构

1）算法结构

如图 3-18 所示，该算法包含 4 个 LFSR，即 R_1、R_2、R_3、R_4。其中前三个移位寄存器 R_1、R_2 和 R_3 产生密钥流，第四个移位寄存器 R_4 作为控制寄存器，在生成密钥流阶段可控制 R_1、R_2 和 R_3 的步进方式。

其中 M 为择多函数，该函数将 3bit 值映射为 1bit 值，即 $\{0,1\}^3 \rightarrow \{0,1\}$，具体如下：

$$x \rightarrow x_0 x_1 \oplus x_1 x_2 \oplus x_2 x_0 \tag{3.21}$$

每个移位寄存器将根据自身的反馈多项式进行步进，四个移位寄存器的反馈多项式如下：

$$R_1 : x^{19} \oplus x^{18} \oplus x^{17} \oplus x^{14} \oplus 1 \tag{3.22}$$

$$R_2 : x^{22} \oplus x^{21} \oplus x^{17} \oplus x^{13} \oplus 1 \tag{3.23}$$

$$R_3 : x^{23} \oplus x^{22} \oplus x^{19} \oplus x^{18} \oplus 1 \tag{3.24}$$

$$R_4 : x^{17} \oplus x^{14} \oplus x^{13} \oplus x^9 \oplus 1 \tag{3.25}$$

由式（3.22）～式（3.25）可知，每个寄存器的步进方式均由 4bit 值和 1 决定，将其异或得到反馈多项式的值。

2）对 GMR-1 算法的攻击

由于 GMR-1 算法是由 A5/2 算法衍生出来的，其结构的设计参考 GSM 中加密算法 A5/2 的结构，现有的关于 A5/2 算法的破解方法有很多，如经典的已知明文攻击和唯密文攻击，都可应用于 GMR-1 算法的破解。故只需要分析出两个算法结构之间的异同，便可以参考 A5/2 算法的攻击方法对 GMR-1 算法进行破解。从结构图可得，A5/2 算法与 GMR-1 算法均为典型的流密码体制，主要由四个线性反馈移位寄存器组成，并且每个寄存器的长度相同，它们的不同点具体如下：每个寄存器的反馈多项式不同，GMR-1 算法的反馈多项式见式（3.22）～式（3.25）。控制寄存器 R_4 的控制位不同，GMR-1 算法的控制位为第 1、6、15 位，由这三位决定其余寄存器的择多步进。

空跑拍数和初始化后固定置为 1 的比特位不同，GMR-1 算法在初始化完成后需要空跑 250 拍之后才产生密钥流，并且初始化后置为 1 的比特位为 $R_{1,0}$、$R_{2,0}$、$R_{3,0}$ 和 $R_{4,0}$。

输入的初始值不同，在初始化过程中，GMR-1 算法不是按顺序分别将会话密钥 $K_c = \{K_0, K_1, \cdots, K_{63}\}$ 和帧号 N^i 依次逐比特装载进寄存器中，而是按照式（3.26）映射得到初始值 P^i 后，再将该初始值作为输入逐比特依次装载入各个移位寄存器中：

$$
\begin{aligned}
P^i &= \phi(K_c, N^i) \\
&= (K_0, K_1, K_2, K_3 \oplus N_6, K_4 \oplus N_7, K_5 \oplus N_8, K_6 \oplus N_9, K_7 \oplus N_{10}, K_8 \oplus N_{11}, \\
&\quad K_9 \oplus N_{12}, K_{10} \oplus N_{13}, K_{11} \oplus N_{14}, K_{12} \oplus N_{15}, K_{13} \oplus N_{16}, K_{14} \oplus N_{17}, \\
&\quad K_{15} \oplus N_{18}, K_{16}, \cdots, K_{21}, K_{22} \oplus N_4, K_{23} \oplus N_5, K_{24}, K_{25}, \cdots, K_{59}, K_{60} \oplus N_0, \\
&\quad K_{61} \oplus N_1, K_{62} \oplus N_2, K_{63} \oplus N_3)
\end{aligned} \tag{3.26}
$$

式（3.22）～式（3.25）编程实现时只需要修改具体参数即可，式（3.22）需要重新进行编程实现。根据 GMR-1 算法的运行机制，将其加密过程编程实现，分别输入帧号 N 和会话密钥 K_c 后，经过仿真得到一系列密钥流，截取其中一次输出的 114bit 密钥流，如下所示：

```
Key is:
00000000001111111111111111111111111111111111111111111111111111111111
Creat Key Frame 0:
1001101111111010110110110010010010100010111000011100101001010110110
01001001011110001001000001110001100100011101000111
```

根据以上分析，已知明文破解方法及其具体实现，并对该破解方法从空间占有和破解时间上进行分析。

由于 GMR-1 算法使用的是时空折中攻击破解方法，因此其攻击的时间和占用的空间主要集中在预计算阶段。预计算阶段所做的工作主要是计算出所有需要的置换矩阵并以文件形式存储，在实时攻击阶段读取并遍历所有的置换矩阵，从而对所猜测状态进行验证，最终恢复出密钥 K_c。

在预计算阶段，需要计算出根据 R_4 寄存器的 2^{16}（65536）种状态值得到的线性变换对应的置换矩阵，每个置换矩阵的大小均为 $912×912$，代码通过文件形式将所生成的所有置换矩阵存储起来，生成的文件大小为 6.5GB。当实时攻击时，每次都需要从存储文件中取出一个置换矩阵进行计算，因此还需要分配内存空间来存储这个临时变量。

在实时攻击阶段，首先需要读入所有的置换矩阵，然后遍历矩阵并与 8 帧密钥流数据 $8×114$ 相乘，利用高斯消元法求解该线性方程组并计算出相应 61 个初始状态，之后通过寄存器的步进矩阵（$77×64$）计算出会话密钥 K_c。整个预计算过程所需的存储空间大约为 $2^{16}×912×912+77×64+114×8≈2^{36}$。

整个实时攻击所需的时间大约在 1s 内，相比无预计算过程的破解方法，该方法的实时攻击时间被大大缩减，增强了破解算法的实用性。

2. GMR-2 算法的分析

GMR-2 算法的结构与 GMR-1 算法不同，是一种新型结构，每次产生的密钥不是 1bit 的流密码机制，而是以字节为单位的分组密码机制。GMR-2 算法在生成密钥时主要包括两个阶段，即初始化阶段和生成密钥流阶段，注意在初始化完成后还要进行 8 拍的空跑，此时不产生密钥。

1）算法结构

GMR-2 算法的输入由四个部分组成，包括 64bit 的种子密钥 $K = \{K_7, K_6, \cdots, K_0\}$（$K_i$ 为 8bit）、计数器 C、开关 T 和帧号 N，当输入这四个值并完成初始化过程后，每走一拍可输出 1B 的密钥流（$S_7, S_6, S_5, S_4, S_3, S_2, S_1, S_0$），记为 Z_l（l 代表第 l 拍）。

GMR-2 算法结构如图 3-19 所示，由图可以看出，该结构包括移位寄存器里的初始值，三个主要组件 F、G、H，一个位数计数器和一个比特开关。

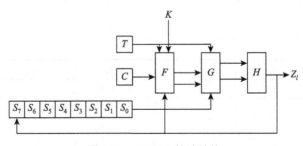

图 3-19　GMR-2 算法结构

图 3-20 为 F 组件的结构图，从图中可得，F 组件有四个输入值，分别为 64bit 的种子密钥 $K = \{K_7, K_6, \cdots, K_0\}$（被装载进密钥寄存器中）、上一拍产生的密钥 P、计数器 C 和开关 $T = C \bmod 2$。将这些值输入 F 组件后，每走一拍，便会输出两个变量，记为 O_0（8bit）和 O_1（4bit）。其中密钥寄存器包含高位复用器和低位复用器，高位复用器的取值由 $\tau_1(\alpha)$ 决定，即选择密钥寄存器中的 $K_{\tau(\alpha)}$ 作为输出，低位复用器的取值由计数器 C 决定，即选择密钥寄存器中的 K_C 作为输出，以上便是整个 F 组件的结构和输入输出。

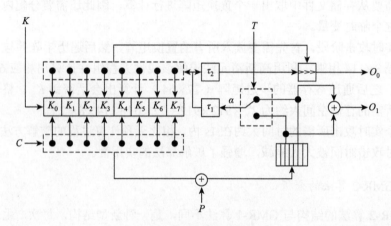

图 3-20　F 组件的结构图

需要注意的是，F 组件中还有两个子组件 τ_1、τ_2 和一个中间变量 α。其中子组件 τ_1、τ_2 为两个 GF（2）上的映射，其中 τ_1 将二元域上的 4bit 值映射为二元域上的 3bit 值，数 τ_2 将二元域上的 3bit 值映射为二元域上的 3bit 值。表 3-2 给出了两个子组件 τ_1、τ_2 的取值规则，具体如下。

表 3-2　τ_1、τ_2 的取值规则

α	$\tau_1(\alpha)$	$\tau_2(\tau_1(\alpha))$	α	$\tau_1(\alpha)$	$\tau_2(\tau_1(\alpha))$
(0, 0, 0, 0)	2	6	(1, 0, 0, 0)	3	7
(0, 0, 0, 1)	5	3	(1, 0, 0, 1)	0	4
(0, 0, 1, 0)	0	4	(1, 0, 1, 0)	6	2
(0, 0, 1, 1)	6	2	(1, 0, 1, 1)	1	5
(0, 1, 0, 0)	3	7	(1, 1, 0, 0)	5	3
(0, 1, 0, 1)	7	1	(1, 1, 0, 1)	7	1
(0, 1, 1, 0)	4	4	(1, 1, 1, 0)	4	4
(0, 1, 1, 1)	1	5	(1, 1, 1, 1)	2	6

而中间变量 α 由会话密钥 K_c、初始输入值 P 和开关 T 的值共同决定，得到的 α 决定子组件 τ_1 的取值，具体可得

$$\alpha = \Psi(K_c \oplus P, T) | \begin{cases} ((K_c \oplus P) \,\&\, 0xF) \Leftrightarrow K_1, & T = 0 \\ (((K_c \oplus P) \gg 4) \,\&\, 0xF) \Leftrightarrow K_h, & T = 1 \end{cases} \quad (3.27)$$

假定此时整个结构已运行至第 l 拍，那么 F 组件将要经历如下几个步骤：

（1）F 组件的低位复用器根据计数器 $C = l \bmod 8$（初始值为 0）的值在密钥寄存器中选择一个密钥 K_c，将其与 P 异或后得到的值的前 4bit 记为 K_h，后 4bit 记为 K_1。

（2）由 C 可得到开关 T 的值，即 $T = C \bmod 2$，以及开关 T 控制的取值，具体如式（3.29）所示。将所得中间变量 α 的值输入子组件 τ_1 中，高位复用器会根据其取值决定在密钥寄存器中选择哪个密钥作为输出，记为 $K_{\tau(\alpha)}$。

经过上面两步，最终可得到 F 组件的两个输出，可用如下公式表示：

$$O_0 = (K_{\tau_1(\alpha)} \ggg \tau_2(\tau_1(\alpha)))_8 \quad (3.28)$$

$$O_1 = ((K_c \oplus P) \,\&\, 0xF)_4 \oplus (((K_c \oplus P) \gg 4) \,\&\, 0xF)_4 \Leftrightarrow K_1 \oplus K_h \quad (3.29)$$

其中，符号" $\ggg$ "表示循环右移，符号" $\gg$ "表示无符号右移。由该公式可以看出，输出值 O_0 即将高位复用器选择的值 $K_{\tau_1(\alpha)}$ 循环右移 $\tau_2(\tau_1(\alpha))$ 个单位后得到的值，因此仍为八位二进制数。而输出值 O_1 为 $K_c \oplus P$ 之后的值，为四位二进制数。

当 F 组件得到两个输出值后，这两个输出值便作为 G 组件的输入，接下来将分析 G 组件的运行过程。G 组件结构如图 3-21 所示。

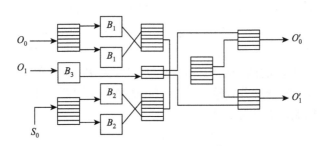

图 3-21　G 组件的结构图

在图 3-21 中，G 组件可看成一个简单的线性变换函数。该组件包括三个定义在 4bit 二进制数映射到 4bit 二进制数的线性子组件 B_1、B_2 和 B_3，具体的线性变换 $\{0,1\}^4 \mapsto \{0,1\}^4$ 见如下公式：

$$B_1 : (x_3, x_2, x_1, x_0) \mapsto (x_3 \oplus x_0, x_3 \oplus x_2 \oplus x_0, x_3, x_1) \quad (3.30)$$

$$B_2 : (x_3, x_2, x_1, x_0) \mapsto (x_1, x_3, x_0, x_2) \quad (3.31)$$

$$B_3 : (x_3, x_2, x_1, x_0) \mapsto (x_2, x_0, x_3 \oplus x_1 \oplus x_0, x_3 \oplus x_0) \qquad (3.32)$$

由图 3-21 可知，G 组件有三个输入，分别为 F 组件的两个输出值 O_0 与 O_1，加上移位存储器最右边的值 S_0，将这三个输入值载入该组件后，经过三个线性子组件的映射转换，最后可输出两个 6bit 的中间变量 O_0' 和 O_1'，将三个输入值按式（3.30）～式（3.32）计算，得到的输出值可用如下公式表示：

$$O_0' = (O_{0,7} \oplus O_{0,4} \oplus S_{0,5}, O_{0,7} \oplus O_{0,6} \oplus O_{0,4} \oplus S_{0,7}, O_{0,7} \oplus O_{0,4},$$
$$O_{0,5} \oplus S_{0,6}, O_{1,3} \oplus O_{1,1} \oplus O_{1,0}, O_{1,3} \oplus O_{1,0}) \qquad (3.33)$$

$$O_1' = (O_{0,3} \oplus O_{0,0} \oplus S_{0,1}, O_{0,3} \oplus O_{0,2} \oplus O_{0,0} \oplus S_{0,3}, O_{0,3} \oplus S_{0,0},$$
$$O_{0,1} \oplus S_{0,2}, O_{1,2}, O_{1,0}) \qquad (3.34)$$

当 G 组件输出两个 6bit 的值 O_0' 和 O_1' 后，这两个值又将作为 H 组件的输入值，接下来对 H 组件的运行机制做详细分析。H 组件结构如图 3-22 所示。

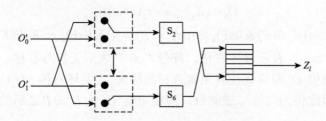

图 3-22　H 组件的结构图

由图 3-22 可以看出，该组件主要包含密码学 DES 算法中的 S_2 和 S_6 两个 S 盒，不过这里 S 盒的查找规则与 DES 算法中的查找规则不同。假设当 S 盒的输入为 $x_1 x_2 x_3 x_4 x_5 x_6$ 时，其中 $x_1 x_2$ 决定 S 盒的行指标，$x_3 x_4 x_5 x_6$ 决定 S 盒的列指标，再根据这两个指标进行查表便可得到相应 S 盒的输出值。由 H 组件的结构图可知，该组件的输入有三个，具体为 G 组件的两个输出值 O_0'、O_1' 和开关 T，而开关 T 的取值决定两个 S 盒的输入，两个 S 盒又分别输出一个 4bit 的值，将这两个 4bit 值组合最终得到一个 8bit 的密钥流，具体公式如下：

$$Z_l = \begin{cases} (S_2(O_1'), S_6(O_0'))_8, & T = 0 \\ (S_2(O_0'), S_6(O_1'))_8, & T = 1 \end{cases} \qquad (3.35)$$

以上便是 GMR-2 算法的构成，各组件相互配合，前一个组件的输出作为后一个组件的输入，最终生成加密所需的密钥字节。

2）对 GMR-2 算法的攻击

GMR-2 算法有两种破解方法，第一种方法是动态猜测决定攻击方法，主要是对算法的内部结构进行深入分析，揭示内部状态间的联系和算法的性质，从而得到四个引理，破解时主要针对会话密钥 Z_c 的前后四个字节 Z_h 和 Z_l 分别进行猜测，猜测过程中预先不知道具体需要猜测的位置，每次的猜测都会对之后的猜测产生影响，且验证过程和猜测决定过程是交织在一起的，根据引理进行验证和排除错误，最终得到正确的会话密钥。该方法的数据复杂度较低，针对 64bit 的密钥，只需猜测出 32bit 密钥即可。在 3.2GHz 个人计算机上试验了 1000 次后，恢复 64bit 密钥在 700s 内平均只需要猜测 28bit 的密钥。因此，这是一种低数据复杂度的攻击，该算法在破解时所需的密钥流较少，但是实时攻击所需的时间较长。

第二种方法是利用逆工程反推出 GMR-2 算法结构和加密过程，然后根据具体的结构找出突破口，即 F 组件中的读碰撞。进而将 K_0 或 K_4 的 2^8 种可能取值缩小，得到一些待验证密钥 K_0^j（或 K_4^j），并根据这些可能的密钥猜测出剩余密钥 $K_1^j \sim K_7^j$，最终对所有可能的会话密钥 K_c^j 进行验证，得到正确的会话密钥 K_c。整个解密算法大约需要 16 组密钥流，在普通个人计算机上即可以适中地计算复杂度恢复出相应会话密钥，若不根据读碰撞求出 K_0 或 K_4，而是直接猜测其所有可能的取值（2^8），那么解密所需的密钥流将会减少，但计算时间将会增加，是一种以攻击计算时间为代价来换取密钥流数减少的方法。

该破解算法已在个人计算机上实现，经过实际编程发现该算法所需的密钥流虽然相较猜测决定攻击方法较多，但是实时攻击的时间很短，大约在 0.3s 内便可恢复出会话密钥 K_c，具体方法如下。

（1）读碰撞求解密钥 K_0（或 K_4）。

根据对 F 组件的分析，可以得出如下几个重要性质，这几个性质便是进行攻击的突破口：α 的取值为 4bit，取值范围为 $(0, 0, 0, 0) \sim (1, 1, 1, 1)$，共 $2^4 = 16$ 种可能，并且由表 3-2 可以看出 $\tau_1(x)$ 和 $\tau_2(x)$ 均为 3bit，$\tau_1(x) \in \{0, 1, \cdots, 7\}$，$\tau_2(x) \in \{1, 2, \cdots, 7\}$，其中 $\tau_2(x)$ 不能取 0，且为 4bit 的时候有四种情况。表 3-2 中 τ_1 和 τ_2 的取值规则如下：

①当 $\alpha \in \{(0, 0, 1, 0), (1, 0, 0, 1)\}$ 时，查表可得 $\tau_1(\alpha) = 0$，$\tau_2(\tau_1(\alpha)) = 4$，此时高位复用器将在密钥寄存器中选择 K_0 作为输出值，进而得到 F 组件的输出值为 $O_0 = (\Psi(K_4, 0), \Psi(K_4, 1))$，即将密钥 K_0 的高四位和低四位互换得到的值。

②当 $\alpha \in \{(0, 1, 1, 0), (1, 1, 1, 0)\}$ 时，查表可得 $\tau_1(\alpha) = 4$，$\tau_2(\tau_1(\alpha)) = 4$，此时高位复用器将在密钥寄存器中选择 K_4 作为输出值，进而得到 F 组件的输出值为 $O_0 = (\Psi(K_4, 0), \Psi(K_4, 1))$，即将密钥 K_4 的高四位和低四位互换得到的值。

③当 $\tau_1(\alpha) = C$ 时，高低位复用器均选择相同的密钥流 K_C，即读碰撞（read-collision）。

由上述分析可知，若高位复用器选择 K_0（或 K_4），则 F 组件的输出 O_0 为 K_0（或 K_4）的高四位和低四位互换位置得到的值。首先选择破解 K_0（或 K_4）。GMR-2 的破解算法主要突破口在于读碰撞，通过读碰撞得密钥 K_0（或 K_4），并根据所获得 8bit 密钥 K_0（或 K_4）求得余下的 48bit 密钥值。经过加密算法得到的一系列密钥流是已知的，即 $(Z_8^i, \cdots, Z_{15}^i, Z_{16}^i, \cdots, Z_{22}^i)$，$i \in \{0, 1, 2, \cdots\}$。

根据对 GMR-2 算法结构的分析，当初始化完成之后，无论是否发生读碰撞，如下两个重要等式在生成密钥流阶段均成立：

$$S_0 = Z_8^i, \quad P = S_7 = Z_{15}^i \tag{3.36}$$

每轮均可生成 15B 的密钥流，主要用到密钥流 $(Z_8^i, Z_{15}^i, Z_{16}^i)$，运行至 16 拍时，由式（3.36）推出结果，且此时 $C = 16 \bmod 8 = 0$，$T = C \bmod 2 = 0$，即低位复用器选择 K_0。假设此时读碰撞，可以得到 $\tau_1(\alpha) = C = 0$，$\alpha \in \{(0, 0, 1, 0), (1, 0, 0, 1)\}$，此时可将中间变量 α 的公式代入并得到如下关系式：

$$\alpha = ((K_c \oplus P) \,\&\, \text{0xF})_4 \Rightarrow \begin{cases} K_{03} = \alpha_3 \oplus P_3 \\ K_{02} = \alpha_2 \oplus P_2 \\ K_{01} = \alpha_1 \oplus P_1 \\ K_{00} = \alpha_0 \oplus P_0 \end{cases} \tag{3.37}$$

由上面公式可知，K_0 的低四位可由已知的 α 和 P 求得，接下来推导 K_0 的高四位。将式（3.37）推导出的 K_0 的低四位代入 F 组件的输出公式后，可得到关于两个输出值的新的表达式，如式（3.38）和式（3.39）所示：

$$\begin{aligned} O_0 &= (K_0 \ggg 4)_8 \\ &= (\alpha_3 \oplus P_3, \alpha_2 \oplus P_2, \alpha_1 \oplus P_1, \alpha_0 \oplus P_0, K_{07}, K_{06}, K_{05}, K_{04}) \end{aligned} \tag{3.38}$$

$$\begin{aligned} O_1 &= (((K_c \oplus P) \ggg 4) \,\&\, \text{0xF})_4 \oplus ((K_0 \oplus P) \,\&\, \text{0xF})_4 \\ &= (K_{07} \oplus \alpha_3 \oplus P_7, K_{06} \oplus \alpha_2 \oplus P_6, K_{05} \oplus \alpha_1 \oplus P_5, K_{04} \oplus \alpha_0 \oplus P_4) \end{aligned} \tag{3.39}$$

式（3.38）中仅有 K_0 的高四位是未知的。接下来将 F 组件的输出作为 G 组件的输入，代入式（3.33）与式（3.34）中经过一系列线性变换后，可得 G 组件的输出为

$$\begin{aligned} O_0' &= (P_3 \oplus \alpha_3 \oplus P_0 \oplus \alpha_0 \oplus S_{05}, P_3 \oplus \alpha_3 \oplus P_2 \oplus \alpha_2 \oplus P_0 \oplus \alpha_0 \oplus S_{07}, P_3 \oplus \alpha_3 \\ &\quad \oplus S_{04}, P_1 \oplus \alpha_1 \oplus S_{06}, K_{07} \oplus P_7 \oplus \alpha_3 \oplus K_{05} \oplus P_5 \oplus \alpha_1 \oplus K_{04} \oplus \alpha_0, (\Leftrightarrow \lambda_1) \\ &\quad K_{07} \oplus P_7 \oplus \alpha_3 \oplus K_{04} \oplus P_4 \oplus \alpha_0)_{2^6} (\Leftrightarrow \lambda_0) \end{aligned} \tag{3.40}$$

$$\begin{aligned} O_1' = (\,&K_{07} \oplus K_{04} \oplus S_{01}, (\Leftrightarrow \eta_5) \\ &K_{07} \oplus K_{06} \oplus K_{04} \oplus S_{03}, (\Leftrightarrow \eta_4) \\ &K_{07} \oplus S_{00}, (\Leftrightarrow \eta_3) \\ &K_{05} \oplus S_{02}, (\Leftrightarrow \eta_2) \\ &K_{06} \oplus P_6 \oplus \alpha_2, (\Leftrightarrow \eta_1) \\ &K_{04} \oplus P_4 \oplus \alpha_0)_{2^6} (\Leftrightarrow \eta_0) \end{aligned} \tag{3.41}$$

简化公式，$\lambda = (\lambda_5, \lambda_4, \lambda_3, \lambda_2, \lambda_1, \lambda_0) \Leftrightarrow O_0'$，$\eta = (\eta_5, \eta_4, \eta_3, \eta_2, \eta_1, \eta_0) \Leftrightarrow O_1'$。得到的输出值作为 H 组件的输入，最终可得到密钥流的生成公式，具体如下：

$$Z_{16}^i = (S_2(O_1'), S_6(O_0')) = (S_2(\eta), S_6(\lambda)) \tag{3.42}$$

Z_{16}^i 是已知的密钥流字节，那么 S_2 盒和 S_6 盒的输出已知，由 S 盒的知识可知，S 盒的输出值需要由输入值决定其行列的选择。当输出确定时，行列指标有四种可能的取值，要求出密钥 K_0 的高四位，由式（3.40）可得

$$\begin{cases} K_{07} \oplus K_{05} \oplus K_{04} = P_7 \oplus \alpha_1 \oplus P_4 \oplus \alpha_0 \oplus \lambda_1 \\ K_{07} \oplus K_{04} = P_7 \oplus \alpha_3 \oplus P_4 \oplus \alpha_0 \oplus \lambda_0 \end{cases} \tag{3.43}$$

式（3.43）给出了 K_{07}、K_{05} 和 K_{04} 之间的关系，再由式（3.41）和式（3.43）联合并消去与 K_0 相关的项，可得如下判断方程组：

$$\begin{cases} \eta_5 \Leftrightarrow \lambda_0 \oplus P_7 \oplus \alpha_3 \oplus P_4 \oplus \alpha_0 \oplus S_{01} \\ \eta_4 \oplus \eta_1 \Leftrightarrow \lambda_0 \oplus P_7 \oplus \alpha_3 \oplus P_4 \oplus \alpha_0 \oplus S_{03} \oplus P_6 \oplus \alpha_2 \\ \eta_3 \oplus \eta_0 \Leftrightarrow \lambda_0 \oplus P_7 \oplus \alpha_3 \oplus S_{00} \\ \eta_2 \oplus \eta_5 \Leftrightarrow \lambda_1 \oplus P_7 \oplus \alpha_3 \oplus P_5 \oplus \alpha_1 \oplus P_4 \oplus \alpha_0 \oplus S_{01} \oplus S_{02} \end{cases} \tag{3.44}$$

该公式是由前提假设读碰撞发生时得到的，即若读碰撞发生，则此判断方程组成立；若读碰撞未发生，则此判断方程组不成立。在破解时需要根据此方程组来判断是否发生了读碰撞，从而找到产生读碰撞的密钥流。

由式（3.41）结合式（3.37）便可得到最终求解密钥 K_0 的式（3.45），具体如下所示：

$$\begin{cases} K_{07} = \eta_3 \oplus S_{00} \\ K_{06} = \eta_1 \oplus P_6 \oplus \alpha_2 \\ K_{05} = \eta_2 \oplus S_{02} \\ K_{04} = \eta_0 \oplus P_4 \oplus \alpha_0 \\ K_{03} = \alpha_3 \oplus P_3 \\ K_{02} = \alpha_2 \oplus P_2 \\ K_{01} = \alpha_1 \oplus P_1 \\ K_{00} = \alpha_0 \oplus P_0 \end{cases} \tag{3.45}$$

破解的关键在于分析式（3.44）的判断方程组，该方程组的左边包含 η（有四种可能的取值），右边包含 λ（有四种可能的取值）和 α（有两种可能的取值）。正如分析可知，两个 S 盒的输出均已知，那么根据输出值和表 3-3，即可对应得到 η 和 λ 的所有可能取值，并且 $\alpha \in \{(0, 0, 1, 0), (1, 0, 0, 1)\}$，故共有 $4 \times 4 \times 2 = 32$ 种可能的组合 $(\alpha, \lambda, \eta)_j$，$j \in \{0, 1, \cdots, 31\}$。若读碰撞发生，必存在一种组合 $(\alpha, \lambda, \eta)_j$，

使得判断方程（3.44）成立。当判断方程成立后，将得到的值代入式（3.45）便可恢复出一个字节的密钥 K_0。同理，求解密钥 K_4 与求解 K_0 的方法类似。

表 3-3　DES 算法的部分 S 盒定义

		0	1	2	3	4	5	6	7	8	9	10	11	12	13	14	15
S_2	0	15	1	8	14	6	11	3	4	9	7	2	13	12	0	5	10
	1	3	13	4	7	15	2	8	14	12	0	1	10	6	9	11	5
	2	0	14	7	11	10	4	13	1	5	8	12	6	9	3	2	15
	3	13	8	10	1	3	15	4	2	11	6	7	12	0	5	14	9
S_6	0	12	1	10	15	9	2	6	8	0	13	3	4	14	7	5	11
	1	10	15	4	2	7	12	9	5	6	1	13	14	0	11	3	8
	2	9	14	15	5	2	8	12	3	7	0	4	10	1	13	11	6
	3	4	3	2	12	9	5	15	10	11	14	1	7	6	0	8	13

　　将上述过程编程实现，可根据判断方程组得到发生读碰撞的密钥流，并根据此密钥流得到密钥 K_0 的几个可能取值，具体仿真结果如下：

```
Input
P is: 6d
S[0] is: 80
alpha is: 02
output
>gamma: 1d
find k0: ff
>gamma: 06
find ko: 2f
```

　　判断方程组中只有四个方程，而未知量的所有可能有 32 种，因此求得的解不唯一，也就是说据此求得的密钥 K_0 不止一个。但是其中只有一个是正确的，因此当根据这些可能的 K_0 经过第二部分得到一系列可能的会话密钥后，还需要经过第三部分的验证，从而恢复出正确的会话密钥 K_c。

　　（2）求解余下 48bit 密钥。

　　为了方便分析，假设根据读碰撞已经得到一个字节的密钥 K_0，将 GMR-2 算法的结构图简化，得到如图 3-23 所示的简化版。已知的输入 $T = C = 0$，$S_0 = Z_8^i$，$P = S_7 = Z_{15}^i$，$K = K_0$ 且输出 Z_{16}^i 也已知，若未发生读碰撞，那么唯一不知道的是 $K_{\tau(\alpha)}$ 的值。而当 $C = 0$ 时，$K_C \oplus P$ 的值是固定的，也就是 α 的值固定，那么此时的 $\tau_1(\alpha)$ 也是固定的，即 $K_{\tau(\alpha)}$ 肯定是 $K_1 \sim K_7$ 中的某一个。不妨记为 $K_m (m \in \{1, 2, \cdots, 7\})$，

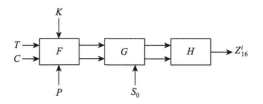

图 3-23　GMR-2 算法的简化结构图

而它的可能取值范围为 0～255，每取其中一个值赋给 $K_{\tau_1(\alpha)}$，即可得到相应的输出密钥 $(Z)_{16}^i$，与正确的输出 Z_{16}^i 比较验证，若两者相等，则证明取值是正确的，即得到了 K_m 的值；若不相等，则重新对 K_m 进行猜测和验证，直到猜测出正确的 K_m 值。重复以上步骤，分别代入不同的输出值 Z_{16}^i ($i\in\{0,1,2,\cdots\}$)，直到余下的 48bit 密钥 $K_1\sim K_7$ 被全部猜测得到。具体仿真结果如下：

```
When K0 is: ff
Get K0-K7:
K[0]: ff
K[1]: ff
K[2]: ff
K[3]: ff
K[4]: ff
K[5]: ff
K[6]: 3f
K[7]: 00
```

（3）验证。

假设经过读碰撞得到的密钥 K_0 有 j 个，记为 K_0^j，则每个 K_0^j 都可恢复出余下的密钥，从而可得到 j 个可能的会话密钥值 $K_c^j = (K_0^j, K_1^j, \cdots, K_7^j)$。因此，需要对这些备选会话密钥进行验证，即将得到的会话密钥 K_c^j 作为输入装载进 GMR-2 算法中，经过初始化和空跑后生成一组密钥流，将这组密钥流与已知的密钥流进行对比，若一致，则证明该备选密钥是正确的；否则继续验证下一个备选密钥，直到恢复出真正的会话密钥 K_c。

3.5.4　卫星信号干扰机实例

作为卫星互联网信号攻击的实例，下面介绍一个典型的外场固定式卫星信号干扰系统，如图 3-24 所示。该系统由干扰控制机箱、监测天线和监测机箱组成，干扰天线配置独立的支架，方便外场架设使用。

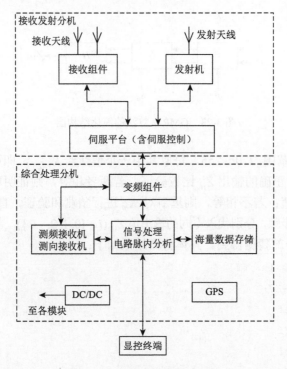

图 3-24 干扰系统组成示意图

干扰机工作时驻留在卫星频段，无缝直采信号，搜索识别跳频扩频（frequency-hopping spread spectrum，FHSS）类型的卫星信号，显示 FHSS 所有子载波频点，聚类多目标信号特征（子载波数、频率、子带宽、周期、持续时间等），提取最佳干扰频点，控制干扰源生成干扰谱。

驻留卫星频段无缝直采信号，搜索识别正交频分复用（orthogonal frequency division multiplexing，OFDM）类型卫星信号，显示 OFDM 所有子载波频点，聚类多目标信号特征，如子载波数、频率、带宽、周期驻留卫星频段无缝直采信号，搜索识别卫星信号，通过网络服务集标识（service set identifier，SSID）、MAC、协议结构等参数，判断是否有卫星信号通信，见图 3-25。

在监测获取的信息的基础上，系统可通过预定义干扰计划和干扰策略或人工控制进行干扰。监测及干扰主机可按策略生成特定规格的大功率干扰信号，对卫星实施电磁频谱干扰，切断卫星通信链路。

干扰界面可显示干扰方向和干扰区域，可直接由人工控制天线转台和干扰时机，进行手动干扰（见图 3-26 和图 3-27）。

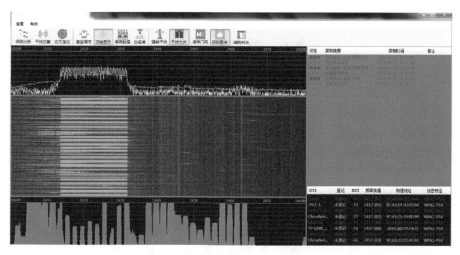

图 3-25　监测界面实际运行截图

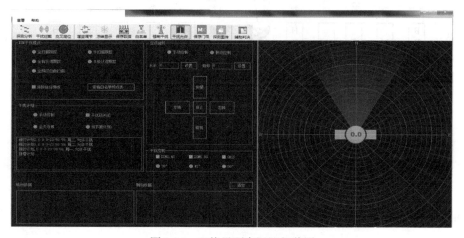

图 3-26　干扰界面实际运行截图

图 3-27　整机示意图

3.6 链 路 安 全

卫星通信链路是一种无线链路，按照 ITU 定义的电信基本术语，无线链路是指无线电发射机和无线电收接收机之间的信道。卫星通信链路由地球站发射机到卫星转发器的上行链路，以及卫星转发器到地球站接收机的下行链路构成，其通信过程如图 3-28 所示。

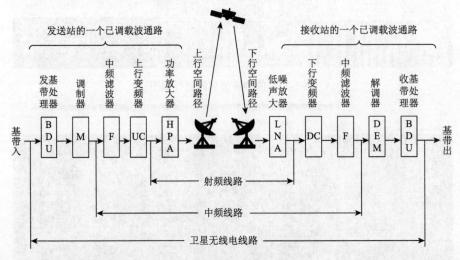

图 3-28 卫星通信链路示意图

3.6.1 通信链路的特点

卫星互联网由星地链路、星间链路等多种链路组成，是一个典型的大时空尺度异构通信网络，具有以下特点[12]。

1. 卫星节点暴露且信道开放

卫星互联网涵盖了高轨卫星网络（一般用于构建天基骨干网）和低轨卫星网络（一般用于构建天基接入网）。卫星节点直接暴露于空间轨道上，开放的信道易遭受非法截获、欺骗、重放、干扰等多种攻击。

2. 网络节点异构

卫星互联网的节点包括天基骨干节点（即高轨卫星）、天基接入节点（即低轨卫星）、地基节点（即地面站）和用户节点（高轨 Ka 频段终端、低轨 L 频段终端、

低轨 Ka 频段终端等），很明显不同节点的功能、部署使用场景、通信和接入机制
存在极大差异。

3. 网络拓扑高度动态变化

卫星互联网天基接入节点（低轨卫星）和地面始终处于异步高速运转状态。
因此，卫星互联网各节点间拓扑结构也在高速变化，需要频繁切换星间、星地的
无线链路互联，以保持链路通信不间断。

4. 用户链路的快速切换

受到低轨卫星的高速运动，以及覆盖范围有限的影响，用户终端和特定的单
颗卫星持续通信的时间不长，所以只要超出信号覆盖范围后，原有的用户链路就
会失效。为了保证通信不出现间断的情况，用户终端通信链路必须进行快速切换，
在后续卫星进入覆盖范围之后。

5. 卫星载荷能力受限

由于一些因素的干扰，如有效载荷的功耗、体积、重量等，还有太空等自然
恶劣环境的影响，卫星的信息处理能力会受到很大的限制。为了保证业务信道的
有效传输能力，控制信道的带宽也会受到限制，而且卫星发射后星载硬件因成本
原因很难升级改造，因此难以实现卫星载荷能力的有效扩展。

上述这些特点给建立安全的卫星互联网链路带来了诸多挑战，因此在设计链路安
全机制和技术手段时需要充分考虑这些因素，以确保相关解决方案的可行性和实用性。

3.6.2　通信链路的安全威胁

卫星互联网通信链路主要涉及无线接入、节点互联和链路切换，是通信链路
安全需要重点考虑的环节[12]。

1. 无线接入安全威胁

无线接入分为卫星节点的组网接入和用户终端的访问接入。第一，卫星互联
网通过开放的无线链路进行通信，包括了天基节点、地基节点以及用户终端。由
于其开放性，网络易被攻击，如面临身份假冒、信息窃听、篡改和重放等威胁，
造成非法访问系统、泄露信息甚至异常工作。

第二，用户终端接入网络时需要上报身份信息，如果攻击者截获了传输时的
终端身份信息，将造成信息暴露，防护变得脆弱。

所以，为了保证真实和合法，用户终端或者卫星节点在接入地面网络的时候，
必须对身份进行认证，并加密和完整性保护控制面和用户面的信息。

2. 节点互联安全威胁

因为卫星互联网的拓扑结构，包括天基接入网，都在不断变化，所以要使得通信业务保持稳定畅通，必须通过无线链路互联，包括星间节点间和星地节点间。节点互联会面临一些威胁，主要有假冒身份、窃听信息、篡改信息以及重放信息等，这些威胁可能导致卫星节点遭到非法访问和攻击，进而使节点互联发生异常；无线链路的路由协议也可能遭到恶意攻击，这一威胁可能导致网络性能下降，最终可能导致网络瘫痪。因此，在天基网络拓扑高速变化、高时延等复杂时空环境下，保障卫星互联网安全运行的关键在于，既能实现设备的可靠与高效率互联认证，又尽可能减少对星载资源和信道的占用，实现卫星节点可靠、可信的互联安全控制。

3. 链路切换安全威胁

用户终端移动切换的安全性主要会遭到用户链路开放特性带来的威胁。而在链路切换过程中发出的控制消息，也会遭到窃取、篡改、伪造、重放等攻击威胁。这些威胁可能导致通信中断，进而无法为用户提供可靠的通信服务。

一方面，当通信过程中发生切换时，如果用户终端与卫星节点进行重新认证，将会造成通信断续，影响用户使用；另一方面，由于用户终端的移动切换过程主要是在星上完成，而卫星载荷的处理能力有限，频繁切换会消耗卫星载荷的计算资源，影响其他功能的正常执行。

3.6.3　通信链路的安全技术

1. 无线安全接入

用户终端和卫星节点无线接入的认证，以及空口数据加密和完整性保护等安全防护机制，可以保证复杂时间和空间环境下的卫星互联网接入安全。

1）用户终端接入认证

卫星互联网的用户终端一般分为低轨 L 终端、低轨 Ka 终端和高轨 Ka 终端三类。对于用户终端的空口标准不同，采用的认证协议体系也会不同，需融合接入认证协议和系统控制信道通信流程，再利用地面认证服务系统，来完成统一的用户终端接入认证服务。此外，为了让卫星载荷的处理负担降低，用户终端所有的认证信息，可以让地面进行处理，而卫星载荷不必进行此步骤，可直接进行透明转发。三种类型用户终端接入认证的示意图如图 3-29 所示。

低轨 L 终端工作于 L 频段，空口标准采用地面通用移动通信系统的卫星扩展标准（satellite component of the universal mobile telecommunications system，S-UMTS），

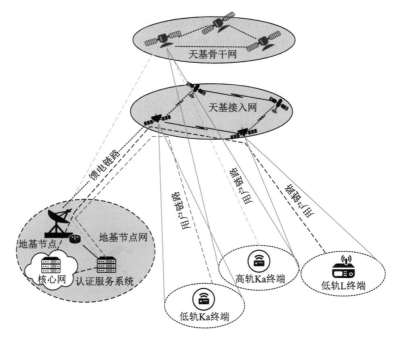

图 3-29　三种类型用户终端接入卫星互联网

具有与地面 4G 移动通信系统相同的接入特性，为用户提供移动通信服务。因此，低轨 L 终端接入认证可借鉴 4G 移动通信网络的认证与密钥协商（authentication and key agreement，AKA），改进接入认证机制和协议体系。

　　高轨/低轨 Ka 终端均工作于 Ka 频段，空口采用 DVB，可借鉴公钥基础设施（public key infrastructure，PKI）的认证体系，设计统一的接入认证流程，基于空间数据系统咨询委员会（Consultative Committee for Space Data System，CCSDS）链路层安全协议规范，将认证数据包嵌入 CCSDS 链路层数据帧，采用终端私钥对身份信息进行签名，保证终端身份的唯一性和真实性，实现高轨/低轨 Ka 终端的接入双向认证、控制面/用户面密钥生成和分发，建立 Ka 终端与地基节点、卫星节点的安全关联，确保无线链路传输的信令和业务信息的机密性、完整性。

　　如用户需要对于身份隐私有较高安全需求，加密上报的身份信息时，可使用认证服务系统的公钥证书，从而有效防止用户身份暴露（在信息被窃取之后）。此外，可将时间戳信息嵌入上报的信息，有效防止重放攻击。

　　2）卫星节点接入认证

　　在通信层面上，卫星节点（包括天基骨干节点和天基接入节点）的馈电链路也采用 DVB 空口标准接入网络。因此，卫星节点接入认证可看成 Ka 终端接入认证的特殊情况。卫星节点的接入认证可实现骨干节点和接入节点的入网双向认证和控制面/用户面密钥派生，通过地面认证服务系统来实现，与 Ka 终端接入认证机制和流程保持一致。其认证过程参照 CCSDS 链路层安全协议规范，基于 PKI 的公私钥认证体系进行改进，采用对称和非对称密码体制相结合的方式。

2. 节点互联安全技术

在天基网络拓扑结构不断发生改变时，节点互联安全技术可以发挥作用。节点互联安全技术定义是为相邻的节点之间，提供互联认证安全机制，和空口数据加密和完整性保护机制。按照系统通信架构分类，节点互联认证可分为两种认证互联场景，分别是星间和星地。需要不断进行节点间的无线链路互联，才能保障天基网络的畅通，所以节点互联安全技术是系统安全运行的关键。节点互联认证示意如图 3-30 所示。

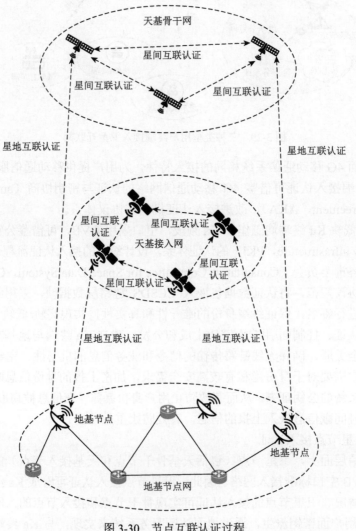

图 3-30　节点互联认证过程

以星间互联认证为例，卫星节点之间的互联认证均属于端到端认证，不涉及系统网络其他节点或设备。因此，节点互联在进行改进时，可以借鉴 PKI 基于非对称密码的认证体制。在卫星节点建立连接时，将互联认证协议嵌入节点互联的控制协议中，实现卫星节点之间的双向认证以及实现星间链路控制面密钥派生，用于节点间无线链路传输的信令信息的加密和完整性保护。

节点互联认证工作后，可以确保通信双方身份的真实性，并保证合法节点之间的互联不出现问题，可预防假冒节点对合法节点的欺骗，从而实现端到端信息的可靠传输。因为节点互联的场景过于频繁，所以为了节约卫星节点的计算资源占用和信道开销，在认证策略上，可以选择定期认证的方式。

3. 用户终端安全链路切换可信保持技术

卫星互联网各节点间相对位置是动态变化的。提供无缝网络接入服务必须使用安全切换机制，因为需保证用户终端之间通过天基接入网进行不间断的通信。当低轨 L/Ka 终端在不同卫星节点之间切换时，不但需要解决切换过程中的切换控制信令的保护问题，还需要解决用户终端和卫星节点之间信任关系的无缝传递，以及接入层信令保护密钥等安全参数的传递问题。

源接入卫星和目的卫星之间在移动切换发生之前必须进行节点互联认证，可以更好利用互联认证过程中协商地保护密钥，这样才可以为接下来的切换控制信令和密钥传递提供机密性和完整性保护。

移动切换时用户终端发起请求，源接入卫星将与用户终端接入认证派生的控制密钥经过保护密钥加密传递给目的卫星，形成用户终端与目的卫星的安全关联。用户终端信任源接入卫星，源接入卫星信任目的卫星，从而完成用户终端与卫星节点的信任关系的信任传递。此时，用户终端与目的卫星并不需要重新认证，在此过程中，不但实现了用户终端安全的移动切换与可信保持，还实现了新用户链路的快速建立，保证移动切换时通信业务不被中断，体现了通信业务的连续性。其工作原理如图 3-31 所示。

此安全移动切换机制虽然参考了 4G 移动网络的切换机制，但是又有自身的特殊性，包括以下两点：一是低轨卫星移动速度快，为了避免用户通信中断，需要将安全移动切换设置为较高的优先级；二是由于必须减少对卫星资源的过度消耗，以及控制信道的开销，该安全移动切换机制简化了 4G 安全移动切换协议的流程，但仍旧保持了高效性和快捷性。通过用户终端的安全移动切换和可信保持机制的设计及实现，能够实现终端与目的节点的可信保持，保证通信双方身份的真实性，实现移动切换时保护相关信令（如切换请求、参数传递等），确保移动切换过程的安全性。

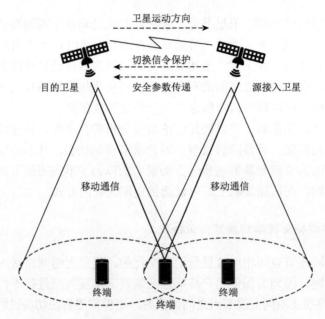

图 3-31   用户终端安全移动切换可信保持工作原理

3.6.4   通信链路协议的安全机制

由于卫星通信链路的无线传输特性，传输数据很容易被截获和破坏，因此链路面临的攻击威胁极为突出，建立保密、完整、可用、可信、可靠的链路协议安全机制尤为重要[13]。链路协议安全机制主要包括以下几种。

（1）保密性机制：此服务保护数据不泄露给非授权用户。同时，它可以防止未经授权发布消息内容，还可以对信息流分析（如来源、目的地、频率、长度）提供保护。加密是提供该服务的主要技术之一。由于卫星通信很容易被拦截，除免费信息广播之类的应用，卫星通信都需要提供加密服务。

（2）认证机制：该服务保证通信实体的真实性，通信双方可利用该服务确保消息来自合法的通信实体。由于模仿用户在无线通信中较为容易，且 IP 地址字段不可信，有必要为卫星通信提供强大的身份认证机制。

（3）完整性机制：此服务确保收到的消息与发送的消息相同，即消息在传输的过程中不被无意或恶意的破坏，通常可使用数字签名技术提供该服务。若缺乏此机制，则攻击者很容易修改数据包或生成新的数据包。卫星通信链路非常容易受到干扰，因此有必要为卫星通信提供完整性服务。

（4）不可抵赖机制：此服务防止发送方或接收方否认曾发送过或接收过消息，通常可以通过身份认证和数字签名提供该服务，而新兴的区块链技术将在不可抵赖性方面发挥重要作用。在某些应用中可能需要此服务，如基于卫星通信的金融交易。

（5）访问控制机制：该服务允许通过通信链路限制对主机系统和应用程序的访问。一般来说，该服务需要身份认证服务的支持。

（6）密钥管理和交换机制：此服务允许在通信实体之间安全地协商共享密钥。虽然其他安全服务可以以类似的方式用于单播和多播通信，但密钥管理服务很难从单播扩展到多播。

可以看出，密码机制和基于密码的安全协议是实现卫星链路安全的基础和保障。例如，互联网协议安全（internet protocol security，IPSec）可以为网络通信提供身份验证、完整性、机密性和不可否认性保护。在这些安全协议和密码机制的实际应用中，密钥的管理是重中之重。因此，下面将重点介绍一种适用于卫星互联网链路安全机制的集中式分层组密钥分配方案。

1. 集中式分层组密钥分配方案概述

假设该组中有 $|M|$ 个成员，有一个组控制器（group controller，GC）。该方案基于密钥树层次结构。当成员 M_i 离开组时，可以更改他拥有的所有密钥，而 M_i 无法获得新的密钥。层次结构密钥的优势在于，密钥更改只需要发送 $2\log_2|M|-1$ 条基本消息。

基于树结构的密钥层次结构如图 3-32 所示，根节点上的密钥 K 是组密钥，位于叶子上的密钥 $(K_{m_l\cdots m_0})$ 是 GC 和组成员之间共享的唯一密钥。每个组成员都拥有从根到其节点的路径中的所有密钥（包含 $\log_2(|M|-1)+1$ 个密钥）。组成员 M_i 的密钥集 KS_i 定义为 $\mathrm{KS}_i=\{K_{m_l\cdots m_j}\,|\,0\leqslant j\leqslant l\}\bigcup\{K\}$，其中 $l=\log_2|M|-1$，$m_l\cdots m_0$ 是 i 的二进制表示（例如，$|M|=8$，$l=2$，对于成员 M_2，其密钥集为 $\mathrm{KS}_2=\{K_{010},K_{01},K_0,K\}$）。

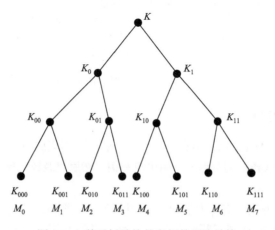

图 3-32　基于树结构的密钥的层次结构

2. 成员加入时的密钥更新

当有成员加入组时，GC 会向其发送密钥集 KS_i。该密钥集由连接树根和叶子节点路径上的所有节点的密钥组成。组成员已具有与组控制器共享的唯一密钥 $K_{M_i} = K_{m_l \cdots m_0}$。旧的组密钥标记为 K，新的组密钥标记为 K'。这里假定树有足够的叶节点来接受新成员的加入。

新成员加入时的密钥更新如图 3-33 与算法 3-1 所示。当新成员 M_5 加入组时：将组密钥 K 更改为新密钥 K'，并广播给组成员，该广播消息使用旧组密钥 K 加密进行保护。然后，在使用仅由 M_5 和 GC 共享的密钥 K_{M_5} 进行加密后，将 $KS_5 - \{K_{101} = K_{M_5}\}$ 发送给 M_5。

算法 3-1 成员加入 (M_i)；

GC_send($E_K(K')$)；/*向组成员广播*/

GC_send($E_{K_{M_i}}(KS_i - \{K_{M_i}\})$)；/*发送给 M_i 的消息；其中没有发送 K_{M_i} */

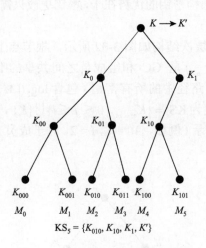

$$KS_5 = \{K_{010}, K_{10}, K_1, K'\}$$

图 3-33 新成员加入时的密钥更新

3. 成员离开时的密钥更新

当一个组成员 M_i 离开该组时，KS_i 中的整个密钥集必须更新为新的密钥集。该算法从树的叶子（较低的节点）开始更改密钥，然后更改较高层次的密钥（$K_{m_i \cdots m_j}$，$j = 1, 2, \cdots, l$）。

假设成员 M_i 退出，KS_i 中的所有密钥都需要被删除，即删除并更新 M_i 所在叶节点到组密钥 K 所在节点整个路径上所有节点的密钥。更新首先删除叶节点的密钥，然后逐层往上更新一直到组密钥 K。首先密钥 $K_{m_i \cdots m_0}$ 被删除，对其上层节

点产生一个新密钥 $K_{m_l\cdots m_1}$，该密钥仅由 M_i 的邻居 $M_{m_l\cdots \bar{m}_0}$ 使用，使用密钥 $K_{m_l\cdots \bar{m}_0}$ 加密 $K_{m_l\cdots m_1}$，将 $K_{m_l\cdots m_1}$ 安全地传输到 $M_{m_l\cdots \bar{m}_0}$。接下来对 $K_{m_l\cdots m_1}$ 的父节点进行更新，产生一个新的密钥 $K_{m_l\cdots m_2}$，分别使用 $K_{m_l\cdots m_1}$ 和 $K_{m_l\cdots \bar{m}_1}$ 对 $K_{m_l\cdots m_2}$ 加密得到 $E_{K_{m_l\cdots m_1}}(K_{m_l\cdots m_2})$ 和 $E_{K_{m_l\cdots \bar{m}_1}}(K_{m_l\cdots m_2})$，并将 $E_{K_{m_l\cdots m_1}}(K_{m_l\cdots m_2})$ 和 $E_{K_{m_l\cdots \bar{m}_1}}(K_{m_l\cdots m_2})$ 广播给 $K_{m_l\cdots m_1}$ 和 $M_{m_l\cdots \bar{m}_1}$ 所在节点的所有子节点。如此继续往上层更新，直到更新到组密钥 K。

图 3-34 与算法 3-2 描述了成员 M_4 离开时的密钥更新方法。当成员 M_4 离开时，必须更改 KS_4 中的所有密钥(K_{100}, K_{10}, K_1, K)。首先删除 K_{100}，生成新的 $K_{10}=K_{10}'$，然后使用 K_{101} 加密 K_{10} 并发送给 M_5；其次，产生新的 $K_1=K_1'$，分别使用 K_{10} 和 K_{11} 加密 K_1，并将 $E_{K_{10}}(K_1)$ 广播给 K_{10} 所有叶节点，将 $E_{K_{11}}(K_1)$ 广播给 K_{11} 的所有叶节点；最后产生新的组密钥 $K=K'$，使用 K_0 加密 K，并将 $E_{K_0}(K)$ 广播给 K_0 的所有叶节点，同时使用 K_1 加密 K，并将 $E_{K_1}(K)$ 广播给 K_1 的所有叶节点。

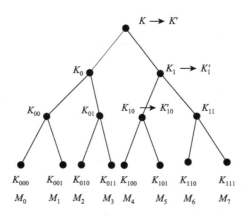

图 3-34　成员 M_4 离开时的密钥更新例子

算法 3-2　离开(M_i)；
/*GC 更改密钥 KS_i 并向组成员广播*/
/*选择一个新的密钥*/
$$K_{m_l\cdots m_1}=K_{m_l\cdots m_1}'$$
/*发送给 M_i 的邻居*/
$\text{GC\_broadcast}(E_{K_{m_l\cdots \bar{m}_0}}(K_{m_l\cdots m_1}))$
for $j=2$ to l do
　　/*选择一个新密钥*/
　　$$K_{m_l\cdots m_j}=K_{m_l\cdots m_j}'$$
　　/*广播到该密钥所在节点的左半子树叶节点成员*/
　　$\text{GC\_broadcast}(E_{K_{m_l\cdots m_{j-1}}}(K_{m_l\cdots m_j}))$

> /*广播到该密钥所在节点的右半子树叶节点成员*/
>
> GC_broadcast$(E_{K_{m_l \cdots m_{j-1}}}(K_{m_l \cdots m_j}))$
>
> 结束；
>
> $K = K'$；/*选择一个新的组密钥*/
>
> /*广播到左半子树的所有叶节点*/
>
> GC_broadcast$(E_{K_0}(K))$；
>
> /*广播到右半子树的所有叶节点*/
>
> GC_broadcast$(E_{K_1}(K))$

该算法为树的每一层广播两条消息，最底层仅广播一条消息（因为 M_i 离开了组）。故更新密钥所需的消息总数为 $2 \times (l+1) - 1 = 2\log_2 |M| - 1$。

4. 组密钥更新

为了定期更改组密钥，可以使用旧的组密钥来保护新的组密钥的传输，如算法 3-3 所示。

> **算法 3-3**　组密钥更新 Re-key()；
>
> GC_send$(E_{K_{g\_old}}(K_{g\_new}))$；
>
> /*向组成员广播*/

5. 组规模的增加

该密钥分配算法将从一个大小合理的树开始。但是，加入组的成员可能会超过树叶节点的数目。发生这种情况时，密钥分发必须有效地适应这种变化。该方案提供了一种树的大小倍增的机制。当前树已满并且组控制器收到来自新成员加入组的请求时，将执行此操作。

增加树的大小是通过在当前树的顶部添加一个新层来完成的。这将产生另一个大小与前一个子树相同的子树。组成员标识符将通过 $l+1$ 位的二进制串编码。所有以前的密钥都从 $K_{m_l \cdots m_j}$ 重命名为 $K_{0m_l \cdots m_2}$（密钥索引的前缀为 0）。新加入的成员将位于右子树上，标识符以 1($M_{1m_l \cdots m_0}$) 开头，密钥下标的二进制以 1 开始($K_{1m_l \cdots m_j}$)。旧的组密钥 K 重命名为 K_0，并生成新的组密钥 K。

在树中添加一个层，可以将组大小增加一倍。图 3-35 展示了组规模增加的操作。为以前组中的所有密钥添加前缀 0，重新编号，0 表示它们在左子树中使用。同时更新新的组密钥 K。

只有当实际组成员数量等于树中的最大叶子数时，才会执行组规模增加的操作。当成员离开组时，其叶子可以重新分配给加入组的下一个成员。

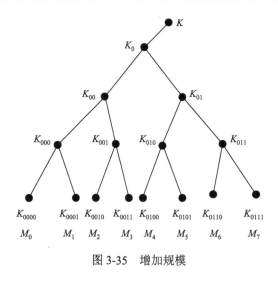

图 3-35　增加规模

3.7　卫星通信链路的冗余备份

冗余备份是保证信息安全的重要手段。类似地，在卫星通信链路上设置通信冗余有助于防止关键链路出现故障，防止产生网络环路，并将网络停机时间降至最短。

卫星通信链路冗余是在源设备和目标设备之间设置备用通信路径。冗余环路可以在信号意外断开时提供备份传输路径，但是会导致数据帧无休止地循环并湮没网络，因此卫星通信网络中不允许使用环或环路，而是采用可靠的冗余协议，以消除环路问题、维护默认数据路径以及可靠的备用路径切换。其中，采用链路聚合和快速生成树协议（rapid spanning tree protocol，RSTP）相结合的卫星通信系统能够满足卫星通信的可靠性要求，且成本较低。

3.7.1　快速生成树协议

RSTP 通过形成跨越网络上所有的逻辑树网络来防止环路问题。树的底部是"根网桥"，它通过"根优先级"属性预配置，RSTP 确保网络中的某些链路处于备份状态，这样就不会有信号通过链路，从而中断通信网络中的任何物理环路，如图 3-36 所示。如果出现网络通信问题，将根据需要重新启用备份链路，以恢复与所有设备的连接。网络通信故障自动恢复是快速的，可以最大限度地减少数据丢失并确保系统正常运行。若配置正确，则 RSTP 能够在几百毫秒内恢复通信。

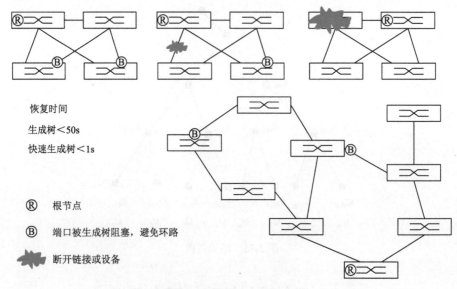

图 3-36　快速生成树协议

3.7.2　PRP 和 HSR 无颠簸冗余

国际标准引入了高可用性网络的新概念，并定义了并行冗余协议（parallel redundancy protocol，PRP）和高可用性无缝冗余（high-availability seamless redundancy，HSR）协议。这些协议提供了关键高速功能所需的无颠簸冗余，故障切换时间为0ms。发送方使用两个同时传输相同数据的独立接口。然后，冗余监控协议确保接收方仅使用第一个数据包，并丢弃第二个数据包。若只接收到一个数据包，则接收方知道另一条路径上发生了故障。

1. 并行冗余协议

PRP 在终端设备中实现，具有 PRP 的终端设备称为 PRP 的双连接节点（double attached node implementing PRP，DANP），并与两个独立网络通信中的每个网络连接。这两个网络可能具有相同的结构，也可能在拓扑和性能上有所不同。具有单个网络接口的标准设备称为单连接节点（single attached node，SAN）。SAN 可以直接连接到两个网络中的其中一个，但不能连接到另一个网络；也可以将一个或多个 SAN 连接到两个网络的冗余盒（RedBox）。在许多应用程序中，只有关键设备需要双网络接口，不太重要的设备可以连接为 SAN，带或不带 RedBox。

2. 高可用性无缝冗余协议

与 PRP 不同，HSR 协议主要用于环形拓扑。与 PRP 一样，它使用两个网络端口，但不同的是 HSR 协议连接包含一个 DAN H（HSR 的双连接节点），该节点连接两个接口以形成一个环。每个 HSR 节点从网络中获取所有只发送给它的帧，并将它们转发给应用程序。多播和广播消息由环中的每个节点转发，并传递给应用程序。为了防止多播和广播帧永远循环，最初在环上已配置多播或广播帧的节点将在完成后立即被移除。

3.8　卫星互联网通信链路攻击案例

3.8.1　机载通信链路攻击

在一次飞行旅途中，来自 IOActive 团队的 Ruben Santamarta 对挪威航空的机载 WiFi 系统进行了研究，他通过被动收集到的流量数据看到一些常用的服务（如 Telnet、HTTP 和 FTP）包含某些 IP 地址，并且未授权即可直接访问机载卫星通信的某些调制解调器[14]。

分配给乘客设备的 IP 地址可重定向，一个示例如图 3-37 所示。

```
NetRange:        128.65.0.0 - 128.65.255.255
CIDR:            128.65.0.0/16
NetName:         RIPE-ERX-128-65-0-0
inetnum:         128.65.80.0 - 128.65.95.255
netname:         ROW44
descr:           Hughes Network Systems GmbH
country:         DE
```

图 3-37　可重定向 IP 地址

来自外部主机的网络扫描如图 3-38 所示。

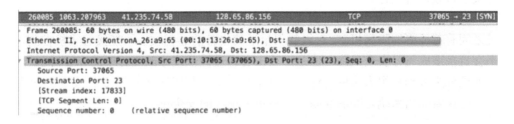

图 3-38　来自外部主机的网络扫描

使用通过网络扫描的 IP 地址从地面访问 Web 界面，而不需要身份验证。HX200 是一款高性能卫星路由器，旨在提供基于 IP 动态分配的高带宽卫星

IP 连接服务。图 3-39 显示不需要身份认证访问 Web 界面，虽然能够获取的信息较少，但能够接触到图示页面就已经证明了问题的严重性。

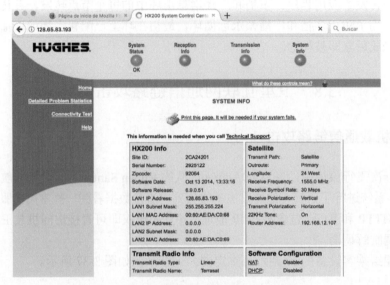

图 3-39　没有身份认证下访问 Web 界面

除此之外，Ruben Santamarta 进行深入研究后，发现了各种类型漏洞，包括协议和配置等缺陷，攻击者可以通过航空卫通链路拦截和破坏包括机载 WiFi 的通信，从地面攻击飞机。

同时，物联网恶意软件也会威胁飞机的飞行安全，例如，Gafgyt IoT 僵尸网络可利用物联网设备中的漏洞进行攻击。据相关资料显示，研究人员曾经发现，Gafgyt IoT 僵尸网络对连接飞机卫星通信终端的地面路由器进行攻击，虽然不能说明此物联网恶意软件的目的是机载 SATCOM 调制解调器，但此僵尸网络事实上感染了机载设备进行。

虽然目前大多数民航客机的飞行控制系统、娱乐系统、通信导航系统等各系统之间有着严格的隔离机制，对机载卫星通信设备的远程攻击不能接管飞机控制，不会直接造成飞行安全风险，但是，攻击者通过拦截或修改飞行中的 WiFi 流量，可能造成乘客和机组人员的恐慌，并且未来的新一代民航客机为便于远程维护管理已在探索隔离系统之间的互联，这将带来更大的安全挑战。

3.8.2　车载通信链路攻击

以色列网络安全公司 Regulus Cyber 最近的研究显示，特斯拉 Model S 和 Model 3 电动汽车的导航系统易受网络攻击[15]。在驾驶测试过程中，Regulus Cyber 攻击了一辆使用自动驾驶导航（navigate on autopilot，NOA）系统的特斯拉 Model 3。NOA 是一项依赖于 GNSS 的功能，能够让特斯拉 Model 3 转弯和变道而无须驾驶员确认。

如图 3-40 所示，为了干扰 Model 3 的自动驾驶导航系统，Regulus Cyber 将卫星欺骗信号发送给安装在车顶的天线，假坐标对应的位置是高速公路出口前 150m 处。Model 3 接收欺骗信号后立即做出减速反应，而驾驶员来不及纠正，向右转向驶出紧急出口，无法回到高速公路。

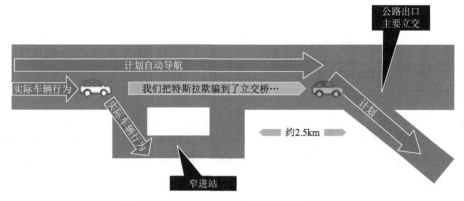

图 3-40　Regulus Cyber 攻击特斯拉 Model 3

Regulus Cyber 的试验暴露了高级驾驶辅助系统（advanced driving assistance system，ADAS）和自动驾驶汽车的网络安全风险。面对 GNSS 依赖的不断增加，应主动应对网络安全问题。

3.8.3　手机 GNSS 攻击

2017 年 9 月 28 日，在波特兰会议中心举行的第 17 届美国导航学会（Institute of Navigation，ION）年会上，发生了波特兰干扰事件[15]，其原理如图 3-41 所示。与会者注意到手机出现了故障——短信和电子邮件功能被禁用，电话日期和时间被重置为 2014 年 1 月的某个时间，位置被重置为法国图卢兹。

经过几个小时的混乱，GPS 专家通过使用定向干扰探测器确诊了问题，展会开启了用于演示的 GNSS 模拟器。尽管 GNSS 模拟器没有天线，且被塑料盖遮挡，但信号仍会干扰几十米外的手机。

恢复与会者手机上正确的日期、时间和位置采取了不同方法，绝大部分手机可以在展厅外的露天环境中暴露几分钟后，实现时间的正常恢复。但部分手机需通过数次人工手动调整，才能实现恢复正常。小部分手机必须在恢复原厂设置之后才能恢复，这种情况手机里的数据会被清除。

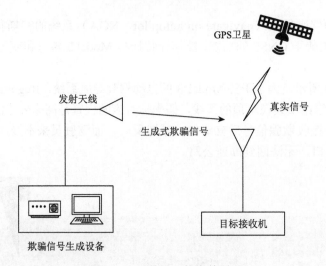

图 3-41 波特兰干扰事件原理

波特兰干扰事件的偶然性反映了 GNSS 实际干扰的可行性，特别是在会议中心等室内场所，即使大楼里挤满了 GNSS 专家，修复受影响的设备也需要花费几个小时。

3.9 本章小结

本章从信号与链路两个层面详细介绍了卫星互联网面临的安全威胁与应对方法，包括空口信号的监测技术，无线通信的信号抗干扰、反欺骗、防窃听原理与手段，通信链路的安全机制与攻击案例等。

参 考 文 献

[1] 国际电信联盟. 全球宽带卫星系统空中接口的技术特性[R]. 日内瓦: 国际电信联盟, 2005.

[2] 国际电信联盟. SM 系列频谱管理. 测量技术和卫星监测信技术[R]. 日内瓦: 国际电信联盟, 2018.

[3] 李晶, 王猛, 郑家祥. 卫星通信系统干扰技术研究[J]. 舰船电子工程, 2007, (3): 77-79.

[4] 刘小强. 卫星通信抗干扰技术及发展趋势探讨[J/OL]. https://wenku.baidu.com/view/61bf5758d8ef5ef7ba0d4a7302768e9950e76e46.html[2019-10-20].

[5] 轩辕实验室. GNSS 欺骗与反欺骗[EB/OL]. https://zhuanlan.zhihu.com/p/302798718[2020-2-10].

[6] 仁彪, 王文益, 卢丹, 等. 卫星导航自适应抗干扰技术[M]. 北京: 科学出版社, 2015.

[7] 边少锋, 胡彦逢, 纪兵. GNSS 欺骗防护技术国内外研究现状及展望[J]. 中国科学: 信息科学, 2017, 47(3): 275-287.

[8] 林敏, 解路瑶, 顾晨伟. 基于统计信道状态信息的多波束卫星系统安全波束成形设计[J]. 工程科学与技术, 2021, (5): 180-187.

[9] 韩帅, 台祥雪, 孟维晓, 等. 空天地通信网络的物理层安全系统模型与关键技术[J]. 电信科学, 2018, (3): 23-31.

[10]　Steinberger J A. A survey of satellite communications system vulnerabilities[D]. Kaohsiung: Air Force Institute of Technology, 2008.

[11]　柏露. 卫星电话中 GMR-1 和 GMR-2 加密算法的安全性分析[D]. 西安: 西安电子科技大学, 2015.

[12]　曾勇, 王驭, 徐文斌. 天地一体化信息网络无线链路安全防护技术探讨[J]. 信息安全与通信保密, 2020, (10): 100-106.

[13]　Guevara N, Laurent V A. Security issues in internet protocols over satellite links[C]. Vehicular Technology Conference, Amsterdam, 1999, (5): 2726-2730.

[14]　FreeBuf. BlackHat 2018/卫星通信系统存在漏洞, 飞机网络有被远程攻击的风险[EB/OL]. https://www. sohu.com/a/246920367_354899[2018-4-5].

[15]　今日北斗. 盘点 | 卫星导航史上十大干扰与欺骗事件[EB/OL]. https://jishuin.proginn.com/p/763bfbd51ee4?ivk_sa = 1024320u[2021-3-10].

第4章　卫星互联网的网络与数据安全

通信与计算是卫星互联网应用的基础，网络与数据安全是卫星互联网安全的核心内容。本章参考传统信息安全的理论与技术，针对卫星互联网的运行机制和特点，从接入安全、异常检测、终端安全、业务安全、数据安全等层面介绍和分析卫星互联网的网络与数据安全技术。

4.1　卫星互联网的接入安全技术

在本书第 3 章已经讨论了基于公钥密码技术以及 PKI 的卫星互联网的天基卫星节点接入安全和地基终端节点的接入安全技术。本节将针对卫星互联网的应用和服务，从应用层出发，介绍另外两种常用的终端安全接入机制。

图 4-1 是一个典型的卫星互联网安全接入流程，用户终端利用卫星小站接入卫星星座，卫星星座转发接入请求，通过地面站提供的认证、授权和计费（authentication authorization accounting，AAA）进行用户身份验证，若验证成功，则卫星星座为用户建立互联网连接，允许用户通过卫星星座访问互联网资源。

为了保证复杂时空环境下的接入安全，需为用户终端和卫星节点提供无线接入认证安全机制以及空口数据加密和完整性保护机制，同时为高端用户提供用户身份保护等安全防护机制。下面分别介绍目前常用的两种应用层安全接入机制。

1. PPPoE 安全接入

基于以太网的点对点协议（point-to-point protocol over ethernet，PPPoE）由 UUNET Technologies 公司、Redback 网络公司、客户端软件开发商 RouterWare 开发，于 1999 年 2 月被 IETF 采纳并制定为标准 RFC2526。相较于传统的点对点协议（point-to-point protocol，PPP），PPPoE 建立了身份验证、加密、压缩等新机制，因此成为网络接入认证的首选。

在卫星互联网中，PPPoE 仍然作为经典接入方式被广泛使用，其原理如图 4-1 所示[1]。用户终端的 PPPoE 会话请求通过卫星小站、卫星星座发送至宽带远程接入服务器（broadband remote access server，BRAS）。BRAS 作为网关对用户发起的 PPPoE 接入请求进行响应，并将用户的用户名和口令等发送给 AAA 服务器进行认证，认证通过后将 IP 地址分配给用户。AAA 服务器同时作为计费系统对用户的流量进行计费。

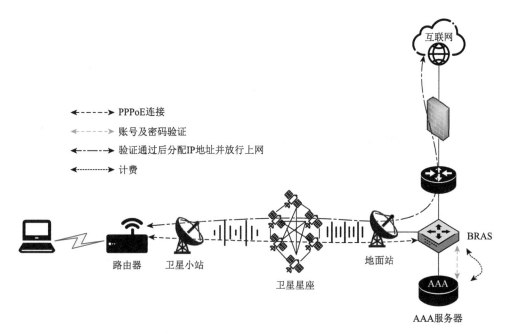

图 4-1　PPPoE 接入认证流程图

2. Web/Portal 安全接入

Portal 又称门户网站，Web/Portal 认证为用户提供网页形式的身份认证机制，主要特点是不需要安装客户端，直接通过 Web 页面进行认证。由于技术成熟，Web/Portal 认证方式是目前主流的卫星互联网接入认证方式。Portal 认证系统主要由客户端、接入设备、Portal 服务器和 BRAS 服务器组成。

Portal 认证的流程如图 4-2 所示。用户通过 Web 界面，登录卫星网络的 BRAS 服务器，BRAS 设备通过重定向将登录请求转发至 Portal 页面。用户输入账号、口令，BRAS 将用户的账号口令及接入身份信息发送给 AAA 服务器，AAA 服务器完成对登录请求的验证工作，并将处理后的验证结果反馈给 BRAS。若通过，则 BRAS 对用户的登录请求放行；若没有通过，则拒绝服务。在 Portal 认证架构中，AAA 服务器还承担用户上网流量的统计和计费的任务。

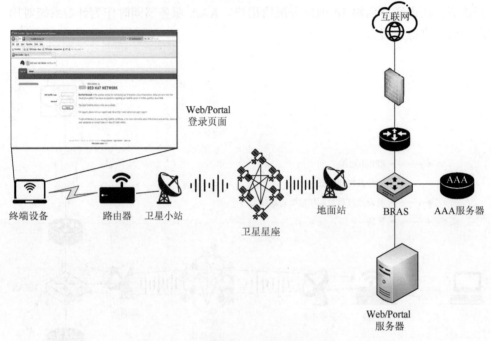

终端设备　　　　　路由器　卫星小站　　　　　　　　　卫星星座　　　　　　地面站　　　BRAS　　　AAA服务器

图 4-2　Web/Portal 卫星接入认证

4.2　卫星互联网的异常检测技术

按照 Arimie 等[2]的描述，异常是一种观察结果与正常情况大相径庭，以至于被怀疑是由不同机制引起的状况，异常检测就是对此类罕见样本、事件或观察结果的识别。异常分为三类：点异常，即某个点与全局大多数点都不一样的单点异常；上下文异常，即时间序列数据中某个时间点的表现与前后时间段内存在较大差异的异常点；集合异常，即在多个对象组合的个体同时出现时呈现出异常状态的个体。网络异常检测是利用技术方法对网络流量中的异常样本进行分析和识别的过程，是保障卫星互联网安全的关键技术。

卫星互联网主要包括空间段的卫星和地面段的网络及通信基础设施。其中，地面站是用户访问卫星互联网的接入点，攻击者仅通过劫持或控制一两个地面站就能对整个卫星互联网实施攻击，窃取机密信息，冒充内部人员发送虚假呼叫、假命令等来消耗有限的卫星互联网频带资源，干扰破坏卫星互联网的正常运行。因此，对卫星互联网地面站网络行为的异常检测是一项重要的内容，有助于运维人员及时发现卫星互联网中的异常行为（如呼叫异常）并迅速做出响应，从而降低损失。

针对卫星互联网的结构特点和安全需求，引入安全域的概念来设计异常检测架构。安全域是一个逻辑子网，该子网根据信息的性质、使用主体、安全目标和策略等元素来划分，具有相同的安全保护需求、安全访问控制和边界控制策略。基于安全域划分的卫星互联网异常检测框架如图 4-3 所示，其中，空间网络划分为三个安全域：检测域、关联域和中心域。

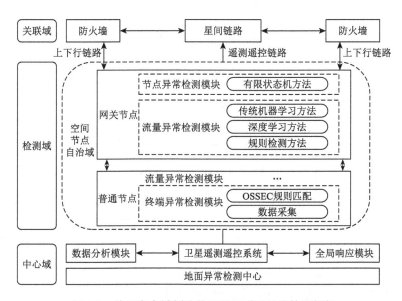

图 4-3　基于安全域划分的卫星互联网异常检测框架

检测域是所有空间域节点的集合。这里空间节点域的概念与 Internet 中类似，是指具有相同域内通信协议（如分布式数据路由算法（distributed datagram routing algorithm，DDRA）、分布式分层路由协议（distributed hierarchical routing protocol，DHRP）等）的系统。不同之处是空间域由一群相对紧凑的动态自组织节点（包括地面、海上或近地空间的各种移动节点）构成，并不存在绝对的物理边界。检测域中的节点通常是信息流的端点，也是空间网络安全威胁的源头，其复杂的网络结构导致了较强的不可控性，是异常检测的重点区域。一般情况下，每一个节点域构成一个独立的检测域，域内划分了网关节点和普通节点，各检测模块加载在不同类型节点上，从而对各种数据流进行实时检测，形成安全告警事件。

关联域包括防火墙和星间链路，它连接着整个空间网络的各个自组织自治域，既是全网的通信枢纽，也是安全防控的"咽喉要道"。

中心域是所有地面站的集合，包括主控中心、监测站、遥测遥控系统等。中心域负责对全局入侵检测结果进行关联分析，计算告警级别，并做出对应的安全响应（如调整安全防护级别、启动星上防火墙等）。

各安全域特点和主要功能分别如表 4-1 和表 4-2 所示。

表 4-1　各安全域特点

安全域	拓扑类型	节点能力	安全威胁	主要攻击手段
检测域	完全随机	严格受限	高	DoS 攻击、伪造攻击、重放攻击等
关联域	周期性	部分受限	中	信号干扰、信号劫持
中心域	中心式	不受限	低	物理攻击

表 4-2　各安全域主要功能

安全域	分工	检测或响应机制
检测域	异常检测	节点、流量和终端三个异常检测模块检测异常行为
关联域	异常响应	星上防火墙阻断恶意节点流量
中心域	全局分析与控制	异常检测关联分析，分等级安全响应机制

根据目前太空中卫星组网的开放程度和技术水平，攻击者难以完全控制卫星节点，而地面主控中心、监测站等遥测遥控系统均为与互联网隔离的专网系统，物理安全更加重要。因此，网络异常检测中的默认恶意节点及恶意流量更多来自于地面互联网设施及接入终端。

检测域由独立配置的异常检测组件构成，包括节点异常检测和流量异常检测，节点异常检测主要采用有限状态机的方法，流量异常检测主要采用传统机器学习、深度学习、规则检测的方法，终端异常检测主要采用规则匹配的方法，这三部分协同检测分析，通过中心域的全局响应模块对威胁异常进行分类响应。

4.2.1　节点异常检测

节点异常检测模块部署在网关节点中（一个检测域内存在一个或多个网关节点，其余均为普通节点），通过监听整个域内的报文，实时地监控周围节点行为，根据异常告警次数将异常节点分为确定异常节点和疑似异常节点。节点异常检测模块检测流程如图 4-4 所示，对确定异常节点不再进行后续检测，直接进入异常响应环节；对疑似异常节点 ID 进行域内广播。

节点异常检测采用基于有限状态机的节点异常检测算法，该算法在分析空间节点通信协议的基础上，构建节点正常行为的状态机模型，通过行为匹配发现异常节点，从而在未知攻击类型的情况下实现对多种异常的有效检测。

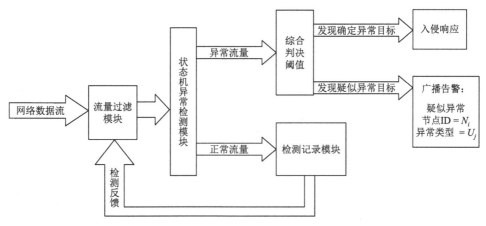

图 4-4　节点异常检测模块检测流程

1. 有限状态机原理

异常检测的前提是对正常行为进行形式化描述，通信协议的形式化是异常检测的有效手段。有限状态机是一种常用的形式化描述数学模型，非常适合对协议进行抽象刻画。有限状态机主要由有限状态集、输入集、状态转移规则集三部分构成。其中，有限状态集是系统中互不相同的各种状态的集合；输入集用于表征系统中所有可能出现的输入信息；状态转移规则集描述了系统在接收不同的输入信息时状态发生转换的条件。其数学定义如下。

有限状态机是一个五元数组 $M = \{Q, \Sigma, \delta, s_0, L\}$，各元素满足以下要求：

（1）$Q = \{s_0, s_1, \cdots, s_n\}$ 是有限状态的集合，任一时刻，有限状态机只能处于一个确定的状态。

（2）$\Sigma = \{i_0, i_1, \cdots, i_n\}$ 是输入信息的集合，在一个确定的时刻，有限状态机只能接收一个确定的输入。

（3）δ：$Q \times \Sigma \rightarrow Q$ 是状态转移函数，在一个确定时刻，有限状态机处于某一状态 $s_i \in Q$，并且接收到一个输入信息 $i_j \in \Sigma$，那么下一个时刻将处于确定状态 $s' = \delta(s_i, i_j) \in Q$。这里规定对于任何状态 s，当输入信息为空字符 ε 时，有限状态机不发生任何状态转移，即 $s = \delta(s, \varepsilon)$。

（4）$s_0 \in Q$ 是初始状态，有限状态机从此处开始接收输入。

（5）$L \subseteq Q$ 是终结状态集合，有限状态机到达终结状态后，状态机终止。

有限状态转移图是一种直观的呈现有限状态机的方式，在构造有限状态机时被广泛应用，如图 4-5 所示。通常，有限状态转移图用圆圈节点标识状态，将存在状态转移关系的状态用有向弧连接，并在有向弧旁边标注发生状态转移的对应条件信息（如 s_0 转移到 s_1 的条件是 i_2 发生），用双圈节点表示初始状态和终结状态（如 s_0）。

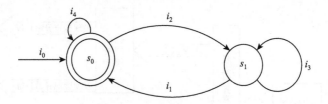

图 4-5　有限状态转移图

通过有限状态机描述通信协议的通信规则，用节点镜像模拟被检测节点的实时状态，当节点镜像的状态不在有限状态机的正常状态集之中时，说明该节点发生异常。根据异常状态发生的位置和触发条件，可以初步判断疑似异常的类型，从而产生相应的告警。

2. 节点异常检测的实现方式

基于有限状态机的卫星互联网节点异常检测的要点是维护一个节点状态环境。图 4-6 为基于状态机的节点异常检测的模块结构图，包括数据收集、数据匹配、资源模拟、告警统计等核心模块，形成一套完备且可扩展的节点异常检测方案。

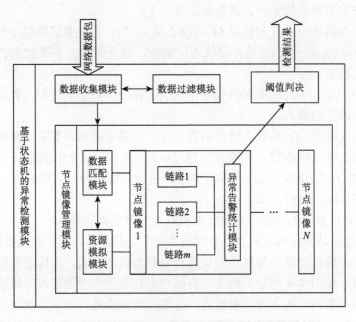

图 4-6　基于状态机的节点异常检测模块结构图

数据收集模块负责获取网络周围所有能监听到的报文,包括自己发送或接收的报文、其他节点广播的报文等。数据过滤模块负责记录已检测的报文,过滤掉重复报文,可减少检测开销。

数据匹配模块将收集到的数据报文转换为对应的状态转移事件。预先定义节点行为样本库,将不同类型报文与节点行为构成对照表保存在行为节点库中,并"翻译"成状态机中所需的状态转移事件。

节点镜像管理模块负责维护节点镜像,实时地模拟被检测节点的行为,是状态机异常检测算法的核心。当节点镜像管理模块收到数据收集模块传递的报文副本时,根据报文中的节点 ID 生成对应的镜像节点,根据报文的类型产生相应的状态转移事件,输入对应链路的状态机中,触发状态的转移。由于节点可能同时参与多个链路的通信,在每个链路中所处的状态也不一定相同,节点镜像会在每一个链路中维护一个独立的状态机。资源模拟模块负责对节点镜像分配存储空间和计算资源,并管理节点镜像的产生和回收。

异常告警统计模块统计不同节点镜像的总告警数量,通过阈值判决得出检测结果。

3. 节点异常检测的流程

检测节点随机地布置在空间自组织网当中,检测节点开启混杂监听模式,搜集周围网络环境中所有能监听到的报文。检测节点上加载有基于状态机的异常检测模块,该模块实时运行,每隔固定时间统计告警事件数量,根据阈值判决产生检测结果。

(1)数据流进入检测模块后,经过过滤等预处理环节,将有效数据流传入节点镜像管理模块。

(2)节点镜像管理模块根据数据包内容将每个数据包分配给对应的镜像节点和通信链路状态机。

(3)行为匹配模块根据数据包的类型生成对应的节点行为(即状态转移事件),并通知对应的镜像节点。

(4)节点镜像根据状态转移事件触发状态机状态的转换。

(5)当状态转移至异常态时,产生告警事件。

(6)当状态机转移至终止态时,释放状态机资源。

4.2.2　流量异常检测

流量异常是判断卫星互联网网络故障的一个重要准则,其判断依据主要是卫星互联网实际产生的网络流量是否处于正常范围。若不在正常范围内,则需要进一步分析卫星互联网网络中的异常流量点，然后根据不同异常流量的具体特性找出产生网络故障的原因。因此，对卫星互联网流量数据进行异常检测，能够第一时间发现卫星互联网通信数据中的异常，便于找出故障原因，进而采取相应的防御措施，确保卫星互联网网络高效、安全、稳定地运行。

在卫星互联网中，网络流量检测是通过异常流量检测模块实现的，这些模块会加载在所有节点中（包含网关节点和普通节点），可通过基于传统机器学习、深度学习或规则匹配的方法来进行异常流量检测。此外，流量异常检测模块还能够监控各类检测算法的开启和关闭，其检测流程如图 4-7 所示：当节点接收到异常广播告警时，首先判断自己是否与异常节点相邻，若不相邻则丢弃报文，不做响应；若相邻则启动流量异常检测算法，对相邻节点进行异常检测，判断异常类型并进行告警响应和处理。

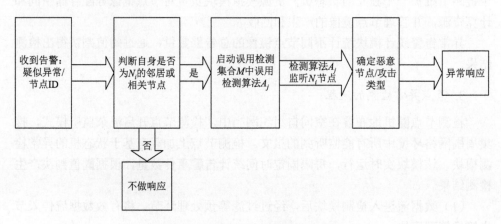

图 4-7　流量异常检测模块检测流程

1. 网络异常流量分类

从第 2 章的卫星网络安全分析可以看出，卫星互联网的攻击流量包括针对卫星地面段的异常流量、针对卫星空间段的异常流量以及针对卫星用户段的异常流量，按照安全威胁攻击形式可以分为以下四类[3]。

（1）DoS 攻击流量：该类攻击通过一系列异常的网络请求访问，利用恶意请求、漏洞攻击、异常资源占用等，造成网络服务不可用，该类攻击引起的异常属于集合异常。

（2）扫描探测流量：其主要目的是探测目标网络或设备的信息，或通过漏洞验证样本（proof of concept，PoC）进行测试以确定目标是否存在可利用的漏洞信息，该类攻击引起的异常属于上下文异常。

（3）漏洞攻击流量：由包含漏洞攻击样本的数据包构成，试图实施非授权的目标请求、信息泄露、网络劫持等行为，该类攻击引起的异常属于点异常。

（4）恶意软件流量：由恶意 C&C 服务器的通信流量数据构成，该类攻击引起的异常流量属于上下文异常。

2. 网络流量检测识别技术

网络流量的检测和识别一直受到学术界和工业界的广泛关注，但对流量数据的分类标准各不相同，如可按照应用类型意图（如正常或恶意）、是否加密对流量数据进行分类。目前主流的网络流量数据分类方法包括以下五类：基于端口识别的方法、基于深度包检测的方法、基于离散统计的方法、基于传统机器学习的方法以及基于深度学习的方法。

1）基于端口识别的方法

基于端口识别的网络流量数据分类主要通过传输层的端口号识别网络流量数据。网络数据包头中包含源端口号和目的端口号，通过这两个端口号可以对数据进行快速分类。在应用种类较少的互联网发展初期，利用端口进行网络流量数据的识别性能高。但是随着互联网基础设施和应用的快速发展，多数应用已无法为所有应用分配默认端口号，而是采用动态随机端口号策略，甚至有些应用采用端口伪装技术来躲避防火墙[4]，大大降低了基于端口识别方法的准确性。所以，在复杂的卫星互联网环境中，端口识别方法难以满足网络流量数据识别与检测任务的应用需求。但此类方法易于实现、识别速度快，所以经常被用来辅助进行网络流量数据分类。总体来说，基于端口识别的网络流量数据分类在实际网络流量数据分类任务中依然具有重要作用。

2）基于深度包检测的方法

为解决端口识别方法中异常流量检测准确率较低的问题，基于深度包检测（deep packet inspection，DPI）的方法应运而生，该方法不仅提取流量数据包头的端口号信息，还检查载荷在内的全部信息。不同的流量类型在其流量数据中具有特定的"指纹"，即一些固定的字符串或者字符串模式，所以可以通过提取不同种类流量数据的"指纹"来构建指纹库。而基于深度包检测的方法主要是通过提取待分析流量数据的特征，将其和指纹库进行匹配，如果发现与指纹库中的特定指纹相匹配，就可以判定其流量数据类别。

同时随着指纹构造复杂性的提高，逐渐发展出基于规则的检测方法，其利用预先设计的处理规则来检测攻击。目前最普遍的是基于 snort/suricata 规则集合的检测方法，广泛应用于恶意家族的流量、漏洞攻击流量、异常通信流量等的检测。鉴于规则的复杂性，使用脚本语言进行规则描述和检测的方式得到应用，例如，以 Lua 为代码的 luajit 规则检测方式，其通过自主构建检测脚本实现对深度数据包的定制检测。

基于深度包检测的方法不受动态端口号的影响，准确度较高，但是仍然存在四个明显缺点：①需要检查流量数据的全部信息并进行指纹匹配，计算复杂度较高，难以满足实时性要求；②无法处理加密流量数据；③需要人工提取"指纹"并构建指纹库；④无法检测未知流量数据。目前在一些稳定且结构不复杂的工业网络中进行网络流量数据分类时仍以基于深度包检测的方法为主。

3）基于离散统计的方法

信息度量的方法有很多种，最常用的是统计度量。信息是对事物不确定性的一种描述，不确定性即随机特性，所以可以用离散统计来描述信息。而熵值检测[5]也是目前实践工作中普遍使用的检测技术。由于流量数据具有上下文自相关性、长相关性与重尾分布等特征，可以利用熵值来描述与分析此类规律。熵值检测可以定量描述异常流量数据，具有实时性好、对异常流量灵敏等特点。

流量熵值是否异常是通过判断熵值是否偏离流量基本波动范围来确定的。基于熵值的网络流量异常检测分为训练和检测两部分。训练部分需要计算样本空间所有的熵值并调整阈值参数，当检测效果达到最优值时记录参数，否则需要一直不断迭代，从而构建熵值检测模型。检测部分根据训练好的阈值参数对需要检测的数据进行熵值计算，超出阈值则判定为异常，需要找出对应时间切片，进而锁定异常，分析异常。网络流量熵值异常检测过程如图4-8所示。

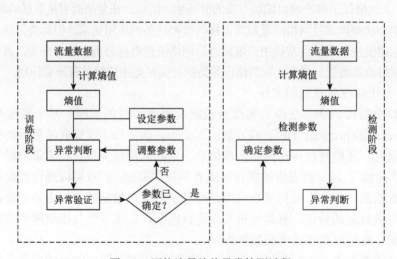

图4-8　网络流量熵值异常检测过程

在流量熵值的计算方法中，通过从数据流量中提取流量特征集，并对每一组特征计算熵值，由规则检测设定熵值的阈值，熵值越小说明异常程度越低，熵值越大说明流量波动越明显，异常状态越显著，从而判断分类结果。将网络流量划分时间切片，将对应切片的网络流量分别计算流量特征的熵值，如图4-9所示。

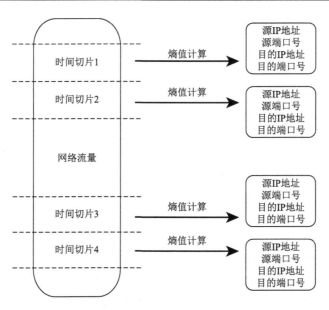

图 4-9　网络流量熵值计算

4）基于传统机器学习的方法

由于不同种类的网络流量数据具有不同的特征，许多研究者利用传统机器学习方法进行网络流量数据分类（机器学习相关理论基础参见 2.3.11 节）。基于传统机器学习的网络流量异常检测技术运用传统机器学习方法进行特征学习和分类、模型构建、异常识别。整个过程可分为三个阶段：第一阶段是数据预处理，将所有的网络流量都作为训练的数据输入，通过训练输出训练样本，为分类做前期准备。第二阶段是分类器的训练，目标是训练出高准确率的分类器。将训练样本和特征属性作为输入数据，通过训练，统计出样本中出现该类别特征的频次，作为输出分类器训练模型结果。第三阶段是应用测试，利用训练出的分类器对测试集中的数据进行分类，根据分类结果评估分类器的性能[6]。

目前关于基于传统机器学习的网络异常流量检测方法的研究很多：Al-Obeidat 等[7]利用流量数据的载荷信息提出了一种基于特征选择的网络流量数据分类方法，该方法利用多准则模糊决策树的机器学习模型达到了较高的分类准确度；Ma 等[8]提出了一种针对加密网络流量数据的特征选择和特征权重自适应算法，并将加权特征用于 K 近邻算法进行加密网络流量数据的分类；Gu 等[9]提出了一种可扩展内核凸壳支持向量机，用于网络流量数据分类，其定义了可扩展内核凸壳的概念来表示支持向量机核空间的几何结构，提高了支持向量机的抗噪声能力，并且对于类不平衡的数据集也能达到较好的检测与识别效果。这些基于传统机器学习的网络流量数据分类方法都具有较高的准确性，且不需要检查每个数据流量的载荷，因此在流量识别和检测上具有较高的效率。然而，该类方法的性能不仅取决于机器学习模型及参数配置，也受流量数据特征的影响，如何对网络流量数据进行特征提取一直是基于机器学习的方法普遍面临的一个问题，也制约了机器学习在网络流量数据分类任务中的发展。

5）基于深度学习的方法

将传统机器学习应用到异常流量检测中，虽然能在一定程度上提高异常流量识别的准确率，但是随着流量的加密处理及其特征的复杂多样，漏报率与误报率也会增大，而深度学习则能更好地解决样本准确分类的问题。近年来，利用深度学习进行网络流量分类成为研究的主流。目前基于深度学习的网络异常流量检测方法主要分为有监督学习的网络流量异常检测、半监督学习的网络流量异常检测和无监督学习的网络流量异常检测。

（1）有监督学习的网络流量异常检测。

有监督学习的网络流量异常检测方法相较于无监督学习的网络流量异常检测方法具有较高的准确性，因为有监督学习的网络流量异常检测方法基于标记样本[10]进行学习，从一组带标记的数据实例中分离出边界（训练），然后将测试实例分类为正常类或异常类（测试）。通常有监督学习主要基于特征提取神经网络和分类器网络进行异常检测，其计算复杂度往往取决于输入数据的维度以及训练网络的隐藏层数。处理高维数据需要更多隐藏层数，以确保训练网络能学习到足够的特征，但计算开销也随着隐藏层数量的增加而急剧上升。有监督学习的网络流量异常检测方法的优点是每个测试实例都有标签，训练得到的模型比半监督学习、无监督学习模型准确率更高，缺点是训练依赖于样本的标签准确性与样本特征空间覆盖范围。此外，如果训练样本的特征空间非常复杂，有监督学习也很难区分正常与异常数据。

（2）半监督学习的网络流量异常检测。

半监督学习的网络流量异常检测方法通过学习正常实例的判别边界，将测试不属于多数类别的实例标记为异常。研究工作[11-13]表明，输入空间和学习特征空间中彼此接近的点更有可能属于相同类别，半监督学习的网络流量异常检测方法的计算复杂度与有监督学习的相似，主要取决于输入数据的维数和隐藏层数等。半监督学习可以进一步分为纯半监督学习和直推学习（transductive learning），前者利用有标记数据和无标记数据来预测其他未知数据，后者局限在已有的数据，当训练模型完成后，能预测无标记数据。

（3）无监督学习的网络流量异常检测。

无监督学习的网络流量异常检测算法基于内在函数生成异常数据实例的属性，通过深度神经网络的隐藏层，在数据集中捕获这些内在属性[14]。类似于其他神经网络体系结构，无监督学习的网络流量异常检测算法的复杂度取决于网络参数和隐藏层参数等[15]。

无监督学习的网络流量异常检测方法的优点是不需要对训练算法的数据进行标记，具有良好的聚类性能，能较准确地识别数据中的共性，有助于异常的识别和分类。但在复杂的高维空间中，此类方法需要学习数据内在共性特征，对网络参数和隐藏层参数的设置具有极高的要求。此外，无监督学习对噪声和数据损坏非常敏感，相比有监督学习或半监督学习鲁棒性较差。

4.2.3　异常响应机制

当检测出卫星互联网中的异常流量时，需要利用相应的协同机制，将告警事件通过网关节点从关联域发送给主控中心，主控中心加载数据分析模块和全局响应模块。数据分析模块对恶意节点数量、攻击类型、攻击频率、受害节点地址等参数进行综合分析和判断，得出告警事件的安全威胁级别；全局响应模块根据安全威胁级别做出对应的响应，分为低、中、高三个级别，各级别的响应机制如下。

低级别响应只在恶意节点出现的检测域内进行响应，通过域内入侵响应机制（如移动防火墙等）孤立恶意节点。该响应级别适用于恶意节点单一、攻击危害不大的情况，如自私节点等。

中级别响应通过启动恶意节点接入卫星的星载防火墙，过滤掉恶意流量，防止其蔓延。该响应级别适用于攻击行为不局限于某个区域、恶意流量或代码容易扩散的情况，如路由请求（route request，RREQ）洪泛等拒绝服务式的攻击。

高级别响应把恶意节点加入接入卫星和相邻卫星的星载防火墙控制列表，并加强相邻区域的入侵检测措施（如提高检测阈值、通过卫星定位技术跟踪恶意节点等），防止恶意节点移动至相邻区域继续发起攻击。该响应级别适用于恶意节点较多、攻击规模较大的情况，如有组织的网络入侵等。

4.3　卫星互联网的终端安全技术

随着卫星互联网的大规模应用，攻击者已将目标瞄准到了各种新型的卫星互联网终端设备，利用这些设备存在的各种漏洞植入恶意程序，窃取数据、发起DDoS 攻击并造成业务瘫痪等。因此，系统分析卫星互联网终端面临的安全风险，对保障卫星互联网的安全运行，促进卫星互联网及其生态系统的健康发展具有重要意义。

卫星互联网终端所面临的安全风险来自外部网络和内部系统，需要构建如图 4-10 所示的终端安全防御架构。终端设备的固件和操作系统可能存在漏洞，使攻击者

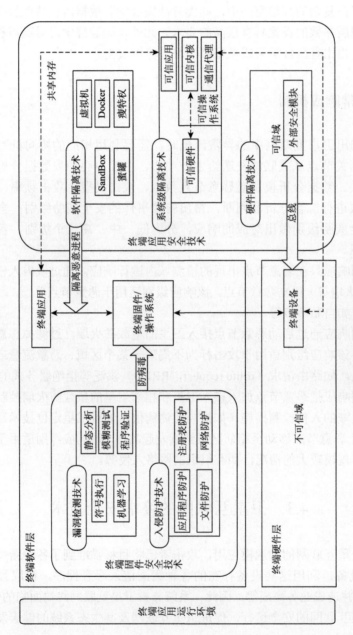

图 4-10 终端安全防御架构图

可能窃取敏感信息、盗用用户身份、破坏系统[16]，针对该类漏洞的现有检测方法有静态分析、模糊测试、符号执行等[17]。此外，为终端应用构造一个安全的运行环境也是终端安全的重要内容，隔离技术是当前热点研究内容，该技术聚焦于从硬件和软件上为终端提供系统级或应用级的隔离安全运行环境。

4.3.1 用户终端安全概述

卫星互联网终端由通信部件（即天线部件）与应用功能部件组成，通信部件包括基带、射频天线、调制解调器以及功率放大器等，应用功能部件包括卫星服务的功能和计算部件，如卫星电视、卫星导航、移动设备等。图 4-11 是目前我国海上渔民进行卫星互联网接入的典型方式[18]。

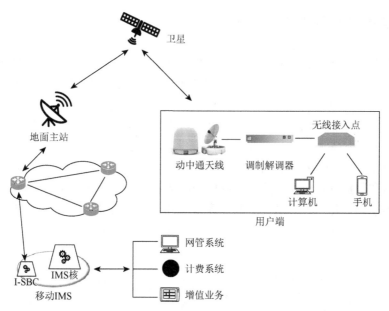

图 4-11 海上渔民利用 VoWiFi 进行卫星通信和互联网接入的示意图

IMS 指信息管理系统（information management system），I-SBC 指会话边界控制器（intelligent session border controller）

如图 4-12 所示，卫星互联网终端设备面临的安全风险与网络通信和终端自身两方面相关：在网络通信方面，无线环境中的终端面临着身份被盗用、数据在传输过程中被窃取或篡改、终端受到网络攻击等安全威胁；在终端自身方面，安全问题主要源于终端固件或应用软件上存在漏洞或者因为应用软件运行环境存在的安全隐患。

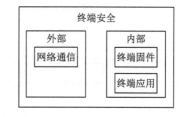

图 4-12 终端安全风险

网络通信存在的风险是攻击者可以利用终端或网络存在的漏洞和缺陷，对终端系统进行攻击。其攻击过程为先进行端口扫描获取终端相关信息，再利用漏洞攻击获得远程用户权限。针对这种攻击，可以在终端部署客户端防火墙，依靠防火墙的安全检测能力，保护计算机终端提高网络安全性；同时通过防火墙的策略设置控制终端的访问权限，仅允许终端访问"白名单"列表内的网络节点，这样可大大提高终端的安全性。

终端固件中存在的风险主要来自于固件漏洞，需要通过漏洞分析技术尽早发现固件中存在的安全威胁。终端应用的安全运行需要构建安全、完整和可靠的可信运行环境[19]。目前的主要技术是通过创建软件隔离层，如虚拟机，使得系统中不同层之间的安全问题不相互影响。

4.3.2　终端流量异常检测

终端节点是攻击者最容易接触并实施攻击的目标，因此针对终端网络流量的异常检测是终端安全的第一道防线。终端流量异常检测功能部署在终端节点中，通过对终端监测数据的分析，可以实现攻击流量的检测与阻断。

目前最常用的针对终端的流量异常检测方法是基于规则的恶意行为检测引擎，其他方法如基于传统机器学习、深度学习的检测技术也在不断发展中（相关技术介绍在 4.2.3 节卫星互联网流量检测中有详细叙述）。终端入侵检测系统包含包解码器和数据分析引擎，其工作原理如图 4-13 所示。从网卡抓取的数据信息由包解码器解码，然后经过数据分析引擎分析得出结果并生成告警。入侵检测的核心组件是管理控制模块，主要作用是处理管控、配置代理等。当用户接到事件告

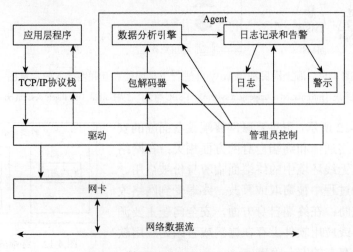

图 4-13　终端入侵检测的工作原理图

警时，可以通过管理配置模块部署策略或采取相应措施。代理的主要作用是监视和响应，当监测到攻击事件时，对其产生响应。同时，它还可以监控系统中的网络行为，起到保护主机系统的作用。终端流量异常检测可继承和兼容传统互联网的安全风险分析与隐患检测能力，继续沿用传统互联网的规则及模型集合。

基于规则的终端检测方式依赖于现有样本数据的支持，存在一定的漏报与误报，可以进一步结合用户终端的系统日志进行分析与判断，以降低漏报和误报，还可以综合利用多种手段，如传统规则检测方式与基于机器学习检测方式的交叉验证等来提高检测的准确率。

4.3.3　终端固件安全技术

固件一般难以升级和修改，若存在漏洞，生存期往往较长，攻击者就拥有充足的时间窗口分析并利用固件漏洞实施破坏，因此固件是重要的攻击突破口。开发者如果在固件代码中有意预埋后门，攻击者还可轻易获得终端的控制权限。这些漏洞和后门如果未及时发现并修补，很可能被攻击者利用并实施诸如拒绝服务或删除系统数据的恶意行为，导致设备瘫痪，造成严重的经济损失[20]。因此，有效地检测固件中存在的缺陷漏洞是保障卫星互联网终端安全的关键。

自动化的固件漏洞检测是终端固件安全的有效手段，一方面可以在固件发布之前发现缺陷，有效避免损失；另一方面可以降低后期维护成本。目前主流的自动化漏洞检测技术分为五类，分别是静态分析、模糊测试、符号执行、程序验证、机器学习，不同的技术有不同的应用场景和优势，几种检测方法之间还可以进行优势互补[21]，分析流程如图 4-14 所示，通过分析硬件芯片、固件数据以及外部调

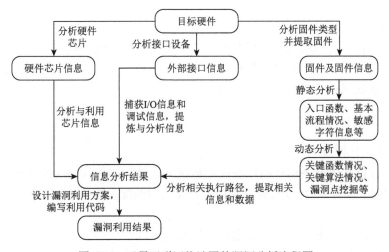

图 4-14　卫星互联网终端固件漏洞分析流程图

试数据，利用静态分析和动态分析挖掘存在的漏洞利用点，并设计漏洞利用方案验证漏洞利用的可行性。

1. 终端固件获取

与传统个人计算机不同，卫星终端固件通常存储在 flash memory 芯片上，而 flash memory 芯片通常焊接在设备主板上，因此需要专门的工具和技术才能从设备上提取出固件[22]。

1）通过调试接口获取

通用异步收发传输器（universal asynchronous receiver/transmitter，UART）是一种直观的获取设备固件访问的方式，通过直接连接到 UART，可以获取不受限制的 root shell 权限。

联合测试工作组（Joint Test Action Group，JTAG）端口常常用于读取芯片的内存，出于安全考虑，厂商往往会在设备出厂之后锁定设备的 JTAG 接口，避免读取设备内存或重新编程，解锁并连接 JTAG 接口可能会使固件遭受固件注入攻击。

2）通过 Raw Flash Dump 获取

第二种基于硬件的固件提取方法是直接读取闪存。读取旧的具有并行接口的芯片需要多个连接以及专门的程序。新技术（如嵌入式多媒体卡（embedded multi-media card，eMMC））需要的连接较少，可以使用标准的安全数码卡（secure digital memory card，SD card）读卡器或专门的工具（如 easyJTAG Plus1 或 RiffBox2）读取。

3）通过软件方法获取

软件方法不需要物理访问设备，一般可以通过访问设备厂商的 Web 站点/FTP 网站，获取公开可用的固件，或者可以直接下载固件更新的链接，从设备更新流量中提取固件。

4）通过设备行为模拟诱骗下载

这是一种新型的通过软件获取固件的方法，该方法模拟真实设备与云通信的数据格式和交互协议，通过修改设备型号和版本号等参数欺骗云端，发送云端更新请求，获取固件下载链接，下载相应的固件。

2. 终端固件安全分析技术

1）静态分析技术

静态分析是指在不运行固件系统的情况下，分析固件代码（如源码、抽象语法树、中间表示等），通过与典型固件缺陷模式的匹配，达到检测潜在安全缺陷的目的。

固件漏洞有两类：一类是通常的软件漏洞，即由代码设计开发的逻辑错误等带来的缺陷；另一类比较特殊，一般是开发人员留下的开发痕迹（如硬编码的证书、认证绕过等），是为了方便设备调试人员调试或管理而预留的访问接口，也称为污点类漏洞。

在固件漏洞的静态分析技术研究方面，Costin 等[23]提出大规模自动化地分析嵌入式设备的固件的方法，通过自动解压并处理固件，然后使用模糊哈希的方式匹配固件中存在的弱密钥，再采用关联分析的方式查找不同固件镜像之间的相似性。Cheng 等[24]将二进制固件转换为中间描述，对于每一个函数，通过识别指针别名分析、函数数据流分析、数据结构恢复等方式，自底向上生成过程内和过程间的数据流图，并基于数据流图追踪槽（sinks），执行后通过深度优先遍历生成从 sinks 到源（sources）的路径，通过检查路径上的污点数据约束条件判断是否存在污点类型漏洞。

固件代码一般都具有交互式配置功能，对配置缺陷进行静态分析的方法通常是通过数据流分析来发现代码中的约束，检查配置值是否违反约束。这一方法对功能配置参数缺陷具有较好的检测效果，如果可以构建较为准确的数据流分析，则通过静态分析发现固件的功能配置缺陷具有一定的可行性，但是难点在于固件的许多配置与硬件相关，这些配置往往无法通过上下文代码去推断。

2）模糊测试技术

模糊测试的原理在 2.3.4 节已经进行了介绍，其方法同样适用于固件漏洞的分析，根据固件运行的环境，分为基于真实设备以及基于模拟执行环境的固件模糊测试方式，其基本流程如图 4-15 所示，通过对固件输入变异种子文件的方式达到异常程序执行的目的，并通过检测分析异常点挖掘固件系统的漏洞。

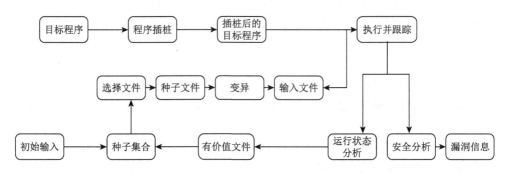

图 4-15 模糊测试流程图

针对卫星固件漏洞分析执行环境的适配问题，Zheng 等[25]提出全系统仿真的模糊测试技术，结合 QEMU 的系统态仿真和用户态仿真，让普通指令的翻译和执行在 QEMU 用户态仿真下进行，而系统调用在系统态仿真下进行。如此，既保证了系统态仿真的高兼容性，也保证了用户态仿真的高性能，从而获得高性能的模糊测试效果。

3）符号执行技术

符号执行的基本原理同样在 2.3.4 节中进行了介绍，相比模糊测试，符号执行具有更好的指令覆盖，因此在通用应用软件的漏洞挖掘领域被广泛应用。而针对固件漏洞分析的符号执行技术，则需要针对不同的硬件类型设计相应的符号执行引擎，测试环境搭建复杂，实际应用受到一定的限制[26]。因此，符号执行目前在卫星固件分析中主要作为一种辅助分析技术。

4）程序验证技术

程序验证技术是指以数学和逻辑为基础，对系统进行建模、规约和验证，通过形式规约来描述系统的行为或者系统应该满足的性质，采用形式化方式来验证系统是否满足需求和具备这些性质，即是否满足规约。目前对固件进行形式化验证的研究工作较少，已有的研究工作证明形式化验证在保障固件的安全方面具有一定的效果。1980 年贝尔实验室首次提出 Spin 程序验证工具，该工具可用于多线程软件应用程序的形式验证，并被广泛应用于形式化验证中。Zhou 等[27]通过对嵌入式实时操作系统（real-time operating system，RTOS）构建程序验证模型并发掘出 20 个逻辑漏洞。程序验证技术因复杂度高，多应用于程序设计阶段的安全性分析，在后期的漏洞分析中反而使用较少。

5）机器学习技术

机器学习方法的基本原理在 2.3.11 节中进行了介绍，现有的基于机器学习的方法大多通过提取程序缺陷特征，使用机器学习算法来学习出模型，使用模型对程序进行缺陷分析。根据目标匹配对象，目前基于机器学习的固件缺陷检测方法分为三类[28]，分别为上下文无关的函数匹配、上下文敏感的函数匹配和二进制固件文件匹配。在卫星固件的漏洞分析中，机器学习主要作为其他漏洞挖掘技术的补充，即通过神经网络来优化符号执行、污点分析、模糊测试等技术。She 等[29]提出了一种基于神经网络的高效污点分析方法，能有效提升覆盖率。关于机器学习的漏洞检测方法将在 6.2.1 节智能化漏洞挖掘技术一节中进一步深入讨论。

3. 固件安全技术总结

固件作为卫星互联网星载系统和地面系统的管理控制基础软件，其安全性不言而喻，因此针对固件的漏洞挖掘成为关注的焦点。现有技术在固件的漏洞分析上均具有各自的局限性，静态分析的漏洞挖掘技术存在反编译和高误报率的问题；符号执行的漏洞挖掘技术存在对指令架构的依赖问题；模糊测试存在由于执行环境限制带来的高漏报率问题；程序验证由于其技术复杂性高，不适用于对定版固件的漏洞分析；机器学习技术依赖于高质量的漏洞学习样本，目前主要作为其他漏洞挖掘技术的补充。因此，固件安全的高效分析技术尚需要进一步的研究。

4.3.4　终端应用安全技术

访问控制、病毒检测等安全机制在一定程度上保护了信息系统免受恶意软件的攻击，但针对不可信软件中隐藏的恶意代码，以及商业应用软件中存在的潜在漏洞，这些安全机制往往难以及时发现和遏制。为应对这些威胁，安全隔离运行技术进入了研究者的视野，安全隔离环境能有效保障软件运行的完整性，实时检测和防护系统安全。根据系统机制和实现方式，隔离运行技术分为以下三类：硬件隔离技术、软件隔离技术及系统级隔离技术。

1. 硬件隔离技术

硬件隔离技术通过设计专用的安全硬件模块来管理软件的运行，构成相对安全的隔离执行环境。系统的关键数据、密钥或加解密服务存储在该模块中，能严格限制任何非法的访问。目前实现硬件隔离的主流方案有两种：一种方案是在 SoC 外设计一个专门的硬件安全模块；另一种方案是在 SoC 内部集成一个硬件安全模块。其中，第一种应用比较广泛的是手机中的 SIM 卡和智能卡。第二种主要包括两大类：管理加密操作和密钥存储的硬件安全模块、专门为安全子系统设计的通用处理器。以智能卡为例，它是一个嵌入式集成电路卡，如图 4-16 所示，包含一个 CPU、内存和至少一个用来与主设备通信的外设接口。智能卡自身体积虽然非常小，但具有较高的防篡改能力。

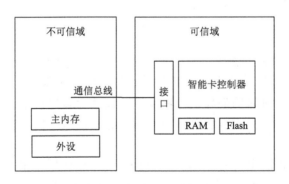

图 4-16　智能卡的体系结构

安全组件（secure element，SE）是智能卡的变种，它是安装在移动设备中的一个嵌入式集成电路，通常结合近场通信（near field communication，NFC）使用。它能提供硬件支持的加密操作，如 RSA、AES 等。由于能提供防篡改存储，因此它能很好地保证存储数据的安全，防止未授权访问或篡改。

2. 软件隔离技术

顾名思义,软件隔离技术就是以基于软件的方式实现的一个安全可信的执行环境。虚拟化、容器(Docker)、沙箱(SandBox)、微内核是目前主流的软件隔离技术。

虚拟化技术是在一个物理处理器基础上虚拟出多个执行环境(即虚拟机),由虚拟机监控器(virtual machine monitor, VMM)统一进行管理。VMM 具有系统级权限,能保证各虚拟机之间相互隔离,互不影响,其隔离机制如图 4-17 所示。

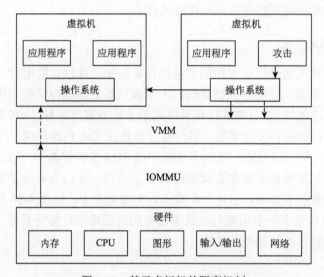

图 4-17　基于虚拟机的隔离机制

VMM 利用 I/O 内存管理单元(I/O memory management unit, IOMMU)控制虚拟机和硬件的访问,能控制所有的硬件资源并捕获虚拟机中的中断和异常,因此能构建一个安全可靠的隔离执行环境。即使某个虚拟机中的恶意程序会危害自身的执行环境,但由于不能直接访问硬件和其他虚拟机,也能达到较好的隔离效果。

Docker 是一种操作系统层的虚拟化技术,为应用程序提供隔离的运行空间,它从操作系统内部实现了进程的隔离,每个 Docker 独享一个完整用户环境空间,因此一个 Docker 的变动不会干扰其他 Docker 的正常运行。Docker 可以自动将任何应用打包成轻量、可移植及自包含的 Docker 引擎。Docker 之间共享一个系统内核,启动非常快。

SandBox 也是一种软件隔离机制,它按照严格的安全策略来限制不可信进程或不可信代码运行的访问权限,因此它能用于执行未被测试或不可信的应用。它的软件隔离机制如图 4-18 所示，当 SandBox 内的应用需要访问系统资源时，它首先会发出读系统资源的请求，然后系统会核查该资源是否在它所操作的权限范围内，若核查通过则完成读请求，否则系统会拒绝其操作。

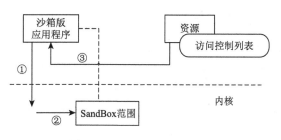

图 4-18　SandBox 隔离机制

SandBox 能为不可信应用提供虚拟化的内存、文件系统和网络资源等，能将不可信应用的恶意行为限制在其机制内，防止对其他应用甚至系统的安全威胁。

微内核是一种基于瘦特权软件层实现的隔离安全技术，采用多级安全架构可以将任务划分成多种安全级别，这样就可以根据用户的安全需求进行设置。可以将任务按照非密、秘密、机密和绝密的级别进行划分，也可以根据任务的安全等级进行更加细粒度的划分，进而采用相应的访问控制策略来实现隔离。

3. 系统级隔离技术

系统级隔离技术是广泛采用的一种软件运行保护技术，目前主要有可信执行环境（trusted execution environment，TEE）和可信平台模块（trusted platform module，TPM）两种。

1）可信执行环境

该技术通过对硬件进行安全扩展，结合可信软件在系统中构建出一个与原有操作系统完全隔离的可信执行环境。TEE 总体层次架构如图 4-19 所示。

通用执行环境（rich execution environment，REE）包括通用操作系统、客户端应用程序、TEE 客户端 API。TEE 是运行于普通操作系统之外的独立运行环境，其向一般操作系统提供安全服务并且与 REE 隔离。TEE 与 REE 并行运行，通过安全的 API 与原有系统进行交互。REE 及其上的应用程序无法直接访问 TEE 的硬件和软件资源。TEE 为可信应用提供可信赖的运行环境，再通过数据访问权限的控制，确保端到端的安全。

2）可信平台模块

TPM 是一个包含密码运算部件和存储部件的小型系统，密码运算部件实现 RSA、SHA 等算法的硬件处理引擎，提供密钥管理和配置管理，与配套的应用软件一起完成计算平台的可靠性认证、防止未经授权的软件修改、用户身份修改、数字签名以及硬盘加密等功能。由于 TPM 处于硬件层，只要用户选择了打开可信计算组（trusted computing group，TCG）功能，任何行为都无法逃避监视。

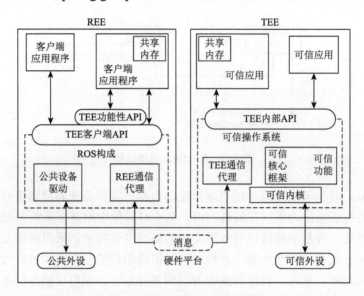

图 4-19　TEE 总体层次架构图

ROS 指机器人操作系统（robot operating system）

TPM 架构如图 4-20 所示，安全芯片工作机制如下：首先验证当前底层固件的完整性，若通过验证则进行系统初始化，然后由底层固件依次验证基本输入输出系统（basic input output system，BIOS）和操作系统的完整性，若通过验证则正常运行操作系统，否则停止运行。操作系统成功运行后，利用 TPM 安全芯片内置的密钥生成模块生成系统中的各种密钥，并利用加/解密模块对应用进行加/解密，并向上提供安全通信接口，以保证上层应用模块的安全。

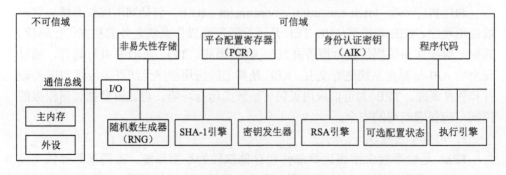

图 4-20　TPM 架构

TPM 采用哈希拓展算法来计算被装载到计算机平台上的系统软件以及应用软件的哈希值，并按照系统和应用软件的装载顺序来监视它们。TPM 加密为硬盘存储数据提供了强大的保护，能够缓解硬盘被窃取的数据安全问题。

4.4　卫星互联网的业务安全技术

业务安全是近年来网络安全较为关注的一个问题，业务服务的接口多暴露在公开网络中成为攻击者的关注焦点，加上开发人员安全意识薄弱，平台业务逻辑从设计到实现漏洞层出不穷，普遍存在逻辑绕过、暴力破解、接口注入等攻击风险。由于卫星互联网也会产生大量的新兴业务，带来不可预知的业务风险，因此需要从设计阶段就借鉴目前互联网中的业务安全框架建立相应的防护策略，保障卫星互联网的业务安全。

如图 4-21 所示，为了保障可信的 API 服务，需要建立完备的安全机制，包括认证、授权、流控、审计等功能。认证主要保证用户身份的可信，授权主要保证业务请求的权限匹配，流控主要对恶意请求进行拦截，审计对系统中检测出的恶意行为进行及时处置与响应。卫星互联网的业务安全也将沿用该模型进行设计。以下着重介绍两种针对业务的主要攻击手段的防范技术。

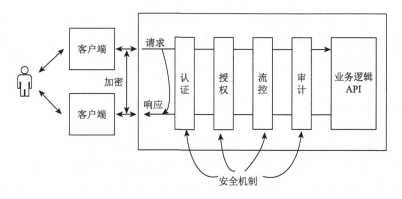

图 4-21　互联网业务安全

4.4.1　服务接口防注入攻击技术

开放的服务接口往往容易遭受接口注入攻击，如 SQL 注入、API 注入等，攻击者可以诱骗接口服务在处理过程中发生非预期的命令执行，造成敏感数据泄露、越权攻击甚至远程代码执行。针对这一类攻击的防范技术主要集中于服务内容的审计与拦截，如基于流量的异常检测技术、入侵检测技术等，在一定程度上拦截与检测服务接口注入，其技术原理已在 4.2 节进行了说明。除此之外，像服务接口接入审计、服务器接口接入管理等功能也能有效地对服务接口进行安全拦截。

代码审计技术仍然是业务安全审计工作中一项有效的技术手段，通过代码审计技术，安全审计人员可以有效地挖掘出代码中的漏洞。随着近年来代码审计工作的应用与发展，诞生了 CodeQL 等代码扫描框架，其可以快速有效地审计代码，快速定位潜在的漏洞风险点。

4.4.2 服务接口防欺骗技术

重放的本质是试图利用截获的交互认证数据流再次访问系统，伪造的本质是试图利用伪装生成的合法认证数据来访问系统，这两种网络攻击都是服务接口面临的主要欺骗威胁。因此在设计上应充分考虑防欺骗技术，保证服务接口的数据不被重复调用和恶意篡改。服务接口的防欺骗可采用以下四种机制。

（1）Token 授权机制：Token 是一个用户认证通过后的通信凭证，当用户通过用户名、口令等身份认证手段验证通过后，为避免多次认证，服务器返回客户端一个数字凭证，即 Token 值，并将 Token 和用户身份 ID 作为键值对存放在缓存中，当用户再次发起请求时，只需要匹配 Token 值即可判定身份。

（2）时间戳机制：时间戳机制是一个防御重放攻击的有效手段，通过在每次数据请求中携带当前的时间作为标记，当服务器接收到数据请求后将请求中的时间戳与服务器当前时间进行对比，若二者之差大于预设阈值，则判定请求超时。

（3）签名机制：首先计算 Token、时间戳以及其他请求参数的消息摘要，再利用私钥对摘要进行签名。当服务端接收到签名数据后利用用户的公钥对签名进行验证，若验证不通过，则说明请求被篡改过，返回错误标识，连接请求中断。该机制能检测数据是否被篡改。

（4）拒绝重复调用：当服务端第一次接收到客户访问请求时，将客户签名存放到缓存服务器中，并根据签名中的时间戳设置访问时间上限，确保在时间戳限定时间内同一网址只接收一次服务请求，如果有人试图使用同一个网址再次访问，则会被拒绝。即使缓存的签名失效，也会被时间戳超时机制拦截，这样就可以防止网址被攻击者劫持。

4.5　卫星互联网的数据安全技术

通信卫星的各种数据，如卫星姿态和轨道数据、控制调姿和变轨数据等都具有极高的保密需求。这些数据一旦被攻击者恶意劫持和篡改，会导致卫星状态劫持，引发卫星的轨道偏离乃至碰撞等事故。对于用户个人，卫星通信数据同样涉及隐私问题和重要数据传输及存储的安全问题。因此，为防止攻击者侦听、窃取、身份冒充以及篡改通信数据，需要对卫星的测控数据和通信业务数据进行保护。本节重点介绍轻量级数据加密算法 ASCON，并基于该算法构建安全的数据存储和传输架构，如图 4-22 所示。

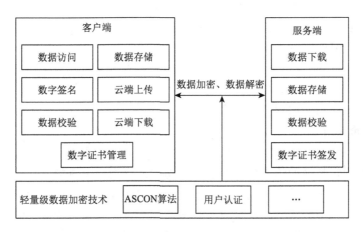

图 4-22 基于轻量级加密算法的数据安全总体架构图

4.5.1 轻量级数据加密技术

第 2 章对轻量级密码算法的特点、国际标准算法进行了介绍，本节将参照 NIST 的轻量级密码算法标准化项目，进一步讨论轻量级密码算法设计的功能要求、评估要求、典型的候选方案 ASCON 以及轻量级密码算法的应用现状及问题。

2013 年，NIST 启动了"轻量级密码"项目，并于 2017 年 3 月发布了《轻量级密码报告》（NISTIR 8114）。该报告介绍了 NIST 的轻量级加密相关项目情况，总结了相关成果并描述了轻量级加密算法相关的标准化计划。该报告还指出，传统的通用密码算法在服务器、平板电脑、台式机、智能手机等设备上表现良好，而轻量级密码算法主要聚焦在嵌入式系统、RFID、传感器网络等资源受限平台，旨在为其提供可行的加密方案。2018 年 8 月，NIST 针对应用需求，面向软硬件资源受限环境征集轻量级密码算法，并收到了 57 个相关算法的投稿。2021 年 3 月，NIST 公布了前两轮候选算法筛选结果，并于同月宣布算法 ASCON、Elephant、GIFT-COFB、Grain128-AEAD、ISAP、Photon-Beetle、Romulus、Sparkle、TinyJambu、Xoodyak 入选。下一步，NIST 对这 10 个算法进行为期约一年的标准化工作，构建 NIST 轻量级密码标准算法。

1. NIST 轻量级密码的功能要求

1）带有关联数据的认证加密要求

带有关联数据的认证加密（authenticated encryption with associated data，AEAD）算法是具有 4B 字符串输入和 1B 字符串输出的函数。4B 输入分别是可变长度的明文、可变长度的关联数据、定长的随机数和定长的密钥；输出是可变长度的密文。AEAD 算法应支持认证解密，即给定关联数据、随机数和密钥，可以从有效密文中恢复明文。如果密文无效，则解密验证过程不返回明文。从安全的角度来看，AEAD 算法应该确保自适应选择明文攻击下的明文机密性和自适应伪造尝试下的密文完整性。只要随机数是唯一的，即不重复使用同一密钥的情况下，AEAD 算法就应当能够保持安全性。

2）哈希函数要求

哈希函数是具有 1B 串输入和 1B 串输出的函数。输入是可变长度的消息，而输出是一个固定长度的哈希值。对于哈希功能，找到一个碰撞或一个（第二）原像在计算上是不可行的，还应该能够抵抗长度扩展攻击。例如，如果消息的一部分是攻击者不知道的密钥，那么攻击者无法构造对应于包含相同密钥的不同消息的哈希值。在一些实际应用中，哈希函数可能还需要满足其他安全属性，如在输出被截断时保留一定级别的安全性。

3）设计要求

与当前的 NIST 标准相比，包含 AEAD 和可选哈希函数功能的轻量级密码算法在受限环境（包括硬件和嵌入式软件平台）中的表现应该明显更好。此外，算法应该针对短消息（如短至 8B）进行有效优化，且能在 RAM 和 ROM 的紧凑硬件和嵌入式软件中实现。同时，算法应该灵活支持各种实现策略（低能耗、低功耗、低延迟），且应考虑对 8bit、16bit 和 32bit 微控制器架构的支持。对于具有密钥的算法，密钥的预处理在计算时间和内存占用方面应该是高效的。

AEAD 算法和可选哈希函数算法的实现应考虑对抗各种信道攻击，包括定时攻击、简单和差分功耗分析（simple and differential power analysis，SPA/DPA）以及简单和差分电磁分析（simple and differential electromagnetic analysis，SEMA/DEMA）。算法在设计方面可以在各种性能要求之间进行权衡，允许某些性能要求优先于其他要求。

2. NIST 轻量级密码的评估标准

NIST 从以下维度对轻量级密码进行评估。

1）基本功能与安全要求

算法需满足前面所述基本功能与安全要求，即在功能方面算法需要支持带有关联数据的认证加密或哈希函数；在安全方面，算法需要能通过已知攻击（如差分密码分析）的安全评估。

2）抗侧信道和故障攻击

在侧信道攻击中，攻击者通过测算密码计算内部的可测量现象（如时序、功率、电磁场、密文长度）来获取有效的攻击信息。抗侧信道攻击则通过减少这些可测量现象来限制敌手获取有效利用信息的能力，从而导致可用于执行攻击（如密钥恢复）的计算错误。算法应该考虑以低成本的方式抵抗这两种攻击。

3）成本

根据各种成本指标（如面积、内存、能源消耗）来评估算法的优劣。

4）性能

根据各种性能指标（如延迟、吞吐量、功耗）来评估算法的优劣。

5）软硬件实现的适用性

算法的软件和硬件实现效率的适用性是评估的重点，NIST 会格外关注那些在资源受限的硬件中性能表现良好的算法。

3. NIST 轻量级密码候选方案——ASCON 算法

1）ASCON 算法简介

ASCON 算法是一种支持认证加密和哈希功能的优秀轻量级密码算法。该算法运算简单，软硬件实现效率高，非常适合物联网等轻量级设备。该算法具有较高的安全性，且易集成侧信道防御措施。对于轻量级设备，该算法具有所需硬件面积小、运行速度快、核心组件可以复用、天然的侧信道保护等特点；在随机数误用的情况下，其安全损害仍然有限；在应用于短消息时具有较低的开销。ASCON 算法采用基于双层"海绵"（sponge）结构的模式运算，内部采用"替代-置换"（substitution and permutation，SP）网络结构，它包含 ASCON-128 和 ASCON-128a 两个算法。NIST 建议使用 ASCON-128 与 ASCON 哈希的组合或 ASCON-128a 与 ASCON 哈希的组合。另外，所有方案都提供 128bit 的安全性，并在内部使用相同的 320bit 置换（p^a、p^b 具有不同的轮数），因此单个轻量级原语足以实现 AEAD 和哈希函数。这里仅对 ASCON 的认证加密和置换进行简单描述，哈希功能等具体的细节可参见文献[30]，其认证加密功能推荐的参数集及安全水平见表 4-3。

表 4-3　ACSON 认证加密推荐参数集及安全水平

算法	长度/bit				轮数		安全水平/bit	
	密钥	随机数	标签	数据分组	p^a	p^b	机密性	完整性
ASCON-128	128	128	128	64	12	6	128	128
ASCON-128a	128	128	128	128	12	8	128	128

2）ASCON 认证加密

ASCON 用于认证加密的操作模式基于双工模式，类似于 MonkeyDuplex，但使用更强的带密钥的初始化和带密钥的终止函数。ASCON 算法的内部状态 S 为 320bit，由 r (bit)的 rate 部分 S_r 和 $c = 320-r$ (bit)的 capacity 部分 S_c 组成。算法分为初始化、关联数据处理、加解密以及标签生成等步骤。算法使用了两种置换 p^a 和 p^b，其中初始化和标签生成阶段采用了安全性较高的 p^a 置换，而数据处理阶段则使用了 p^b 置换。

具体来说，初始化阶段将密钥 K 和随机数 N 作为输入，此阶段确保 ASCON 算法对每一个随机数 N 都以伪随机状态进入数据处理阶段，在随后的关联数据认证阶段，r 位的数据分组以异或的方式吸入到内部状态中，并通过调用 p^b 进行认证。如果不存在需要认证的关联数据，整个阶段将被消去。明文也以相似的方式按 r 为分组进行加密，在明文分组吸入到内部状态后，相应的密文分组被直接提取出来。关联数据认证阶段与明文加密阶段中间存在常量异或到内部状态的秘密部分。当所有的数据处理完成后，生成 t(bit)标签 T。

（1）初始化。

ASCON 的 320bit 初始状态由 k(bit)的密钥 K 和 128bit 的随机数 N 以及初始变量 IV（包括密钥长度 k、速率 r、初始化和终止轮数 a 及中间轮数 b，每个都写为一个 8bit 整数）组成：

$$IV_{k,r,a,b} \leftarrow k \| r \| a \| b \| 0^{160-k} = \begin{cases} 80400c060000000, & \text{ASCON-128} \\ 80800c080000000, & \text{ASCON-128a} \end{cases} \tag{4.1}$$

$$S \leftarrow IV_{k,r,a,b} \| K \| N \tag{4.2}$$

在初始化时，a 轮的轮变换 p 被应用到初始状态，之后与密钥 K 进行异或运算：

$$S \leftarrow p^a(S) \oplus (0^{320-k} \| K) \tag{4.3}$$

（2）关联数据处理。

ASCON 以 r (bit)的块为单位处理相关数据 A。在 A 后面填充 1 和最小数量的 0 使其长度为 r 的倍数，并将其分成 s 个 r 比特块，即 $A_1 \| A_2 \| \cdots \| A_s$。若 A 为空，则不填充且 $s = 0$：

$$A_1, A_2, \cdots, A_s \begin{cases} A \| 1 \| 0^{r-1-(|A| \bmod r)} \text{的} r \text{比特块}, & |A| > 0 \\ \varnothing, & |A| = 0 \end{cases} \tag{4.4}$$

每个块 A_i 与状态 S 的前 r 位 S_r 异或，再经过 b 轮置换 p^b 得到 S：

$$S \leftarrow p^b((S_r \oplus A_i) \| S_c), \quad 1 \leq i \leq s \tag{4.5}$$

在处理 A_s 之后（$s = 0$ 也是如此），再与一个 1bit 的域分离常数异或：

$$S \leftarrow S \oplus (0^{319} \| 1) \tag{4.6}$$

（3）明文、密文的处理。

ASCON 按 r (bit)的块处理明文 P。向明文 P 填充一个 1 和最少个数的 0，使得填充明文的长度是 r (bit)的倍数。得到的填充明文被分割为 t 个 r 比特块，即 $P_1 \| P_2 \| \cdots \| P_t$：

$$P^1, P^2, \cdots, P^t \leftarrow P \| 1 \| 0^{r-1-(|P| \bmod r)} \text{的} r \text{比特块} \qquad (4.7)$$

加密：在每次迭代中，填充的明文块 $P_i(i=1,2,\cdots,t)$ 与内部状态 S 的前 r 位 S_r 异或，然后提取一个密文块 C_i。除最后一个块以外的每个块，整个内部状态 S 通过 b 轮置换 p^b 进行转换：

$$C_i \leftarrow S_r \oplus P_i \qquad (4.8)$$

$$S \leftarrow \begin{cases} p^b(C_i \| S_c), & 1 \leqslant i < t \\ C_i \| S_c, & i = t \end{cases} \qquad (4.9)$$

然后将最后一个密文块 C_t 截断为未填充的最后一个明文块片段的长度，使其长度在 $0 \sim r{-}1$(bit)，且密文块 c 的总长度与原始明文块 P 完全相同：

$$\widetilde{C}_t \leftarrow \lfloor C_t \rfloor_{|P| \bmod r} \qquad (4.10)$$

解密：在除最后一次迭代外的每次迭代中，通过将密文块 C_i 与内部状态的前 r 位 S_r 异或计算得到明文块 P_i。然后，内部状态的前 r 位 S_r 被 C_i 替换。最后，除最后一个密文块，每个密文块的内部状态都通过 b 轮置换 p^b 进行转换：

$$P_i \leftarrow S_r \oplus C_i \qquad (4.11)$$

$$S \leftarrow p^b(C_i \| S_c), \quad 1 \leqslant i < t \qquad (4.12)$$

对于最后一块，被截断的 $0 \leqslant \ell < r$ 位密文块 $\widetilde{C}_t$，步骤不同：

$$\widetilde{P}_t \leftarrow \lfloor S_r \rfloor_\ell \oplus \widetilde{C}_t \qquad (4.13)$$

$$S \leftarrow (S_r \oplus (\widetilde{P}_t \| 1 \| 0^{r-1-\ell})) \| S_c \qquad (4.14)$$

ASCON 算法的加密和解密操作分别如图 4-23 和图 4-24 所示。

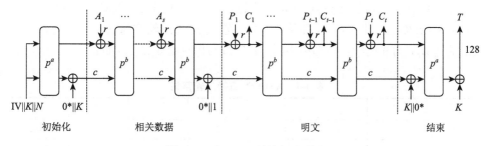

图 4-23　ASCON 算法加密过程

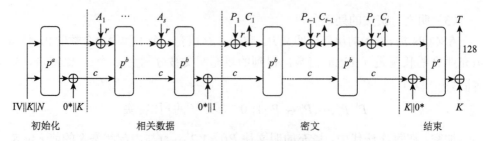

图 4-24　ASCON 算法解密过程

（4）标签生成。

在标签生成阶段，密钥 K 首先异或到内部状态。之后，此内部状态通过 a 轮置换 p^a 进行转换。标签 T 由状态的最后（最低有效）128bit 与密钥 K 的最后 128bit 异或得到：

$$S \leftarrow P^a(S \oplus (0^r \parallel K \parallel 0^{c-k}))　　　　　　（4.15）$$

$$T \leftarrow \lceil S \rceil^{128} \oplus \lceil K \rceil^{128}　　　　　　（4.16）$$

加密算法返回标签 T 和密文 $C_1 \parallel \cdots \parallel \widetilde{C_t}$。只有当计算出的标记值与接收到的标记值匹配时，解密算法才会返回明文 $P_1 \parallel \cdots \parallel \widetilde{P_t}$。

3）ASCON 的置换

在 ASCON 算法中，认证加密和哈希函数的主要模块是两个 320bit 的置换 p^a 和 p^b。这两个置换迭代地应用一个基于切片分组网（slicing packet network，SPN）的轮函数 p。对于置换 p^a，ASCON-128 与 ASCON-128a 中，$a=12$。对于置换 p^b，在 ASCON-128 中，$b=6$；在 ASCON-128a 中，$b=8$。p 依次包含三个步骤，即 p_L、p_S、p_C：

$$p = p_L \circ p_S \circ p_C　　　　　　（4.17）$$

置换 p^a 和 p^b 仅在轮数上有所不同，其轮数 a 和 b 都是可调的安全参数。

为了便于描述和应用轮变换，320bit 的状态 S 被分割成 5 个 64bit 的寄存器字 x_i，$S = x_0 \parallel x_1 \parallel x_2 \parallel x_3 \parallel x_4$。

（1）常量加。

轮函数 p 以常量加运算 p_C 开始，将轮常量 c_r 异或到第 i 轮状态 S 的寄存器字 x_2：$x_2 \leftarrow x_2 \oplus c_r$，其中 r 和 i 都从 0 开始。置换 p^a 采用轮常量 c_r，而置换 p^b 采用轮常量 c_{a-b+r}。每轮的轮常量都不相同，轮常数与相应轮数的对应如表 4-4 所示。

表 4-4　ASCON 置换的轮常量

p^{12}	p^8	p^6	常量	p^{12}	p^8	p^6	常量
0			0xf0	2			0xd2
1			0xe1	3			0xc3

续表

p^{12}	p^8	p^6	常量	p^{12}	p^8	p^6	常量
4	0		0xb4	8	4	2	0x78
5	1		0xa5	9	5	3	0x69
6	2	0	0x96	10	6	4	0x5a
7	3	1	0x87	11	7	5	0x4b

（2）混淆层。

混淆层 p_S 使用表 4-5 中定义的 5 位 S 盒。S 盒运算并行且垂直地应用到 5 个寄存器字 $x_0, x_1, \cdots, x_4$ 的每个比特切片。

表 4-5 ASCON 的 5 位 S 盒

x	0	1	2	3	4	5	6	7	8	9	10	11	12	13	14	15
$S(x)$	4	11	31	20	26	21	9	2	27	5	8	18	29	3	6	28
x	16	17	18	19	20	21	22	23	24	25	26	27	28	29	30	31
$S(x)$	30	19	7	14	0	13	17	24	16	12	1	25	22	10	15	23

（3）扩散层。

扩散层 p_L 为 320bit 内部状态 S 的 5 个 64bit 的寄存器字提供扩散。Σ 函数应用到各个寄存器字中，对每一个字使用不同的循环常量，其中 $\ggg$ 代表循环右移操作。

$$\begin{cases} \Sigma_0(x_0) = x_0 \oplus (x_0 \ggg 19) \oplus (x_0 \ggg 28) \\ \Sigma_1(x_1) = x_1 \oplus (x_1 \ggg 61) \oplus (x_1 \ggg 39) \\ \Sigma_2(x_2) = x_2 \oplus (x_2 \ggg 1) \oplus (x_2 \ggg 6) \\ \Sigma_3(x_3) = x_3 \oplus (x_3 \ggg 10) \oplus (x_3 \ggg 17) \\ \Sigma_4(x_4) = x_4 \oplus (x_4 \ggg 7) \oplus (x_4 \ggg 41) \end{cases} \quad (4.18)$$

4. 卫星互联网中密码技术的应用现状及问题

当前，太空已成为国际社会竞争的主战场之一。卫星互联网是新型的网络通信关键基础设施，为各行各业带来了信号覆盖全球的高质量互联网接入服务，特别适用于偏远地区、海洋作业及科考、航空、灾备等领域。近年来，SpaceX、亚马逊、Facebook 等公司纷纷布局卫星互联网产业，主要大国也将卫星互联网建设上升为国家战略。我国已将卫星互联网明确为"新基建"的范围，正全面加强防护力量建设，提高容灾备份、抗毁生存、信息防护能力。卫星互联网作为我国信息化的新型重要基础设施，将对拓展国家利益、服务国民经济和社会发展具有重要的战略意义。

密码是保障网络与信息安全的基石，是网络安全体系中的关键技术和应用支撑。密码在传统的网络与信息安全领域发挥了重要的作用，并形成了如 DES、AES 分组密码标准，RSA、ECC 等公钥加密与签名算法，SHA 系列哈希函数等一系列突出成果。当前，我国正大力实施网络强国战略，而网络安全是其中的重中之重。因此，我国也非常重视密码算法的标准化，制定了 SM 系列商用密码标准，并于 2020 年 1 月 1 日正式实施《中华人民共和国密码法》。作为网络通信安全基石的密码，同样将在卫星互联网的安全保障方法起到举足轻重的作用。但相较于传统的互联网，卫星互联网体现出一些新的特性，如节点能量有限、计算能力有限、存储空间有限、网络拓扑的动态变化、带宽有限、通信时延较大、易中断、上行及下行链路不对称等。同时，由于卫星互联网体系的复杂性和开放性，卫星互联网在空间段、地面段的数据传输和应用等方面都存在较大的安全威胁，面临着更为严峻的网络安全风险挑战。针对卫星互联网、物联网、智能卡等资源受限设备，国际标准化组织和美国国家标准与技术研究院等国际组织已发布或正在制定新的轻量级密码标准，而我国在该领域还处于起步阶段，需要重点解决以下三个问题。

1）加快轻量级密码标准的制定

随着软硬件技术的快速发展，智能设备呈现出微型化趋势，而以万物互联为目标的物联网更加速了这一趋势。轻量级密码力求在安全性和性能方面实现平衡，能有效应用于保障资源受限设备的安全通信。相关国际组织已经制定或正在制定轻量级密码标准，而我国在该领域的研究还比较滞后，为保障我国在万物互联时代的网络通信安全，我国需加快轻量级密码算法的研究，制定相关轻量级商用密码标准，并积极参与国际标准的竞争，为万物互联时代的安全通信提供密码保障。

2）加快卫星互联网商用密码行业标准的制定

截至 2019 年 12 月，国家标准化管理委员会发布商用密码国家标准 29 项，国家密码管理局发布商用密码行业标准 91 项，较为全面地覆盖了商用密码应用的多个领域，构建了较为全面的商用密码标准体系。相对于其他行业，卫星互联网对国家安全具有重要的战略意义，在卫星互联网的安全保障方面也有其特殊性，针对该新兴领域，我国应统筹协调产学研用力量，加紧开展卫星互联网商用密码行业标准的研究和制定，促进我国卫星互联网安全和健康地发展。

3）加强自主可控卫星互联网安全体系的规划、建设和运营

相对于传统互联网，卫星互联网是一个更加庞大的系统工程。保障卫星互联网的安全应进行体系化的顶层设计，在规划阶段应该对空间段、地面段和用户段的安全威胁进行充分评估，对体系架构、卫星平台、信息传输和应用同步开展安全防护方案研究；在卫星互联网建设阶段，应该基于自主可控的密码技术，研制并开发卫星互联网专用密码设备，构建卫星互联网密码攻防验证平台；通过卫星互联网运营检验卫星互联网安全体系的规划和建设成效，通过反馈不

断迭代密码技术的研究和更新，确保更多的密码新技术应用到卫星互联网的安全防护之中。

4.5.2　数据传输安全技术

因为卫星网络下行链路广播的特性，攻击者可以对卫星的通信传输业务进行窃听，甚至进行身份冒用与通信篡改等攻击。由于卫星通信的应用单位通常为军队、政府以及大型企业，基于卫星的通信中包含大量高价值信息的通信数据。因此，卫星通信在设计之初便强调端到端的高强度通信加密，从链路层、应用层等不同维度建立加密机制。

1. 卫星数据传输加密类型

目前，卫星信息传输安全中使用的通信数据加密技术主要有传输安全（transmission security，TranSec）技术和通信安全（communication security，ComSec）技术两大类，前者主要应用于军事卫星通信领域，而后者多应用于民用卫星通信领域。

TranSec 技术基于加密技术实现链路层加密、认证和流量活动隐藏/混淆。在 TranSec 方案中，加解密终端通常集成在通信终端设备中，可有效保障业务数据和信令数据不被侦听与篡改，同时可以有效防止通信的劫持与通信状态改变造成的安全风险。此外，该方案可通过 IPSec VPN 通信模式实现对实际 IP 数据报头的加密，隐藏通信链路中的真实 IP 地址，防止攻击者通过 IP 数据包分析数据内容以及网络拓扑，降低重要 IP 地址被攻击的风险。TranSec 模式的缺点在于定制化程度高、成本高。同时，通信终端不具备密钥擦除等物理防护措施。

ComSec 加密模式是目前主流的加密通信方式，被广泛应用于商用通信卫星领域，其加解密设备通常部署在业务数据发送设备与卫星通信终端站之间。其缺点在于若采用常见 IPSec 的 VPN 设备，必须使用特定的加密数据接口协议才可适配，否则将无法适应 TCP 加速和 QoS 的功能，并且无法支持终端通信信令加密。

2. 卫星数据传输加密技术

1）IPSec VPN 加密通信保障技术

IPSec VPN 是目前常用的通信保障技术，在传统互联网以及卫星互联网中均有广泛的应用，IPSec VPN 在特定的通信方之间的 IP 层，利用加密和数据摘要（哈希技术）等手段实现通信数据在网络传输时的私密性、完整性和真实性。IPSec VPN 加密通信流程如图 4-25 所示，发送终端通过 TCP/IP 网络将数据发送给自适应 FEC 编码器，通过校验与纠正将有效数据与冗余载荷进行 IPSec 封装，再通过 UDP 封装传递至卫星网络。接收终端对接收数据进行 UDP 解析、IPSec 解析、QoS 模块处理，最终由自适应 FEC 编码器还原数据。

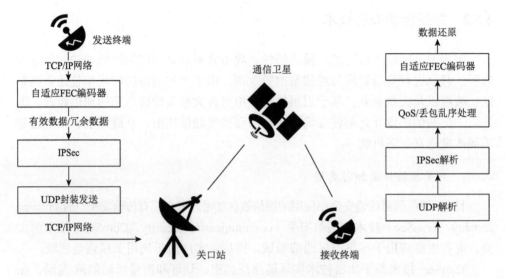

图 4-25　IPSec VPN 加密通信流程

2）量子通信加密技术

量子通信是全球公认的未来加密传输技术，又称量子隐形传送，是由量子态携带信息的通信方式，它利用光子等基本粒子的量子纠缠原理实现保密通信过程。量子通信是一种全新的通信方式，它传输的不再是经典信息，而是量子态携带的量子信息。

星地一体电力量子保密通信网络逻辑架构包括量子密钥分发层、量子密钥管理层、量子密钥应用层和量子网络管理层，逻辑架构如图 4-26 所示。

（1）量子密钥分发：量子密钥分发层基于量子不可分割、不可克隆等量子力学特性，实现量子密钥的远距离安全分发，主要包括卫星量子密钥分发、光纤量子密钥分发和无线量子密钥分发三种方式。

（2）量子密钥管理层：量子密钥管理层从量子密钥分发层获取量子密钥，实现量子密钥的全生命周期管理，并为量子密钥应用层提供量子密钥。

（3）量子密钥应用层：量子密钥应用层采用量子密钥管理层在线供给的量子密钥，以及量子优盾（quantum key，QUkey）、量子传输闪存（TransFlash，TF）卡等量子密钥移动存储装置离线提供的量子密钥，在量子 IPSec VPN 量子网关、SSL VPN 量子网关、CPE 等量子密钥应用终端之间建立量子加密隧道，实现量子加密传输。

（4）量子网络管理层：量子网络管理层主要完成量子密钥生成设备、量子密钥中继设备、量子通信组网设备的统一监管，实现便捷运维和精益化管控。

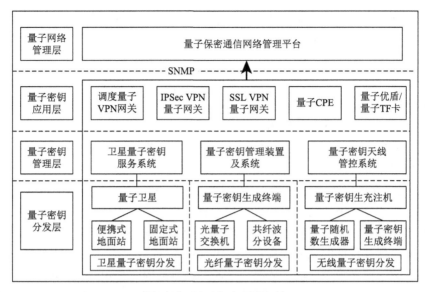

图 4-26　量子加密逻辑架构

4.5.3　数据存储安全技术

1. 终端安全存储的总体架构

图 4-27 为一种数据安全存储的方案，包含客户端（终端）、服务端（云端）两部分。客户端提供数据访问、云端上传、云端下载等功能，服务端提供数据存储、

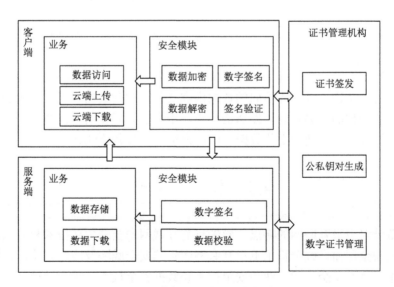

图 4-27　数据安全存储总体架构图

数据下载等服务。以上服务需通过客户端和服务端相互协作。以下将对客户端、服务端包含的功能模块做简要介绍。

客户端包含数据访问、云端上传、云端下载、数据加密、数据解密、数字签名、签名验证等功能模块，服务端包括数据存储、数据下载、数字签名、数据校验等功能模块；证书管理机构包含证书签发、公私钥对生成、数字证书管理等功能模块，主要核心功能模块简述如下。

（1）密钥生成器：在数据备份和共享时，需要将数据加密上传至云端。通过密钥生成器生成加解密的对称密钥。

（2）加密和解密模块：使用密钥生成器生成的密钥进行数据加密和解密运算。

（3）数字签名模块与签名验证模块：提供数据的签名接口，对需要签名的数据生成消息摘要，并利用数字证书管理机构颁发的证书进行签名，附在数据后面进行校验，保证数据的完整、真实和不可抵赖。

（4）数字证书管理模块：从第三方证书颁发机构（certificate authority，CA）获得根证书，建立客户端和服务端的公钥证书的生成、分发、回收等管理功能。

2. 数据存储安全流程

典型的数据上传、存储、下载的具体过程如下。

（1）数据上传：用户使用密钥生成器生成对称密钥，对上传数据进行加密，并使用需要共享数据的用户证书中的公钥对该密钥进行加密；再使用私钥对上传数据的哈希值进行数字签名；将加密数据、加密密钥以及签名合并上传到云端存储。

（2）数据存储：按照数据库的结构对上传的加密数据、加密密钥及签名进行结构化的存储。

（3）数据下载：用户提供由证书中私钥签名的访问请求，服务端根据用户证书的公钥进行验证，并将需访问的数据内容（包括加密数据、用户公钥加密的密钥以及上传数据的签名信息）发送给用户。用户收到后使用自己的私钥获得数据加密密钥解开数据并使用上传数据的用户公钥进行签名验证。

4.6 本章小结

本章针对卫星互联网的特点，参考目前互联网安全的主要技术和方法，从网络与数据安全层面详细分析了卫星互联网面临的安全威胁及应对方法，包括接入安全技术、终端安全技术、业务安全技术和数据安全技术，重点讨论了卫星互联网的终端固件安全问题、安全隔离运行技术和轻量级数据加密技术。

参 考 文 献

[1] 李妍, 施永新, 孙萌. 面向高通量卫星互联网应用的认证计费解决方案研究[J]. 数字通信世界, 2019, (6): 10-11.

[2] Arimie C O, Harcourt P, Harcourt P, et al. Outlier detection and effects on modeling[J]. Open Access Library Journal, 2020, 7(9): 1.

[3] Tavallaee M, Bagheri E, Lu W, et al. A detailed analysis of the kddcup99 dataset[C]. IEEE Symposium on Computational Intelligence for Security and Defense Applications, Oakland, 2009: 53-58.

[4] 李天琦. 基于机器学习的网络流量分类研究[D]. 北京: 北京邮电大学, 2019.

[5] Shui Y, Wanlei Z, Doss R. Information theory based detection against network behavior mimicking DDoS attacks[J]. IEEE Communications Letters, 2008, 12(4): 318-321.

[6] Salman O, Elhajj I, Imad K, et al. A review on machine learning-based approaches for internet traffic classification[J]. Annals of Telecommunications, 2020, 75: 673-710.

[7] Al-Obeidat F, El-Alfy E. Hybrid multicriteria fuzzy classification of network traffic patterns, anomalies, and protocols[J]. Personal and Ubiquitous Computing, 2019, 23(5): 777-791.

[8] Ma C, Du X, Cao L. Improved KNN algorithm for fine-grained classification of encrypted network flow[J]. Electronics, 2020, 9(2): 324.

[9] Gu X, Ni T, Fan Y, et al. Scalable kernel convex hull online support vector machine for intelligent network traffic classification[J]. Annals of Telecommunications, 2020, 75: 471-486.

[10] d'Angelo G, Palmieri F. Network traffic classification using deep convolutional recurrent autoencoder neural networks for spatial-temporal features extraction[J]. Journal of Network and Computer Applications, 2021, 173: 102890.

[11] Gornitz N, Kloft M, Rieck K, et al. Toward supervised anomaly detection[J]. Journal of Artificial Intelligence Research, 2013, 46: 235-262.

[12] Akcay S, Atapour-abarghouei A, Breckon T P. GANomaly: Semi-supervised anomaly detection via adversarial training[C]. Asian Conference on Computer Vision, Perth, 2018: 622-637.

[13] Baseman E, Blanchard S, Li Z, et al. Relational synthesis of text and numeric data for anomaly detection on computing system logs[C]. IEEE International Conference on Machine Learning and Applications, Anaheim, 2016: 882-885.

[14] Munir M, Siddiqui S A, Dengel A, et al. DeepAnT: A deep learning approach for unsupervised anomaly detection in time series[J]. IEEE Access, 2018, (7): 1991-2005.

[15] Jan S T, Ahsan C M. Deep learning for internet of things data analytics[J]. Procedia Computer Science, 2019, 163(C): 381-390.

[16] 彭国军, 邵玉如, 郑祎. 移动智能终端安全威胁分析与防护研究[J]. 信息网络安全, 2012, (1): 58-63.

[17] Xie W, Jiang Y, Tang Y, et al. Vulnerability detection in IoT firmware: A survey[C]. IEEE International Conference on Parallel and Distributed Systems, Shenzhen, 2017: 769-772.

[18] 新浪科技. 卫星与 5G 融合通信组网探索[EB/OL]. https://finance.sina.com.cn/tech/2020-11-01/doc-iiznctkc8921094.shtml[2021-4-8].

[19] 郑显义, 史岗, 孟丹. 系统安全隔离技术研究综述[J]. 计算机学报, 2017, 40(5): 1057-1079.

[20] Hou J, Li T, Chang C. Research for vulnerability detection of embedded system firmware[J]. Procedia Computer

Science, 2017, 107: 814-818.

[21]　于颖超, 陈左宁, 甘水滔, 等. 嵌入式设备固件安全分析技术研究[J]. 计算机学报, 2021, 44(5): 859-881.

[22]　Sebastian V, David O, Tom C. Breaking all the things—A systematic survey of firmware extraction techniques for IoT devices[C]. Seventeenth Smart Card Research and Advanced Application Conference, Montpellier, 2018: 171-185.

[23]　Costin A, Zaddach J, Francillon A, et al. A large-scale analysis of the security of embedded firmwares[C]. Security Symposium ({USENIX} Security 14), San Diego, 2014: 95-110.

[24]　Cheng K, Li Q, Wang L, et al. DTaint: Detecting the taint-style vulnerability in embedded device firmware[C]. Annual IEEE/IFIP International Conference on Dependable Systems and Networks, Luxembourg, 2018: 430-441.

[25]　Zheng Y, Davanian A, Yin H, et al. {FIRM-AFL}: {High-Throughput} Greybox fuzzing of {IoT} firmware via augmented process emulation[C]. The 28th USENIX Security Symposium, Boston, 2019: 1099-1114.

[26]　Baldoni R, Coppa E, d'Elia D C, et al. A survey of symbolic execution techniques[J]. ACM Computing Surveys(CSUR), 2018, 51(3): 1-39.

[27]　Zhou W, Cao C, Huo D, et al. Reviewing IoT security via logic bugs in IoT platforms and systems[J]. IEEE Internet of Things Journal, 2021, 8(14): 11621-11639.

[28]　顾绵雪, 孙鸿宇, 韩丹, 等. 基于深度学习的软件安全漏洞挖掘[J]. 计算机研究与发展, 2021, 58(10): 2140-2162.

[29]　She D, Chen Y, Shah A, et al. Neutaint: Efficient dynamic taint analysis with neural networks[C]. IEEE Symposium on Security and Privacy(SP), San Francisco, 2020: 1527-1543.

[30]　Dobraunig C, Eichlseder M, Mendel F, et al. Ascon v1.2[J]. Submission to the CAESAR Competition, 2016, 5(6): 7.

第5章 卫星互联网安全的仿真验证

仿真验证是卫星互联网安全的重要部分，和传统的互联网信息系统一样，目的是通过对实际场景的信号和链路数字化模拟，实现卫星互联网安全的设计方案、技术方法等的功能性能验证。本章将聚焦于卫星互联网系统的仿真技术及工具介绍、卫星互联网安全的仿真验证架构及关键技术的讨论。

5.1 卫星互联网系统的仿真技术及工具

在卫星互联网的设计和研制中，大量采用了仿真技术，本节重点介绍其中主流的仿真技术和工具，并系统比较分析这些工具的特点，为卫星互联网安全的仿真研究提供必要的参考和借鉴。

5.1.1 信号仿真技术

卫星互联网的信号仿真是按照卫星信号和用户定义仿真参数通过模拟器产生与卫星信号特性一致的信号。以 GNSS 仿真系统为例，图 5-1 为组成框图，包括仿真控制单元、数学仿真单元、信号生成单元、时频基准单元、信号功率控制单元、校准接口单元等。仿真控制单元实现仿真参数配置、仿真状态实时监测、仿真数据存储等功能；数学仿真单元按照导航星座分布、轨道参数、空间环境和用户设定的仿真参数等计算生成 GNSS 数据，为信号仿真单元提供数据源；信号生成单元根据数学仿真单元计算得到的 GNSS 数据实时生成 GNSS 信号；时频基准单元主要为 GNSS 仿真系统提供时间和频率基准；信号功率控制单元主要完成各个通道 GNSS 信号的功率控制；校准接口单元对 GNSS 仿真系统射频信号的功率、时延和各频点频率进行校准。

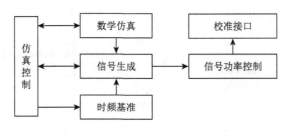

图 5-1 GNSS 仿真系统组成框图

GNSS 仿真系统的核心单元是数学仿真和信号生成，如图 5-2 所示。数学仿真主要根据测试任务仿真产生导航卫星星座、星历、导航电文并按一定更新速率提供模拟信号的动态参数；信号生成负责接收来自数学仿真计算生成的导航电文和要模拟产生的射频信号的参数（延迟、动态、幅度等）完成射频信号的物理实现[1]。

图 5-2　GNSS 仿真系统核心单元

GNSS 仿真系统需要模拟卫星导航用户终端接收到的射频信号，图 5-3 描述了 GNSS 仿真系统的基本工作原理：GNSS 仿真系统对多颗导航卫星组成的星座进行仿真，形成某个逻辑时刻的卫星在世界大地坐标系（world geodetic system，WGS）中的实时位置，并产生星历数据，用导航电文形式调制到下发信号中；对不同频点的射频信号在电离层、对流层内的传播特性进行建模；对卫星信号传播时的空间路径延迟、幅度衰减、多路径效应以及载体和卫星相对运动引起的多普勒效应进行建模，最后产生能够反映出以上特征的射频信号。

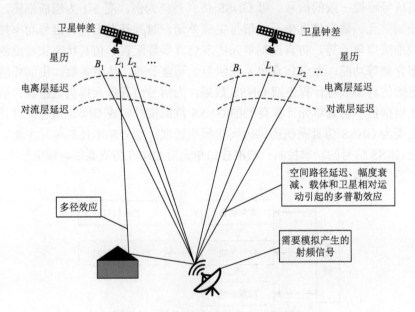

图 5-3　GNSS 仿真系统基本工作原理

GNSS 仿真系统实际上是一种高精度的多通道专用信号源。与通用信号源相比，GNSS 仿真系统具有更多的通道数、更高的伪距控制精度、更高的通道一致性和零值稳定性等，以满足不同位置、不同状态用户的实时同步仿真要求。GNSS 仿真系统综合利用电子仪器与测量技术、软件无线电技术精确模拟卫星导航信号（北斗、GPS、GLONASS、伽利略等）格式、不同场景的空间传播过程（包括用户动态特性），以保证在实验室环境和指定测试条件下完成对接收机的联调测试和验证，检验接收机的捕获跟踪和导航定位性能，以及作为比较标准检验导航接收机的动态测量精度。

5.1.2　链路仿真技术

卫星互联网链路仿真是通过专业软件进行建模与计算，获取链路持续通信时间、距离、误码率等数据，合理配置收发站的硬件，支撑实际应用部署。图 5-4 是一个典型的卫星通信链路，包括上行链路、下行链路，按照空间分布可分为星地链路和星间链路。

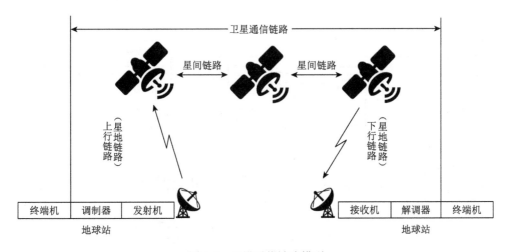

图 5-4　卫星通信链路模型

卫星互联网链路仿真的目标是实现对链路余量的优化。根据数字通信理论，卫星通信的链路余量 M 计算公式为

$$[M]=[\text{EIRP}]+[L_f]+[L_p]+[L_a]+[L_{ra}]+[G/T]-[r]-[R_c]-[k]-[E_b/N_{0r}] \quad (5.1)$$

式中，[·] 为各物理量的分贝表示；M 为链路余量；EIRP 为有效全向辐射功率；L_f 为自由空间损耗；L_p 为极化损耗；L_a 为雨衰、大气吸收损耗；L_{ra} 为与接收端相

关的损耗；G/T 为地面站品质因数；r 为码率；R_c 为编码后速率；k 为玻尔兹曼常量，$[k]$=-223.6dBW/K；E_b/N_{0r} 为某调制方式下满足一定误码性能的比特信噪比。

采用正推法进行卫星通信系统链路计算，如图 5-5 所示，在给定地面站天线口径、功放发射功率等参数和相应地面站接收参数及卫星转发器参数的基础上，分别对上行链路和下行链路进行计算，最后计算总的链路余量并在此基础上调整地面站设备。上行链路计算包括上行地面站发射天线增益、上行地面站 EIRP、上行链路空间自由损耗、上行饱和通量密度（PFD）、上行载温比$(C/T)_U$、上行载噪比$(C/N)_U$ 等。下行链路计算包括下行地面站接收天线增益、下行地面站 G/T 值、下行链路空间自由损耗、下行载温比$(C/T)_D$、下行载噪比$(C/N)_D$ 等。总的链路计算包括整个链路的总载噪比$(C/N)_{Total}$、总信噪谱密度$(C/N_0)_{Total}$、链路余量等，通过判断链路余量是否大于零，确定通信链路是否满足要求。

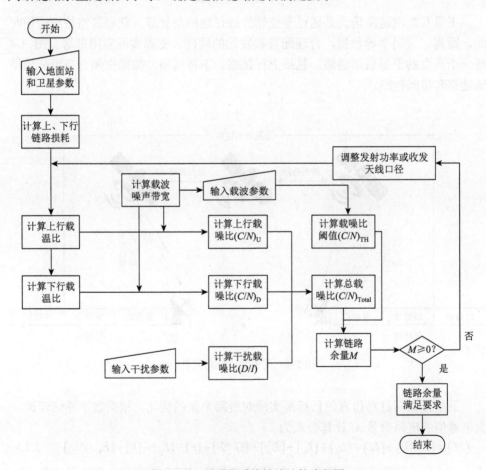

图 5-5　卫星通信系统链路计算流程图

基于上述链路计算，本节以商业化仿真工具 STK（system tool kit，原为 satellite tool kit，指卫星工具包）为例介绍卫星链路仿真（有关 STK 软件的功能参见 5.1.3 节）。

1. 仿真参数的设置

以一颗轨道高度 1000km 的卫星为仿真对象，实现星地通信，卫星必须在地面站上空，并且地面站仰角不能太小。因为在低仰角时，地面站天线接收的地面噪声和大气噪声随着仰角的减小而急剧增加，使 G/T 值下降，大气吸收损耗也随之增大。为此，ITU 规定地面站天线的仰角不小于 5°。卫星与地面站相对位置变化迅速，为了保证数据传输，卫星通常采用具有跟踪指向机构的点波束天线或对地赋型天线。以对地赋型天线为例进行仿真，卫星采用赋型天线，能够保证卫星与地面站之间距离变化，即自由空间损耗变化的情况下，地面站接收的信号强度保持稳定。定义 θ 为星地连线偏离波束中心的角度，如图 5-6 所示。

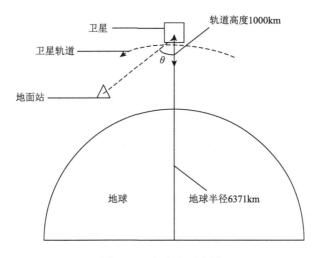

图 5-6　θ 角定义示意图

通过仿真，将得到在一段时间内的 EIRP 及对应的 θ 值，进而得到赋型天线增益阈值，作为赋型天线增益设计的依据。根据式（5.1）得 EIRP 的计算公式：

$$[EIRP]=[M]-[L_f]-[L_p]-[L_a]-[L_{ra}]-[G/T]+[r]+[R_c]+[k]+[E_b/N_{0r}] \quad (5.2)$$

根据式（5.2），考虑卫星通信系统设计时应兼顾传输链路的性能、成本和可靠性等因素，链路余量$[M]$取 3dB；极化损耗$[L_p]$取 1.5dB；自由空间损耗$[L_f]$取 3.5dB（其中设备损耗 2dB，接收天线损耗 1.5dB）；编码后速率 R_c 取 100Mbit/s；编码为前向纠错的信道编码（reed-solomon code，RS）和 1/2 卷积的级联编码，则比特信噪比$[E_b/N_{0r}]$为 2.4dB；地面站品质因数$[G/T]$为 33dB/K；L_{ra} 和 L_a 根据 STK 报告、雨衰及大气吸收模型得到精确数据。

另外，为了确定星上赋型天线的增益曲线，可先计算星上 EIRP 的阈值，再选定发射功率 P_t 及确定星上损耗，可计算得到天线增益 G_t 的阈值。

2. 仿真及结果分析

根据链路模型和仿真参数的设置，通过运行 MATLAB 程序向 STK 发送一系列格式化过的命令，依次建立场景、设置卫星和地面站、获取 STK 报告，最终完成对通信链路的计算分析。

1）建立场景

首先获得 STK 的地址（默认地址 stkDefaultHost），利用语句 stkOpen 打开默认地址，建立 MATLAB 与 STK 的连接。具体如下：

```
①remMachine=stkDefaultHost;
②delete(get(0,'children'));
③conid=stkOpen(remMachine);
```

建立场景并设置参数的语句如下：

```
①stkExec(conid,'New/Scenario LinkBudgets');
② stkExec(conid,'SetTimePeriod */Scenario/LinkBudgets"1 Jul 2022
12:00: 00.00" "21 Jul 202212:0000.00"');
③stkExec(conid,'SetEpoch * "1 Jul 2022 12:00:00.00"');
④ stkExec(conid,'SetAnimation * StartTime "1 Jul 2022 12:00:00.00"
TimeStep1.0 RefreshDelta 0.1 RefreshMode RefreshDelta');
⑤stkExec(conid,'Environment*/RainModel On ITU_P618_520');
⑥stkExec(conid,'Environment* Absorption On "ITU-RP676-3" UseFastOn
Use SeasonOff300.0');
```

上述代码中，①用于创建场景 LinkBudgets；②、③和④用于设置场景的起始和结束时刻，同时将仿真步长设置为 1s；⑤和⑥用于设置场景的雨衰模型和大气吸收模型。

2）设置卫星和地面站

添加、设置卫星参数，添加卫星发射端并设置参数的语句如下：

```
①stkExec(conid,'New/*/Satellite LEOSat');
② stkSetPropClassical('*/Satellite/CommSat','J2Perturbation','J2000',
00,20*86400.0,1.0,0,7378140,0.0,1.7363,0.0,4.3507,0);
③stkExec(conid,'New/*/Satellite/LEOSat/Transmitter SatTrans');
```

④stkExec(conid,'Comm*/Satellite/LEOSat/Transmitter/SatTrans Define XmtrModel Source Complex Frequency 10.00');

上述代码中，①用于添加一颗卫星 LEOSat，②用于设置卫星的参数，③用于为卫星添加发射机，④用于设置发射频率 10GHz。

添加地面站、设置地面站经纬度、添加接收机的语句如下：

①stkExec(conid,'New/*/FacilityStation');

②stkExec(conid,'SetPosition*/Facility/Station Geodetic 50.0120.00.0');

③stkExec(conid,'New/*/Facility/Station/Receiver Rec');

④stkExec(conid,'Comm*/Facility/Station/Receiver/Rec Define RcvrModel Medium Gain 33 Frequency Auto BandWidth Auto');

⑤stkExec(conid,'SetConstraint*/Facility/Station/Receiver/Rec Elevation Min 5');

上述代码中，①、②用于添加地面站 Station 并设置经纬度，③、④和⑤用于添加地面站接收机、设置品质因数和仰角约束。

3）获取 STK 报告

获取 STK 报告语句如下：

① [secData,secNames]=stkAccReport('/Satellite/LEOSat/Transmitter/SatTrans','*/Facility/Station/Receiver/Rec"Rain Loss"');

②AtmosLoss=stkFindData(setData{1},'Atmos Loss');

③RainLoss=stkFindData(setData{1},'Rain Loss');

④FreeSpaceLoss=stkFindData(setData{1},'Free Space Loss');

上述代码中，①用于获取 STK 报告，②、③和④用于从报告中读取大气吸收损耗、雨衰、自由空间损耗的数据。

① [secData,secNames]=stkAccReport('*/Satellite/LEOSat/Transmitter/SatTrans','*/Facility/Station/Receiver/Rec','AER');

②Elevation_deg=stkFindData(secData{1},'Elevation');

上述代码中，①用于获取 STK 的参数报告，②用于从报告中读取仰角值（用于计算 θ 值）。

4）仿真结果

从 STK 报告中得到的雨衰、大气吸收损耗和自由空间损耗数据如图 5-7～图 5-9 所示，该数据进一步在 MATLAB 中处理得到 EIRP 值[2]，如图 5-10 所示。

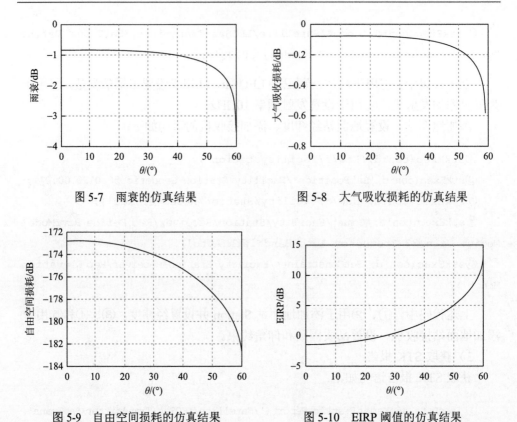

图 5-7　雨衰的仿真结果　　　　　　图 5-8　大气吸收损耗的仿真结果

图 5-9　自由空间损耗的仿真结果　　　　图 5-10　EIRP 阈值的仿真结果

图 5-10 表示在满足链路约束的条件下，星上 EIRP 阈值随星地相对位置的变化情况。假设星上功放输出功率 P_t 为 10W（10dBW），发射端损耗为 2dB，则根据式（5.2）计算可得赋型天线的增益阈值，如图 5-11 所示。为了保证地面接收信号强度的一致性，星上赋型天线的增益曲线需要与 EIRP 阈值趋势上一致。图 5-11

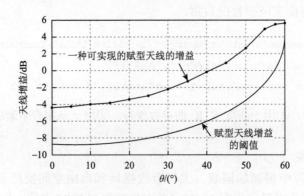

图 5-11　赋型天线增益阈值的仿真结果

中所示的一种可实现的赋型天线增益曲线，在满足卫星数据传输链路余量为 3dB 需求的基础上，还有一定的余量。

随着卫星通信技术的快速发展，不断涌现出如高通量卫星、中低轨道通信卫星、星座组网、波束复用等新技术，链路仿真也需要根据不同场景和技术做相应的调整和优化。

5.1.3　常用仿真工具简介

目前，在卫星网络的设计、运维方面典型的建模仿真工具如表 5-1 所示。

表 5-1　常用卫星仿真工具一览表

工具名称	STK	OpenSAND	Gpredict	Celestia	SaVi	Hypatia
类型	商业软件	开源	开源	开源	共享软件	开源
建模环境	C++/MATLAB	C++	C++/C#/Java/MATLAB/Pascal	C++	C/C++	C++/Python
平台	Windows/Linux	Linux	Windows/Linux	Windows/Linux	Windows/Linux	Linux
功能	卫星轨道大小、形状、经纬度位置、覆盖区域以及计算卫星位置和姿态，生成轨道，可视化计算等	卫星网络拓扑结构，网间互联，支持IPv4、IPv6	多种卫星的上、下行数据参数以及卫星分组，实时卫星跟踪、轨道预测等	多种类型卫星的三维可视化，模拟行星和卫星上的大气外观、轨道上的星光以及各种行星细节	卫星轨迹参数、运行参数、覆盖率参数以及星座可视化	卫星轨迹参数、距离参数，低轨卫星网络模拟框架
可扩展性	支持航天任务的全过程，复杂的航天工程，灵活性高	允许简单的特定需求，可设置2个网关和5个卫星终端	允许高级用户定制功能和程序外观，对卫星或地面站没有数量限制	三维视图，可呈现小行星和航天器精确轨迹的三维模型，提供太阳系、星系和宇宙的逼真、实时呈现	模拟Iridium、伽利略、GPS和其他卫星星座，允许建立、运行、审查和修改二维和三维的卫星轨道	允许提供计算网络状态的可视化，支持SpaceX Starlink、Amazon Kuiper3，允许使用ns-3进行低地球轨道的通信链路仿真
入门难度	快速开发	快速开发	可作为源包以及第三方提供的预编译二进制文件使用	易于使用、自由分发	支持三维渲染引擎Geomview	快速开发
三维可视化	支持	不支持	支持	支持	支持	支持
应用场景	航天卫星运行情况模拟研究，通信基础设施覆盖率模拟研究，海洋、大气研究等	卫星通信系统中网络通信相关问题研究	基于自定义相关功能进行卫星相关预测研究	教学	卫星相关参数和运行轨迹、覆盖率等研究	通信链路信号、通信数据仿真研究，自组卫星网络相关问题研究

1. STK

STK 是 Analytical Graphics 公司研发的一款商业的航天分析软件。STK 具备高效的全方位分析能力，提供可视化数据分析结果，并给出推荐的方案。STK 核心是一个三维空间分析计算引擎，用于确定对象的时间位置和动态位置，以及所考虑对象之间的空间关系，包括对象之间的位置关系或访问关系，以及许多复杂的约束关系。

STK 基础版本具有实时采集位置信息、生成位置数据和遥感信息分析等功能，提供多种形式的可视化展现，包括各种飞行器等物体的显示。STK 专业版提供了更强大的分析功能，如轨道的预测算法、卫星的精确位置确定和坐标类型选择，涵盖了各种在轨卫星型号和地面设备型号，支持对卫星多种运行任务的分析，提供三维可视化环境来检测卫星系统的通信数据、实时在轨运行状态、通信雷达状态等。

STK 基础版本可免费下载使用，为满足专业客户的特定需求，STK 还提供了扩展的付费模块，支持不同场景的分析需求。STK 由基础模块，分析模块，综合数据模块，扩展、集成和接口模块组成，各模块功能如下：

（1）基础模块包括 STK 基本卫星工具箱、STK/Professional（STK/PRO）专业版、STK/Visualization Option（STK/VO）三维显示版、STK/Advanced VO 高级三维显示版四个版本。

（2）分析模块包括 STK/Astrogator（轨迹分析）、STK/Attitude（姿态分析）、STK/Chains（链路分析）、STK/Comm（通信分析）、STK/Conjunction Analysis Tools（CAT）（接近分析）、STK/Coverage（覆盖分析）、STK/Interceptor Flight Tool（IFT，拦截飞行工具）、STK/Missile Flight Tool（MFT，导弹飞行工具）、STK/Orbit Determination（OD，轨道确定）、STK/Precision Orbit Determination System（PODS，精确轨道确定系统）、STK/Radar（雷达分析）、STK/Scheduler（调度程序）、STK/Space Environment（空间环境）等功能或组件。

（3）综合数据模块包括 STK/High Resolution Maps（高分辨率地图）、STK/VO Earth Imagery（高分辨率地球影像）、STK/RAE（雷达高级环境）、STK/Terrain（全球三维地形）等组件或功能。

（4）扩展、集成和接口模块包括 STK/Connect and STK/Server（连接和服务器）、STK/Web Cast（网络实时播放）、STK/MATLAB Interface（MATLAB 接口）、STK/distributed interactive simulation（DIS，分布式交互仿真）、STK/geographic information system（GIS，地理信息系统）、STK/programmer's library（PL，程序员开发库）等组件或功能。

STK 还有一些高级模块未对外公开，如飞行工具拦截、导弹工具、空间环境、先进雷达环境等模块。

STK 的可视化界面如图 5-12 所示。通过 Connect 接口将 STK 的数据导出到外部平台进行后续分析。用户通过 STK 可以模拟出 Iridium、Starlink 等卫星星座的轨迹数据与连接关系等重要信息。

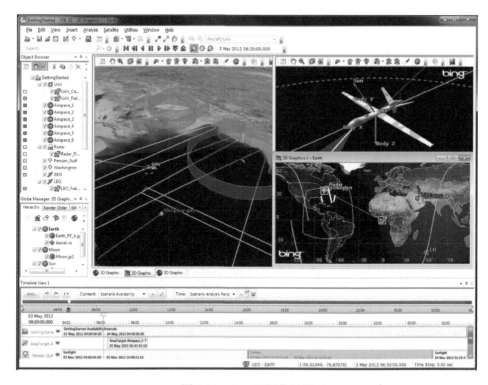

图 5-12　STK 可视化界面

2. OpenSAND

OpenSAND 是一款卫星网络的功能和性能评估仿真工具，最早是一个基于 IST 欧洲项目框架的平台，由 Thales Alenia Space 开发，法国国家空间研究中心（Centre National d'Etudes Spatiales，CNES）将其作为参考性的开源工具在卫星通信系统与网络的研发中使用，界面如图 5-13 所示。

OpenSAND 提供了一种简单灵活的模拟卫星通信系统的方法，目的是验证接入和网络新功能的研究、性能评估的测量点分析、以演示为目的地面网络仿真和应用互联。可以看作是灵活配置的黑匣子，在每个终端和网关上提供了卫星网络的接入接口，用户只需将其工作站和服务器连接至网关和（或）终端后面，即可通过卫星网络进行测试。

OpenSAND 可简单灵活地模拟端到端卫星通信系统，可与基于 IP 的网络（地面和（或）卫星）互联，提供配置和监控（实时和离线）工具，还具有 MF-TDMA 带宽共享的按需分配多路访问/单路单载波（demand assignment mutiple access/single channel per carrier，DAMA/SCPC）、通用流封装（generic stream encapsulation，GSE）和游程编码（run-length encoding，RLE）封装、IP 到 MAC 队列映射等功能。

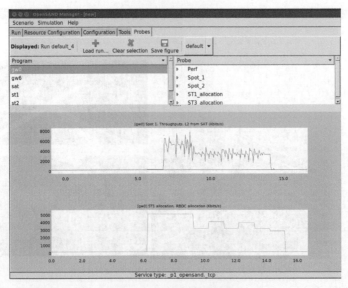

图 5-13　OpenSAND 界面

3. Gpredict

Gpredict 是一个提供实时卫星跟踪和轨道预测的开源软件，可在 Linux、BSD、Windows 和 macOS 等多个平台安装使用。Gpredict 通过可视化的列表和图形提供实时详细的卫星数据，利用算法预测卫星的轨道，可视化界面如图 5-14 所示。

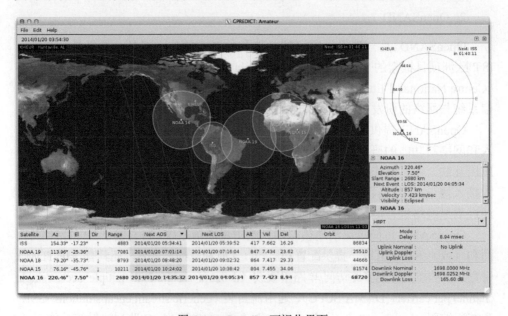

图 5-14　Gpredict 可视化界面

Gpredict 将卫星分组到独立配置的可视化模块中，能够在同一时间对不同位置的卫星进行跟踪观察，包含以下功能：

（1）实时跟踪卫星，核心算法是 NORAD SGP4/SDP4；

（2）使用地图、表格和极地图（雷达视图）对卫星数据进行可视化呈现；

（3）自定义卫星可视化模块；

（4）天线旋转器控制。

4. Celestia

Celestia 是一个天体仿真的开源项目，其源码可以在 GitHub 下载，支持 Windows、Linux、macOS、iOS 和 Android 等系统。与大多数卫星仿真软件不同，Celestia 不局限于地球表面，仿真范围包含太阳系，甚至银河系，拥有大量的恒星、星系、行星、卫星、小行星、彗星和航天器目录，可视化效果如图 5-15 和图 5-16 所示。

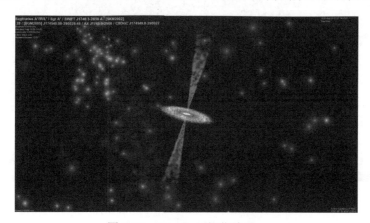

图 5-15　Celestia 可视化效果一

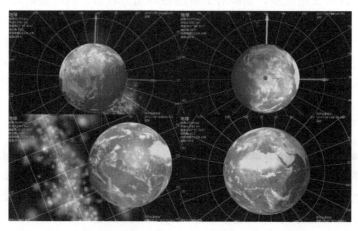

图 5-16　Celestia 可视化效果二

Celestia 拥有三维空间模拟器，支持访问提供的每一个可扩展对象，并支持从任何时空点查看此对象。Celestia 有多个附加模块，它能提供各种星体的精确运行数据，其中附加模块还能提供高精度、高分辨率的星体和逼真的纹理。

5. SaVi

SaVi（satellite constellation visualization）是一款基于 Windows 或 Linux 平台的卫星可视化和仿真工具，其可视化界面如图 5-17 所示。

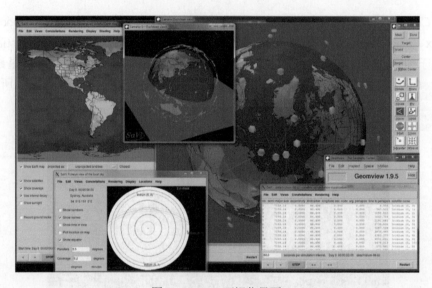

图 5-17　Savi 可视化界面

SaVi 可模拟卫星星座，能够对卫星的各种运行状态、轨道参数等进行可视化呈现，详细展示卫星的覆盖范围和覆盖点。SaVi 为了提供交互式的三维成像，通常与另一个开源软件 Geomview 组合使用，Geomview 能提供交互式的三维渲染，使 SaVi 中的星体仿真更加逼真。SaVi 的缺点是功能相对单一，仅能够进行轨道建模和星座仿真，无法满足诸多实际需求，主要用于学术研究的仿真模拟。

6. Hypatia

Hypatia 是一款 LEO 卫星网络仿真的开源软件，能够仿真低轨卫星行为，提供各类拥塞控制算法，结合 ns-3 的仿真模块，将卫星轨迹、覆盖范围、星地连接情况等因素融合到网络拓扑中，在此基础上，可以对各类卫星网络拓扑进行设计和测试，对不同路由以及拥塞控制算法进行仿真。Hypatia 主要包括四个部分。

（1）satgenpy：Python 框架，用于生成 LEO 卫星网络，并在一段时间内随时间生成路由；可用分析工具来研究案例，可调用 Python 模块，其中包括 numpy、astropy 等。

（2）ns3-sat-sim：基于 ns-3 框架，将生成的状态作为输入，利用 satellite Pedro Silva 的 ns-3 模块来计算随时间变化的卫星位置；可调用 Python 模块，包括 numpy、statsmodels、OpenMPI 等。

（3）satviz：LEO 卫星网络可视化呈现。

（4）paper：学术研究的实验和可视化辅助工具。

Hypatia 能够仿真低轨卫星行为，提供各类拥塞控制算法，结合 ns-3 的仿真模块，同时将卫星轨迹、覆盖范围、星地连接情况考虑到网络拓扑中，在此基础上，使用者可以对各类卫星轨迹进行设计和测试，对不同路由算法以及拥塞控制算法进行仿真测试。

Hypatia 仿真结果如图 5-18 所示，该图呈现的场景是针对 Amazon 宽带卫星项目 Kuiper 在 630km 轨道的 1156 颗卫星以及分布在 100 多个城市的地面站，同时测试 UDP、TCP 的流量在不同场景下的 RTT 波动。通过该图可以查看卫星轨迹、地面站连接情况、端到端路由、链路使用情况以及带宽使用情况。

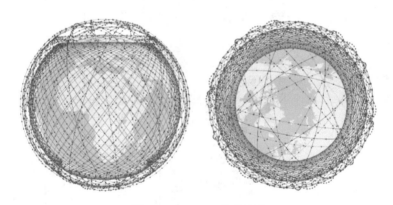

图 5-18　Hypatia 仿真结果

Hypatia 能仿真不同的拥塞控制算法，不足的是，Hypatia 的案例分析都是基于 ns-3 网络仿真以及 Cesium 可视化框架进行，是一种不支持真实数据流的纯仿真软件。

5.2　卫星互联网靶场的仿真验证

靶场是网络安全技术仿真验证的主要基础设施，同样，卫星互联网安全的仿真验证也是通过靶场来实施的，本质上卫星互联网靶场是虚拟、闭环、受控的卫星指挥与控制仿真环境，一个典型的卫星互联网靶场如图 5-19 所示，通过虚拟化

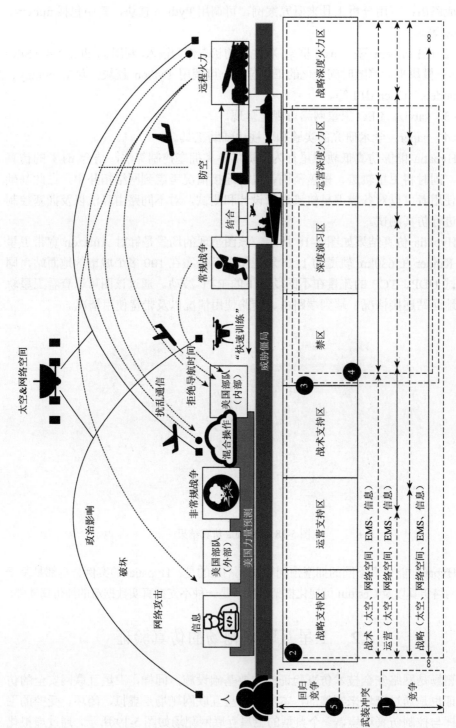

图 5-19　卫星互联网靶场示例

的设备再现实际的卫星网络环境，红方可在验证环境中实施模拟攻击，以发现隐藏的漏洞缺陷，通过研究加固和完善手段，保障卫星互联网的安全。

发达国家非常重视靶场网络的建设。2010 年 10 月，英国国防部相关工作人员宣布建立英国联合靶场网络。公共网络覆盖是一个安全的模拟环境，在该环境中可以模拟网络攻击和相应的防御系统，以评估不同系统和网络的安全性。美泰科技（ManTech）于 2020 年 5 月 4 日正式宣布开放管理运营的太空靶场，以帮助美国军事、情报和商用太空资产进行网络风险测试，避免恶意网络攻击。

目前，我国网络靶场建设发展迅速，从地方到国家均立项建设了诸多教学级、行业级和国家级的靶场，在基础研究方面聚焦于靶场的基础理论、仿真技术和量化评估等关键领域的研究研发，但是卫星互联网安全的仿真验证领域目前尚属空白。美国曾预言谁控制了太空，谁就将在未来控制整个地球，太空军事对抗将在未来战争中发挥重要作用，由于卫星互联网的重要性和复杂性，即使是一个小缺陷也会造成不可预测的破坏。SpaceX、OneWeb、亚马逊、苹果、O3b、波音、韩国三星等公司均在布局和实施卫星互联网战略规划，并将网络安全问题列为重中之重，由于卫星互联网存在卫星发射成本高、网络构建成本高、对抗博弈成本高、环境恢复成本高等"四高"问题，显然通过搭建真实场景进行卫星互联网安全的测试验证成本高、难度大，安全验证的靶场建设就成为必需，这对于提升卫星互联网安全性、鲁棒性，构筑可验证的安全防护体系，降低卫星互联网的真实风险，具有重要的战略意义。

5.2.1　卫星互联网靶场的架构

1. 卫星互联网靶场的能力定位

卫星互联网靶场的建设分为七个步骤：需求定义、环境设计、场景部署、资源分配、测试操作、数据收集、分析评估。其中，需求定义确定靶场验证目标，以指导防护体系的构建。环境设计根据不同的验证目的设计不同的环境参数，以满足不同场景的描述。场景部署配置目标网络，放置靶标，安装测试手段。资源分配根据验证需求确定仿真资源池中的资源分配策略，执行分配。测试操作是仿真验证的执行过程。数据收集是对测试操作过程的多种数据通过带外、带内、链路等途径采集存储。分析评估对采集数据进行融合分析，评估验证测试对象的行为效果和态势。

卫星互联网靶场的主要能力定位包括如下内容。

（1）辅助建立卫星互联网络的设计和构建：可以模拟不同网络节点及服务执行，实现虚拟网络拓扑与计算机集群网络基本物理拓扑的逻辑分离，按照目标网络的统一要求进行配置，实现与物理网络的集成连接，支持灵活的网络拓扑重构。

（2）卫星通信信号的仿真：基于构建的网络拓扑结构生成卫星通信信号，支持在特殊环境中恢复特定网络拓扑的流量，根据映射模型，可以在虚拟网络环境中进行多点网络回放，为真实目标网络仿真提供进一步的数据支持。

（3）卫星互联网的攻击测试模拟：在构建的仿真环境中开展攻防测试和演练，实时呈现对抗状态与结果。

（4）卫星互联网模拟运行数据的采集与分析：通过带外（网络的管理控制信息与用户网络的承载业务信息在不同的逻辑信道传送）、带内（网络的管理控制信息与用户网络的承载业务信息通过同一个逻辑信道传送）、链路等方式收集业务数据融合分析，生成测试报告。

2. 卫星互联网靶场的总体架构

和其他靶场类似，卫星互联网靶场需要靶标、攻击平台、装备运作空间和检测评估系统，根据实际需求和目标，卫星互联网靶场的核心包含五层。如图 5-20 中部所示，从下至上分别为硬件资源层、目标网络层、仿真网络层、数据采集和分析层、可视化层。此外，便于规范管理和验证，配套标准规范层和运维管理层，

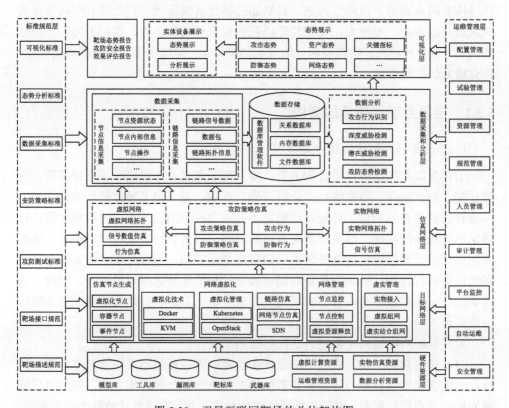

图 5-20 卫星互联网靶场的总体架构图

规范靶场的数据采集、分析、测试、策略以及接口定义、对象描述等，如图 5-20 左右两侧所示。

各层的定义和基本功能描述如下。

（1）硬件资源层：包含试验数据资源库（模型库、工具库、漏洞库、靶标库、武器库）、虚拟计算资源、实物仿真资源、运维管理资源以及数据分析资源。本层为目标网络层提供所需的资源支持，包括数据资源和硬件运行资源。构建目标靶场网络时，通过选择武器库可在不同的虚拟环境中实现各种攻击行为，漏洞库用于识别攻击行为造成的相关漏洞信息，从而可以对威胁等进行预测，漏洞库资源广泛采用相关漏洞库[3-5]，如美国国家计算机通用漏洞数据库（National Vulnerability Database，NVD）、开源漏洞库（Open Source Vulnerability Database，OSVDB）、PacketStorm 漏洞库、SecuriTeam 漏洞库、中国国家信息安全漏洞库（China National Vulnerability Database of Information Security，CNNVD）、中国国家信息安全漏洞共享平台（China National Vulnerability Database，CNVD）等。模型库、工具库作为辅助工具库可以为构建靶场提供相关的便利资源支持，靶标库是针对卫星互联网可能的威胁靶标进行相关记录的数据库。其余四种资源包含各种构建靶场需要的虚拟资源、硬件资源、网络资源、计算资源等。

（2）目标网络层：包含仿真节点生成模块、网络虚拟化模块、网络管理模块和虚实管理模块。本层的目标是利用硬件资源层构建好仿真网络层建立靶场需要的组成部分。仿真节点生成模块生成虚拟化节点、容器节点和事件节点，即模型用户段、地面段和空间段的手机终端、地面关口站、卫星等。网络虚拟化模块构建靶场的虚拟环境，虚拟化技术采用两种方案，一种是 Docker 和 Kubernetes[6, 7]，其中 Docker 是应用程序容器的引擎，Kubernetes 提供容器集群管理的系统功能；另一种是基于内核的虚拟机（kernel-based virtual machine，KVM）和管理平台 OpenStack[8, 9]。两种方案最重要的区别是 Docker 的操作系统只能与宿主系统一致，而 KVM 的方案可以搭建不同环境下的不同解决方案，Docker 作为一种轻量级的选择，可根据实际需求选择使用。网络虚拟化使用开源的 FloodLight 作为 SDN 控制器，其支持 RESTAPI，使用 OpenvSwitch 作为虚拟交换机，支持 OpenFlow 协议。信号仿真系统要达到对卫星互联网信号的仿真，并可以进行链路分析，自定义算法。网络管理模块对创建的虚拟环境的节点和虚拟资源进行管理，包含节点监控、节点控制和虚拟资源释放。虚实管理模块是对虚拟网络和实物网络进行管理的模块，包含实物接入、虚拟组网和虚实结合组网。

（3）仿真网络层：包含虚拟网络、实物网络和攻防策略仿真模块。本层的目标是构建实际的靶场仿真环境，然后对靶标进行多手段、多时间的攻击以及进行相关防御，从而完成对卫星互联网相关的威胁验证。虚拟网络模块是纯数值仿真，即空间段、地面段和用户段的所有信号和链路都是数值仿真。可使用 MATLAB

卫星工具箱进行通信仿真，并且测试和分析链路状态，利用工具箱可支持卫星、遥感系统的多维仿真，并可以在一个灵活的测试环境下进行各种功能的仿真和验证，同时它能够验证 DVB-S2X、DVB-S2、CCSDS 和 GPS 四种卫星和导航标准，以支持项目的实施。实物网络模块利用一些真实的信号产生器模拟真实的卫星互联网环境的信号，再通过实际的攻击手段去干扰或改变相关的信号使靶场达到验证目的。攻防策略仿真包含多种攻击手段和防御手段，利用目标网络层构建的行为直接在仿真环境中调用执行并完成相关操作。

（4）数据采集和分析层：包括数据采集、数据存储和数据分析三个模块。本层的目标是收集攻防行为造成的节点链路变化数据，分析出攻击行为类别以及可能造成的连锁威胁等。其中，数据采集模块包含节点信息采集和链路信息采集。数据存储模块包含一个管理数据存储的数据库管理软件和面向不同需求的关系数据库、内存数据库和文件数据库。数据库管理软件按照权限分层，将用户分为管理员（可查看、导入导出）、超级管理员（可操作所有功能）。数据分析模块基于采集的节点数据和链路数据分析对靶场发起的攻击行为、关联威胁等，并进一步提供可视化数据基础。

（5）可视化层：包含态势展示模块和实体设备展示模块。可视化层接收到数据采集和分析层的数据后分别对攻击态势、防御态势、资产态势、网络态势以及相关的关键指标等进行展示。可视化层的目标是以动态图表的方式实时呈现靶场的测试情况，分析出安全隐患和危害程度，制定出相应的渗透测试验证方案，生成可视化的分析报告。根据实际需求建立的靶场运行中心的实际设备可能包含大型的显示屏以及计算机端的显示，基于 Vue、Datav、Echart 框架，通过 Vue 组件实现动态数据刷新和渲染，内部图表可以自由交换。一些图表使用内置的数据组件，可以进行更改以生成一个"大数据屏幕"，可以对其进行实时监控。

配套的标准规范层和运维管理层功能如下。

（1）标准规范层：包含可视化标准、态势分析标准、数据采集标准、安防策略标准、攻防测试标准、靶场接口规范和靶场描述规范。本层的目标是提供靶场的构建标准、测试标准、收集标准等，从而可更加高效地构建和使用靶场。

（2）运维管理层：包含配置管理、试验管理、资源管理、规范管理、人员管理、审计管理、平台监控、自动运维和安全管理。本层的目标是对整个靶场的人员、资源、安全等进行管理，以及对靶场的构建、运行以及后期维护等全流程进行管理。

5.2.2 卫星互联网靶场的仿真技术

1. 数字孪生技术

数字孪生是充分利用物理模型、传感器更新、运行历史等数据，集成多学科、多物理量、多尺度、多概率的仿真过程，在虚拟空间中完成映射，从而反映相对应的实体装备的全生命周期过程[10]。作为信息世界中的一项重要技术，数字孪生可以模拟真实物理世界，通过相关技术进行虚拟物理世界增强，可以使其更加贴近于现实世界。数字孪生促进了全球工业发展，为产业和社会迈向数字化、智能化提供了有力的技术支撑。

数字孪生卫星是数字孪生技术和卫星工程中各种关键要素的结合[11]，包括各种关键连接、关键场景和关键卫星工程设施。数字孪生卫星可实现时间和空间维度的系统工程管理和各种场景的服务，这是一项天基卫星工程，它可以实现对整个卫星工程的实时监控、模拟、测试，并利用不同的技术手段对监控到的数据进行分析，形成一套管理和优化方案。常见的数字孪生卫星内涵由多个关键部分组成，如图 5-21 所示。

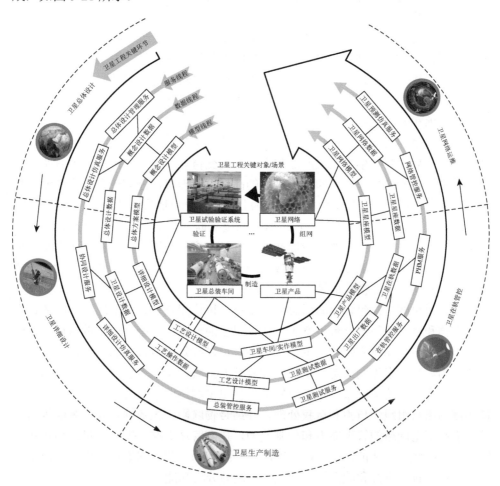

图 5-21　数字孪生卫星概念图

从空间维度看，数字孪生和卫星工程中的关键对象是相互关联的。如图 5-21 所示，卫星工程的关键对象和场景有四部分：卫星试验验证系统、卫星总装车间、卫星产品和卫星网络，它们是环环相扣的一个整体。

（1）卫星试验验证系统：卫星试验包含分系统试验、整星试验和任务试验等。验证系统由多个部分组成，包括模拟器、卫星和管理平台。它的主要功能是实现数字化和物理化的系统验证，并且通过验证结果结合系统的设计模型、环境参数和任务进行综合分析，得到实时验证结果，能够有效监控卫星项目的整体流程。数字卫星研究与验证系统不仅控制每个测试仪和平台，还连接信息空间中的每个验证仪和平台，并进行信息集成，以对相关项目进行全面的研究、验证和系统优化。

（2）卫星总装车间：总装车间的功能是建立起一整套的数字孪生卫星设备，包含测试、后勤等设备，并且有相关检测生产的信息系统进行总体管理，共同组成一套完整的总装车间。数字卫星装配车间通过对"人-机-物-法-环"全要素、全过程、卫星装配车间的全感知和互联、数字成像和智能管理与控制，以及设计系统和模型，实现对卫星总装车间的数字化映射与智能化管控。卫星的生产过程采用智能化、数字化管理，对整个生产线采用智能物料配送、组装、监控和管理，采用高效的数字流水线进行卫星装配，采用虚拟集成和验证技术对整个过程的功能进行继承和验证，并且可追踪溯源。

（3）卫星产品：包含总装物流、卫星总装、总装监测和总装测试等，卫星产品装配出厂后，数字孪生相关产品和卫星共同交付。卫星孪生产品主要有两种，一种是基于现实的物理模型和行为进行的高保真度虚拟，能够较高程度地贴近真实的功能和性能，可有效实现状态、行为分析；另一种是简化功能和性能的虚拟，但是可以支持相关的核心功能，可以测试卫星数据，能够支持智能化分析和决策。数字孪生产品对整个卫星的生命周期都进行了高度的还原，可以在基于真实卫星环境下进行卫星的在轨技术验证、数据分析和相关在轨的监测，能够自我调整修复姿态、智能决策切换轨道等。

（4）卫星网络：包含空间信息网络拓扑、协议配置等，基于地面段实体、空间段实体和链路通信进行数字孪生，基于卫星的地面站模型、通信链路协议、空间段星间网络拓扑建立数字孪生卫星网络，可以有效模拟现实卫星网络的通信状态和行为。数字孪生网络是一个庞大和复杂的系统，需要多层次和多功能的监测系统，配合不同的运维系统才能更好地提供卫星网络服务。与此同时，它必须支持实施网络自组织、自治和自我处理，并结合物联网、大数据和人工智能等新技术，提高卫星网络的管理能力和控制能力，提高管理效率。数字卫星网络在实时网络星座和状态、智能网络工作和控制、网络行为预测、网络管理模拟、网络设计控制和配置、模拟和验证等方面执行监测与分析功能。

图 5-22 展示了数字孪生与卫星互联网系统工程关键要素的联系。数字孪生有

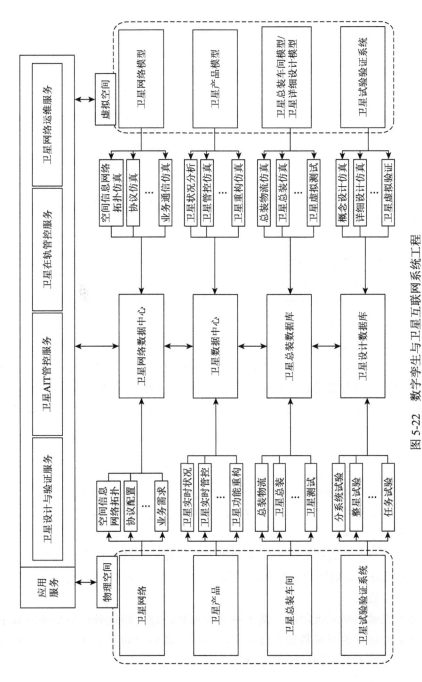

图 5-22 数字孪生与卫星互联网系统工程

AIT 指总装集成测试（assemble integrate and test）

很多关键环节需要与卫星互联网系统工程协同。数字孪生贯穿于卫星的设计、制造、发射、轨道控制以及卫星网络的组网和运维各个阶段。数字孪生将这些连接紧密互联，打破连接之间的模型障碍、数据障碍和服务障碍，形成数字孪生的基本要素，数字孪生的网络需要配合空间信息和协议去面向实际需求，对应的产品需要实现监测、管控，模型仿真要能够对应实现通信的协议、网络的拓扑等功能，以此实现数字孪生和地轨卫星通信系统工程的一一对应。实际项目状态图能够实现高效的管理、决策和运营维护，数字孪生工厂需要配合数字孪生数据、总装状态、验证系统、数字孪生卫星网络进行项目的管理和运营，以支持卫星网络、卫星产品和总装、验证的实施和管理。通过数字孪生工程实际项目状态图，能够实现对整个数字孪生和卫星通信系统进行全方位的监测、管理和运维，以此提供整个工厂的运行效率。图 5-23 展示了数字孪生与卫星工程在模型、数据、服务线程下的生命周期。

1）模型线程

对于数字孪生的整个生命周期，需要在不同阶段进行转换、关联和集成。模型线程是一个总体的结构框架，能够加快整个生命流程的实施和迭代，为每个阶段提供有效的管理，能够强化数字孪生不同阶段的关联性和整体性，在不同阶段该模型线程作用如下。

（1）卫星总体设计阶段：根据实际的卫星进行参考设计，对轨道、网络等进行研究设计形成对应的方案，以创建合适的概念模型。根据实际产生的卫星运行数据，对总体的方案进行总验证，并建立方案对应的总体模型。

（2）卫星详细设计阶段：设计卫星的结构、卫星的配置参数、卫星的硬件设施、卫星的软件设施、卫星星体电路等，并进行仿真测试和验证，建立详细的卫星设计模型。

（3）卫星生产制造阶段：利用通用卫星模型装配和生产卫星，根据卫星实际的装配流程进行监测统计，并用于管理验证。卫星专用模型应转换为卫星部署模型，通过卫星检查和模型验证，卫星部署模型应与卫星产品模型同步，形成卫星产品的数字孪生体。

（4）卫星在轨管控阶段：卫星模型分为简化轨道状态模型和复杂轨道状态模型，两种模型都提供轨道分析和决策能力，能在同步和实时绘制轨道卫星地图时，优化模型参数。

（5）卫星网络运维阶段：基于网络的拓扑、通信协议等模型形成的数字孪生网络对实际运行的卫星数据进行采集，形成一套对应的卫星网络运行、管理和维护系统，为整个卫星项目提供支持。

2）数据线程

整个数字孪生生命周期中包含数据定义、数据采集、数据预处理、特征工程

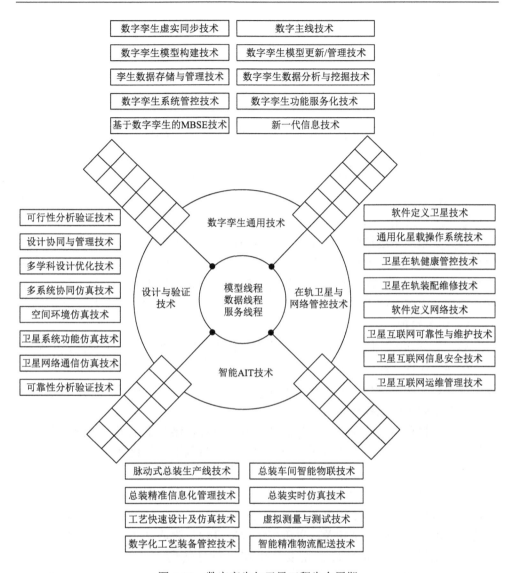

图 5-23　数字孪生与卫星工程生命周期

MBSE 指基于模型的系统工程（model-based systems engineering）

和数据存储等多个部分，数据线程的核心采用一套完整的数据管理框架，对整个生命周期的数据安全和使用提供高效的支持，并且有相关的流程和业务记录，在不同阶段该线程作用如下。

（1）卫星总体设计阶段：根据卫星实际的轨道、网络等运行数据进行设计，结合相关配置对卫星的数字孪生提供数据支撑。

（2）卫星详细设计阶段：设计卫星的结构数据、卫星的配置参数数据、卫星星体电路数据等，并进行仿真测试和验证，建立适当的详细数据集。

（3）卫星生产制造阶段：根据总装车间结合数据监测系统，采集、清洗、整合、提取卫星生产数据，并以此作为卫星生产制造的基础，支持卫星产品的生产。

（4）卫星在轨管控阶段：分为空间段管控和地面段管控。根据空间段卫星在轨运行状态进行分析评估，采集分析卫星系统的运行、变轨、通信数据，并基于与地面段通信链路生成监测的空间段数据，主要包含卫星的实时运行数据、卫星与地面通信数据、卫星状态变换数据等，并且基于对卫星的监测数据，地面段对自身数据进行采集，形成立体的卫星数据管控。

（5）卫星网络运维阶段：基于卫星网络的拓扑、数据通信协议等进行采集，联合卫星实体和网络实体进行分析，对整个卫星网络的网络通信、卫星运行、网络交互等进行实时监测和管理，并进行实时数据分析，以提供实时的卫星监测和维护数据，实现对整个网络的数据支持。

3）服务线程

通过服务匹配、服务组合、服务协作等技术，服务线程实现了便捷性、易用性、横向操作性、统一管理性，整个数字卫星服务过程的安全性和可靠性通过服务组合和进程间及进程内的合作，创建不同的功能组件、应用软件、移动应用程序等。在不同阶段该线程作用如下。

（1）卫星总体设计阶段：根据总体的服务设计，结合卫星工厂的任务需求、总体设计，为工厂提供需求分析、总体设计、项目制造和优化处理等服务，项目特定服务可以在特定项目中协调。

（2）卫星详细设计阶段：结合总体设计的服务模型，对项目各阶段的详细模型进行服务化设计，用于提高卫星网络的实际运行效率，与一般项目中项目方案的管理和项目模拟的验证相关，以确保特定项目和一般项目之间的一致性。

（3）卫星生产制造阶段：主要集中在卫星总装集成测试过程，精准管理卫星的装配制作过程，结合总装车间的智能化处理，形成可溯源、可测试的服务。同时，装配过程中的问题可以通过面向服务的措施转移回一般项目和特定项目。

（4）卫星在轨管控阶段：执行卫星轨道管理和维护要求、轨道状态监测、轨道分析和决策、卫星重建和更新、预测和健康管理（prognostics and health management，PHM）等服务。

（5）卫星网络运维阶段：监测网络状态，管理和运行网络并进行控制，预测网络行为，模拟网络设计和其他服务，并在轨道上合作分析和决策、监测轨道状态、卫星重建和更新，以及轨道管理和控制领域的其他卫星服务。

2. 卫星互联网靶场的仿真

靶场是卫星互联网仿真验证的试验场景，包括空间信息网络拓扑仿真、协议仿真、业务通信仿真等内容，在进行卫星互联网靶场的仿真之前，首先需要确定需求，再进行仿真环境的搭建和部署。卫星通信的一般过程是：卫星接收到来自地面站的无线电信号后，在通信发射机中对其进行放大、频率转换和功率放大，再通过卫星通信天线将增强后的无线电波发射到另一个地面站，从而在两个或多个地面站之间进行远距离通信。图 5-24 描述了网络信号在卫星互联网路由架构中的传输过程，包括用户段—地面段—空间段—地面段—用户段的整个流程。

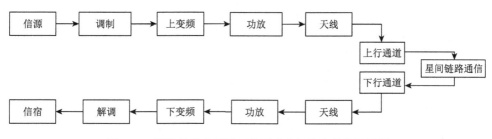

图 5-24　网络信号在卫星互联网路由架构中的传输过程

网络信号在卫星互联网路由架构中的具体传输过程是：用户段使用移动终端，生成 HTTP 等请求，通过 TCP/UDP 进行数据封装，转交给 IP，IP 在包前面加上 IP 头部，然后查询 MAC 地址加上 MAC 头部并通过网卡编码，将其封装为无线电信号进行发送。地面站接收到来自终端的无线电信号，通过调制、变频、功率放大后再经过地面天线发送到卫星。空间段卫星接收器接收到信号后进行放大、变频、解调、译码，然后将信号编码、调制、变频、放大，通过星间链路转发到相邻卫星，相邻卫星对信号进行同样的处理，经多次转发后，发送到地球另一端的地面站或移动终端，再进行放大、变频、解调，得到基带信号，解码后进入互联网协议栈进行后续传输。卫星互联网的靶场仿真需针对以上过程进行，分为空间段仿真、地面段仿真和业务网仿真三部分。

1）空间段仿真

根据星上载荷类型的不同，通信卫星可采用透明中继或星上处理的工作方式。空间段仿真要完成的目标是模拟星与星之间的通信，即星间链路通信。

星间链路的通信介质有微波、毫米波和激光[12]。这里使用的软件定义无线电是模拟微波。星间链路使用 V 频段，频率范围是 40～75GHz；或使用 Ka 频段，频率范围是 20～40GHz。卫星通信采用二进制相移键控（binary phase shift keying，BPSK）、QPSK、8 移相键控（8 phase shift keying，8PSK）等低阶相位调制技术。

解调采用相干解调。在介绍空间段仿真原理之前，有必要介绍 SDR-LTE 系统接收机和发射机仿真原理，如图 5-25 所示。

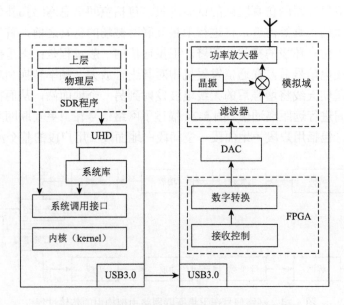

图 5-25 SDR-LTE 系统接收机与发射机仿真原理

UHD 指 USRP 硬件驱动

（1）接收机仿真：首先，接收机放大器为低噪声放大器，它将较低的音量进行放大。接收的信号中包含信道噪声，因此接收机不会产生太多噪声。此外，通用软件无线电外设（universal software radio peripheral，USRP）的晶体振荡器（晶振）会产生一个新的信号，接收的信号在小幅度放大噪声后，会乘以该新信号，从而将接收的信号转换为中频。类似地，信号通过低流量滤波器平滑。然后，中频信号通过 ADC 将模拟域中的信号传输到数据域。ADC 主要的两个参数为采样精度和采样速度，采样精度对应于实际的信号位数，例如，SDR-LTE 系统的 ADC 精度为 12 位，表示该平台采样转换后的数据为 12 位二进制数；采样速度以采样频率来表示，为 61.44MS/s，表示每秒采集的样本数达到 61.44×10^6 个。ADC 处理后的数字信号发送到 FPGA 模块进行处理。FPGA 包含两个模块，即数字转换和接收控制。接收控制用于控制整个 SDR-LTE 系统的接收过程，如开始接收的时间。数字下变频器（DDC）实现中频到基带的信号转换。在信号经物理层处理之后，传输到上层。这就完成了 SDR 接收器的接收过程。

（2）发射机仿真：通过 USB3.0 向 SDR-LTE 系统传输数据，其中两个底层的模块是变频控制模块和数字上变频器（DUC，位于 FPGA）。发送控制模块能够控制整个 SDR-LTE 系统的发送行为，DUC 模块用于将计算机生成的基带数据转换为帧间隔（inter-frame space，IFS）数据。经过 DAC 后，数字信号转换为模拟信号，通过低通滤波器过滤噪声。然后，模拟信号与晶体振荡器产生的信号叠加拟合，调制到特定的射频频率点，通过功率放大器放大并传输射频信号。

空间段仿真的目的是模拟卫星之间的通信，其仿真要实现的整体流程如图 5-26 所示，分为四步：

（1）卫星信号接收机接收到地面站信号后会对信号进行放大、变频、检测、解调和译码；

（2）卫星信号发射机对要传输的信号完成调制、变频、放大和编码；

（3）捕获跟踪子系统负责星间链路两端天线的互相对准（捕获），从而保证误差被控制在一定的范围内；

（4）天线子系统负责在星间链路收发电磁波信号。

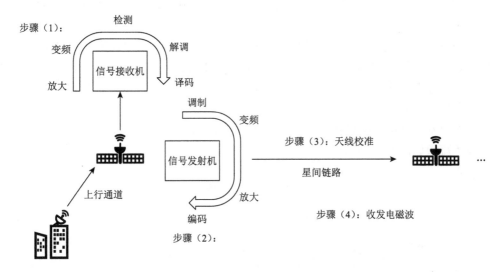

图 5-26　空间段仿真整体流程

其中，编码是为了对抗信道中的噪声和衰减，通过增加冗余（如校验码等）来提高抗干扰能力以及纠错能力。卫星通信的编码有两种，一种用于卫星电视信号的广播传输，如 DVB 标准，采用比特交织编码调制（bit interleaved coded modulation，BICM）、正交振幅调制/相移键控（quadrature amplitude modulation/phase shift keying，QAM/PSK）和正交频分复用（OFDM），冗余校验采用 LDPC 码。另一种用于深空卫星通信，采用脉冲位置调制（pulse-position modulation，PPM）、BICM-ID、LDPC 或者串行的卷积 Turbo 码。

2）地面段仿真

地面段仿真要完成发送和接收两大功能。在发送端，地面站接收到用户段信号，并通过解码、调制、放大、编码等一系列操作生成发送给卫星的微波信号；在接收端，地面站接收到来自卫星的信号，通过变频、滤波、解调、解码等操作生成进入互联网的信号。

在卫星通信系统中，电磁波由于太空中的电离层反射和吸收，用于空间通信的无线电波的频率必须大于 100MHz。同时，由于云层、降雨和大气的吸收，超过 10GHz 的无线电波也将在更大程度上减少。此外，由于银河系产生的空间噪声相对较高，因此适合空间通信的频带为 1～10GHz，通常称为无线电窗口。根据现有的无线电频率分配规则，目前大多数卫星固定服务使用的频率是 6/4GHz（C 频段）[13]。同时，由于采取了适当的雨水补偿措施，还使用了 14/12GHz 频段（Ku 频段），这在地球站称为射频。由于地面用户信号（一般为民用移动通信频率）与空间卫星信号（一般为 Ku、Ka 频段）频率差异很大，现在技术很难做到两种信号之间直接的调制和解调，甚至包括在适当的中频（如 52～88MHz 或 114～176MHz）进行调制和解调也很困难，需要进行频率转换。

频率转换器的主要功能是将频率 70MHz（或 140MHz）的中心频率 36MHz（或 72MHz）频带内的中频信号经过一次变频后转换为 1150±40MHz 的中频信号，中频信号经过第二次变频后，成为 5.850～6.4255GHz 的 C 频段载波信号，并在高功率放大器上发射。

地面站发送端包括信源、调制、脉冲成形、功率放大与天线辐射。地面段仿真整体流程如图 5-27 所示。

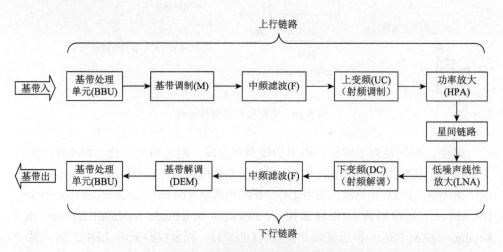

图 5-27　地面段仿真整体流程

地面发送端包括基带发送处理（物理层编码、多址复用技术）、基带调制（把基带数字信号调制成基带模拟信号）、中频滤波、上变频（把中频信号调制到高频载波上发送）以及功率放大（对调制后的信号进行功率放大），地面接收端则包括低噪声线性放大（对接收到的信号进行功率放大）、下变频（把高频信号转变成中频信号）、中频滤波、基带解调（从模拟基带信号获取数字信号）、基带接收处理（多址解复用技术、物理层解码）。

虚拟层构建靶场时，将相关的包或应用程序加入其中，然后按照逻辑进行调用就可完成地面段的通信链路、网络仿真。

3）业务网仿真

业务网主要指提供内容服务的互联网，用户可以采用不同的方式接入互联网，如手持终端、车辆终端等。用户终端通过无线天线接入卫星互联网。不同频段的用户终端在功能和设计上存在较大差异，构成了异构的卫星互联网环境，如图 5-28 所示。

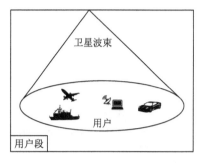

图 5-28　互联网仿真——与用户相关

业务网仿真可以使用 OPNET 实现[14]：OPNET 是一个能够分析网络性能和行为的网络仿真软件。标准探针或用户定义的探针可放置在网络模型中的任何位置，用于数据收集和统计生产。OPNET 可以为用户提供一系列的模型库，因此它被广泛应用于电信、军事、太空、系统集成、咨询服务、大学、行政机构等领域。

OPNET 软件包主要由三个模块组成：

（1）ITDecisionGuru，包含仿真、分析功能；

（2）Modeler，在 ITDecisionGuru 基础上，增加了数据库建设功能；

（3）Modeler/Radio，在 Modeler 中添加了移动和卫星通信支持。

ITDecisionGuru、Modeler、Modeler/Radio 三个模块不是相互独立的，它们使用相同的用户界面逐层嵌套，步骤分为创建新的项目和场景、创建网络拓扑、收集统计信息、执行模拟、查看结果、复制场景和扩展网络。

业务网仿真在层次上可以分为三层，分别是网络层、节点层和协议层：

（1）网络层的仿真为规划部署网络拓扑结构提供网络编辑器，用于部署网络结构，无线建模时设置节点移动轨迹和节点属性等；

（2）节点层的仿真为通过节点编辑器搭建节点协议栈（按照 OSI，从物理层到应用层），实现网络设备的功能；

（3）协议层的仿真为实现协议栈中的所有协议和算法，对于不同的状态转移绘制状态转移图。

综上，业务网仿真可以使用网络编辑器，先构建一个基线场景，以此创建场景的网络拓扑。可以复制当前场景到新场景中进行局部修改，从而可以比较它们之间的差异，然后得出在不同场景的结果。

5.3 本章小结

本章聚焦于卫星互联网安全的仿真验证问题讨论，首先介绍了卫星互联网的信号和链路仿真技术的基本原理，然后列举并比较了目前主流的卫星互联网设计与运维仿真工具平台，最后对卫星互联网靶场的架构设计、仿真技术进行了深入的分析。

参 考 文 献

[1] 杨俊, 陈建云, 明德祥, 等. 卫星导航信号模拟源理论与技术[M]. 北京: 国防工业出版社, 2015.

[2] 李博, 叶晖, 张宏伟, 等. 基于 STK/MATLAB 接口的卫星通信链路研究[J]. 无线电通信技术, 2016, 42(6): 37-40.

[3] Shaaban A R, Abd-Elwanis E, Hussein M. DDoS attack detection and classification via convolutional neural network(CNN)[C]. International Conference on Intelligent Computing and Information Systems, Chongqing, 2019: 233-238.

[4] Li K, Zhou H, Tu Z, et al. Distributed network intrusion detection system in satellite-terrestrial integrated networks using federated learning[J]. IEEE Access, 2020, 8: 214852-214865.

[5] Sobchak T, Shinners D W, Shaw H. NASA space network project operations management: Past, present and future for the tracking and data relay satellite constellation[C]. SpaceOps Conference, Marseille, 2018: 2358.

[6] Abdelsalam A. Implementation of virtualised network functions (VNFs) for broadband satellite networks[C]. European Conference on Networks and Communications, Valencia, 2019: 182-186.

[7] Bodas-Salcedo A, Webb M J, Bony S, et al. COSP: Satellite simulation software for model assessment[J]. Bulletin of the American Meteorological Society, 2011, 92(8): 1023-1043.

[8] Zhang Y, Zhang Y, Li X, et al. Simulation platform of LEO satellite communication system based on OPNET[C]. The 4th Seminar on Novel Optoelectronic Detection Technology and Application, San Diego, 2018, 10697: 106975C.

[9] Claypool S, Chung J, Claypool M. Measurements comparing TCP cubic and TCP BBR over a satellite network[C]. IEEE Annual Consumer Communications & Networking Conference, Las Vegas, 2021: 1-4.

[10] 数字孪生[EB/OL]. https://baike.baidu.com/item/%E6%95%B0%E5%AD%97%E5%AD%AA%E7%94%9F/22197545 [2022-01-26].

[11] 刘蔚然, 陶飞, 程江峰, 等. 数字孪生卫星: 概念、关键技术及应用[J]. 计算机集成制造系统, 2020, 26(3): 565-588.

[12] Schmidt D, Radke K, Camtepe S, et al. A survey and analysis of the GNSS spoofing threat and countermeasures[J]. ACM Computing Surveys(CSUR), 2016, 48(4): 1-31.

[13] Kang M S, Lee S B, Gligor V D. The crossfire attack[C]. IEEE Symposium on Security and Privacy, San Francisco, 2013: 127-141.

[14] Gong D, Tran M, Shinde S, et al. Practical verifiable in-network filtering for DDoS defense[C]. The 39th International Conference on Distributed Computing Systems, Dallas, 2019: 1161-1174.

第 6 章　卫星互联网主动安全威胁遏制体系
及相关前沿技术

卫星互联网作为未来重要的信息基础设施，无疑具有重大的战略意义和巨大的商业价值，必然成为网络攻击的焦点，攻击的手段已贯穿天基、地基和终端，呈现向多种方式的有组织协同攻击发展的趋势，针对有组织、体系化的攻击威胁，必须以有组织、体系化的手段予以应对和遏制。基于作者在网络安全领域 20 多年的基础和应用研究总结，本章提出主动网络安全的理念，以该理念为指导，进一步探讨卫星互联网的威胁遏制体系架构和关键技术，最后简要介绍基于区块链的卫星互联网可靠组网前沿技术的原理和方案。

6.1　主动网络安全模型

攻防博弈是网络安全的永恒主题，安全技术一直是在此消彼长的对抗中不断发展的。从攻击角度看，不论是洛克希德·马丁公司基于杀伤链（kill chain）的攻击模型，还是 MITRE 公司的 ATT&CK 框架模型，都非常清晰地体现出从情报收集到入侵潜伏的体系化过程特征，主动网络安全则是有效应对和遏制体系化攻击威胁的理念和实战指导。

主动网络安全简称 SAP，S 指"智感"（threat sensing intelligently），A 指"透析"（behavior analyzing deeply），P 指"活现"（route portraying vividly）。主动网络安全就是以智感、透析、活现为核心要素与过程，形成具有实践指导意义的威胁主动发现与遏制模型。智感的主要内容是威胁主动发现，即各类威胁情报的感知和收集，构建起覆盖网络威胁各环节的威胁情报库。其中，如何即时、全面地发现系统中潜在的各种软硬件漏洞一直是智感的公认难题，这是由于人类思维的局限性，导致在复杂系统的设计和开发中不可避免地出现缺陷，缺陷可能存在于算法、软件、架构等方面，有的隐藏很深，威胁极大，难以及时发现，也有缺陷是开发人员出于各种目的有意在系统中预留"后门"。但不可否认的是，漏洞是不可或缺的战略资源，既可被用于研制攻击手段，也可被用于研制提升防御的手段。所以，围绕漏洞积极发现的智感是主动网络安全的基础。透析的主要内容是行为深度分析，即对各类样本和网络流量进行即时和深度的解析，构建从协议解析、行为分析到内容识别的技术知识库。其中，基于明文和已知手段的网络攻击检测技术已经非常成熟，而加密流量的内容分析和隐蔽行为的检测识别则一直是公认的难题。这是因为加密内容破解难度极大、隐蔽行为的分析过程极其复杂，在算法和机制方面都需要不断探索和突破，所以围绕行为深度分析的透析是主动网络安全的核心。活现的主要内容是画像溯源，即对网络攻击的过程、路径、组织发起者进行完整的刻画，构建覆盖全球的网络追踪溯源资源库、技术库和攻击组织人员信息库。其中非受控环境下的追踪溯源一直是公认的难题，这是因为绝大多数网络攻击行为为躲避境内的追踪溯源，往往会利用境外网络多次中转，而在当前国际形势下，寄希望于通过国际合作开展跨境网络追踪溯源的可能性极小，必须研究非合作模式下有效的跨境追踪溯源技术，所以围绕追踪溯源的活现是主动网络安全的重要目的。

主动网络安全的思路和体系如图 6-1 表示。

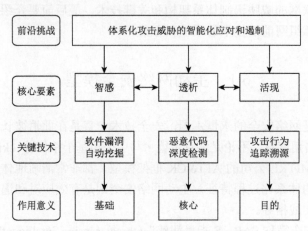

图 6-1　主动网络安全的思路和体系

需要指出的是，主动网络安全模型中的智感、透析、活现是相互协同的，其技术方法和手段随着攻防博弈的发展在不断进步，传统过度依靠人工资源和能力的威胁遏制思路已经越来越难以应对复杂的攻击场景，基于数据驱动的智能化威胁遏制是前景巨大但又极具挑战的一个发展方向，结合数据科学和人工智能等技术，可以构建起具有自适应、自学习能力的攻击威胁智能化遏制体系。

6.1.1　主动安全中的智感要素

1. 概述

智感的核心是数据驱动的威胁智能化发现。网络安全从宏观来讲是防难于攻，基于"木桶效应"，攻击者只要找到系统某一个脆弱的短板，就有可能以此作为突破口攻破安全防线，由于脆弱性是软硬件系统不可避免的客观存在，攻击者会试图挖掘和利用系统中的漏洞，以达到访问非授权资源的目的。因此，从防的角度来讲，需尽可能早地发现这些威胁，但是信息技术快速发展导致软件规模、类型不断扩大，传统基于先验知识的安全能力建设难以为继，因此如何结合人工智能的算法成果，研究智能化的威胁感知技术，是取得威胁防御能力先发优势的核心。

从数据源看，智感的数据源包括威胁态势数据、漏洞信息数据、攻击载荷数据等。数据源的持续获取和更新是实现智感的保障，需要对目前全球各大 APT 组织、机构以及数据情报来源进行持续跟踪。威胁态势数据能有效帮助预测攻击行为和攻击路径，漏洞信息数据和攻击载荷数据能及时指导对系统的防御加固。

图 6-2 的金字塔威胁模型有效地描述了智感要素的攻击目的性和传播特征，根据具体的攻击手段不同，将攻击划分在不同领域，如物理域、应用域、网络域、用户域等，定义跨域协同的行为；根据攻击的顺序，将攻击分为侦察、投放、攻击、操控、实施、逃逸等过程，该模型为智感的威胁数据源知识库构建提

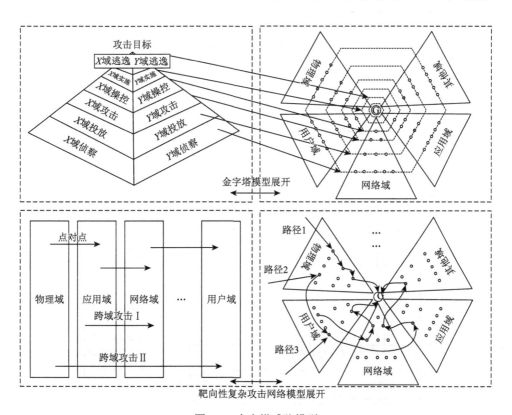

图 6-2 金字塔威胁模型

供了基础，通过知识图谱技术，将通过金字塔威胁模型获取的内容、信息、知识与数字化向量化内容进行一个有效的映射，建立起实体间关系，逐步实现自动化的信息处理与内容分析。

人工智能技术在计算机视觉处理方面取得了不俗的成果，在网络安全领域的研究也在不断深入。目前随着 AlphaGo 等人工智能体的成功，深度强化学习技术等逐渐成为安全领域关注的焦点。通过定义智感的状态、行为、收益，设计出强化学习的智感算法，可以构建攻击威胁样本库，适配威胁感知的应用场景，建立智能化的威胁漏洞感知能力。

2. 智感的关键技术

智感的目标是综合利用多种样本数据，通过智能化算法准确识别出漏洞、恶意软件主流攻击威胁，其技术体系如图 6-3 所示。样本捕获收集是指采集形成海量的漏洞样本和攻击样本集；样本分析提炼是指根据所建立的威胁模型进行分析，提炼出智感算法需要的知识型数据；智能化威胁挖掘是指利用智感算法（包括漏洞挖掘算法、情报分析算法、日志分析算法）对样本分析提炼的知识型数据进行挖掘，及时发现软硬件系统中潜在的漏洞威胁；智能化威胁感知是指根据智能化威胁挖掘的结果，形成漏洞威胁、攻击威胁、安全态势的综合评估和预测，对内及时掌握内部漏洞威胁，对外感知攻击者的攻击意图，建立全态势的攻击感知能力。

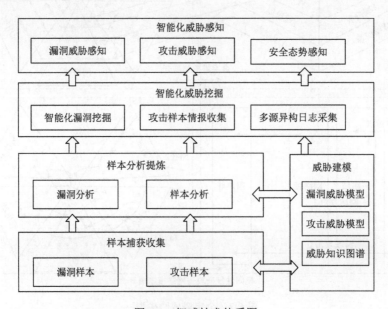

图 6-3　智感技术体系图

1）网络攻击威胁建模

面对漏洞和恶意代码等各类安全威胁，建立统一的攻击威胁模型是智感的前提。目前，已知的漏洞和恶意代码以样本方式来表示，样本中包含了攻击利用方式、攻击功能载荷、攻击通信载荷以及免杀方式等不同维度的先验知识数据。这类样本数据大多是非结构化的二进制文件，威胁挖掘算法无法直接处理，需要进行统一的建模和结构化处理。此外，漏洞样本数据和实际攻击样本数据本质上是来自不同维度的攻击要素。它们之间本身不存在直接的关联关系，但可通过知识图谱技术将要素关联起来，形成有效的知识库并在后续推演中快速定位所需的信息要素。

威胁建模是一种识别、量化并应对威胁的结构化方法，主要包含三个要素：资产、威胁、漏洞。目前主流的思路是以目标为导向，将资产作为目标对象，将威胁作为攻击行为，将漏洞作为系统脆弱性进行建模描述，MITRE 公司的 ATT&CK 框架模型收集了大量的漏洞样本与 APT 样本，构建了规模最大的安全知识矩阵，从战术、技术、过程等元素对攻击进行描述建模，从实践证明是一种成功的攻击模型。本节概述中提到的金字塔威胁模型明确了 APT 攻击组织在针对特定目标攻击过程中的协作、跨域等多种攻击方式，体现网络攻击的目标性、动态性与层次性，也是一种具有实际指导意义的攻击威胁模型。

2）智能化漏洞挖掘技术

智能化漏洞挖掘是一项前沿的安全技术，目前仍在不断探索和发展。传统漏洞挖掘主要针对已知的漏洞逻辑成因进行分析，需要综合利用模糊测试、补丁比对、动静态调试分析等技术进行，高度依赖人工经验。而智能化漏洞挖掘则是从已知的漏洞相关数据中提取经验和知识，通过学习训练，生成模型对新的样本进行分类预测，能大幅度提高软件漏洞挖掘的效率和覆盖率。该方面的研究成果从 2014 年开始发表在各类信息安全顶级会议中，主要基于机器学习和深度学习技术展开，其应用场景、核心算法技术如表 6-1 所示[1]。

表 6-1　基于学习的智能化漏洞挖掘技术研究

应用场景	论文	年份	核心算法
二进制程序	参考文献[2]	2014	加权前缀树
函数识别	参考文献[3]	2011	循环神经网络、双向循环神经网络、长短时记忆网络、门循环单元
	参考文献[4]	2017	门循环单元
函数相似性检测	参考文献[5]	2017	图嵌入神经网络
测试输入生成	参考文献[6]	2017	长短时记忆网络
	参考文献[7]	2019	卷积神经网络、Q 学习算法
	参考文献[8]	2017	生成对抗网络

应用场景	论文	年份	算法
测试输入筛选	参考文献[9]	2017	长短时记忆网络、序列到序列模型等
	参考文献[10]	2017	Q学习算法
路径约束求解	参考文献[11]	2018	梯度下降
漏洞程序筛选	参考文献[12]	2016	逻辑回归、多层感知机、随机森林等
源代码漏洞点预测	参考文献[13]	2018	双向长短时记忆网络

3）攻击样本情报收集技术

攻击样本情报包括来自于其他资源的数据，如结构化数据（情报数据库、STIX情报等）、半结构化数据（AlienVault 等开源情报社区、IBM X-Force 情报社区、ATT&CK 等）、非结构化数据（GitHub APT 报告、安全公司报告、深网/暗网情报数据等）。这些数据均来自于安全组织和机构捕获的各类攻击样本，根据《APT组织情报研究年鉴》[14]，2022 年活跃的 APT 组织高达 120 个，目前收录的 APT组织共 389 个，关键基础设施攻击团伙共 726 个。这些攻击组织对网络攻击大多有着明确的攻击规划，同时攻击组织会积累大量的攻击工具，具有二次传播或者多次传播的可能性，所以如果能得到这些数据会有较高的价值。

攻击样本的情报数据收集方法主要有基于模板化的爬虫情报获取、基于自然语言处理的数据报告信息提取、恶意代码家族情报的半自动化采集等。攻击者会根据不同的场景进行样本的参数定制和策略的调整，因此这些情报数据往往不能直接使用，还需进一步挖掘，分析其中的漏洞信息、网络通信信息、载荷利用信息等内容，再结合专家知识和人工智能技术，正向推演攻击意图，形成真正具有实用价值的威胁情报。

4）安全态势的智能感知

安全态势的智能感知是在大规模网络环境中，通过采集各类威胁数据（包括漏洞信息、日志数据、威胁感知数据、情报数据等）进行安全威胁的研判与危害预警。目前态势感知技术主要利用各类监测系统进行安全要素相关数据的提取、分类、采集、归并、建模、分析、融合等，来进行综合分析与研判，从而得出整个网络的安全状况并给出应对建议。安全态势的智能感知结构框图如图 6-4 所示，感知监测的数据源包括网络安全防护系统数据、主机日志数据、漏洞信息日志、骨干网络数据、威胁感知数据、协同合作数据等多源异构数据，这些数据均输入态势理解和评估系统处理，形成格式统一的数据信息，进行分析评估，建立安全态势的及时呈现，预测尚未发生的安全威胁，支撑主动安全防御能力的建立。其他模块如知识库、技术支撑、态势呈现、网络安全态势模型则是态势理解和评估的保障，又从态势理解和评估不断获取新的数据进行完善。

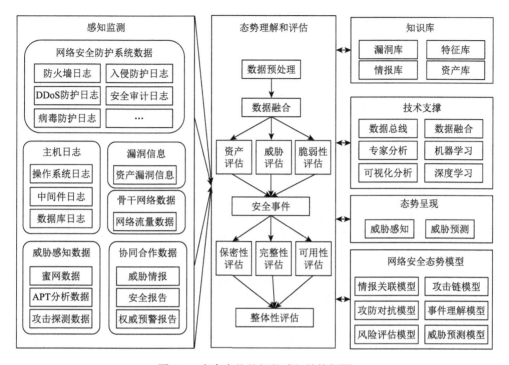

图 6-4　安全态势的智能感知结构框图

6.1.2　主动安全中的透析要素

1. 概述

在攻防博弈的对抗中，网络防御技术的不断进步迫使攻击者不断研究新的攻击策略和手段，零日漏洞攻击、变种漏洞攻击、加密流量攻击、隐蔽信道攻击、无文件攻击以及复杂攻击路径设计等方法的出现，又给已有的检测与分析技术带来新的挑战。透析作为主动安全中的核心，是应对这一挑战的关键过程。透析的对象以攻击样本、网络/信号数据、日志数据为主，以细粒度行为状态分析模型为基础，通过精细化的数据处理与分析技术，结合智能化与专家知识进行有效的研判，形成覆盖攻击方式、攻击原理、攻击目的、影响范围等多种维度的深度分析结论。透析需要解决以下难题。

1）漏洞攻击利用的检测

利用已知和未知漏洞进行攻击的行为检测一直是研究热点。零日漏洞、变种漏洞的利用技术发展迅速不断给检测制造新的困难和障碍，需要从宏观检测技术和微观检测技术两方面入手，漏洞宏观检测的目标是能实时有效地检测出发生了漏洞利用攻击，微观检测的目标是进一步明晰漏洞攻击的技术细节，包括漏洞触发时机、漏洞触发痕迹、漏洞触发影响等。

2）无文件攻击利用的检测

无文件攻击是目前攻击检测的一项难点，攻击者利用无文件技术将攻击载荷加载到内存或者注入其他进程中，形成攻击载荷不在本地存储的攻击方式。显然传统针对文件的静态检测技术难以有效地定位恶意代码，事后更难以追踪溯源，透析技术必须要有效定位无文件攻击的原始对象文件、无文件的攻击行为、无文件的样本留存。

3）加密流量内容的透析

目前，互联网流量中加密流量占比超过 90%，这给检测技术带来了巨大的挑战。加密的数据既有正常的也有恶意的，因此加密技术在保证网络数据机密性的同时，也使传统恶意流量检测技术难以识别加密的恶意数据流。目前尚没有能有效解析加密流量的分析技术，基于机器学习的加密流量检测仅在一定条件下发挥作用。另外一种可行的方法则是分析挖掘协议设计和实现中的漏洞，利用漏洞将加密流量的安全等级降低以获取加密流量数据的内容。

4）隐蔽通信检测

隐蔽通信是目前网络传输中主流的规避检测手段，包括基于隧道的隐蔽通信、基于自定义协议的隐蔽通信、基于无服务的隐蔽通信等。隐蔽通信往往结合流量加密，使得检测更加困难。针对隐蔽通信的检测难题，需要进行协议逆向，获取隐蔽通信数据的关键字段与协议语义，并基于异常检测方式从海量流量中提取出隐蔽信道数据流量，形成隐蔽通信的检测能力。

5）海量日志数据的异常挖掘

日志数据伴随着业务应用的发展急剧增长，针对海量异构的日志数据，需要解决在异常挖掘中的正常/异常日志分离、攻击数据分类分离等难题，这就需要建立日志数据的攻击威胁模型，定义日志数据的清晰规范，设计日志数据的分类分离算法，提升算法模型对海量数据的处理性能。

2. 透析的技术体系

恶意样本数据、网络流量数据、海量日志数据这三类基础数据是深度分析的主要对象，通过建立细粒度的分析模型，兼顾字段级和行为级数据要素，形成全面立体的深度分析能力。深度分析技术框架如图 6-5 所示。恶意样本分析建立在恶意样本统一模型的基础上，通过静态分析技术和动态分析技术的结合，充分挖掘出恶意样本包含的恶意行为、恶意通信、恶意功能等。流量数据由于面临加密流量、隐蔽隧道等干扰与影响，需要结合深度包解析技术与协议逆向技术，通过构建完备的协议通信状态流程，结合协议字段、节点信息、协议状态等要素，深度分析网络流量行为数据。日志数据建立海量探针监测，采集系统事件、安全事件、应用事件、网络事件以及其他事件等级的数据要素，深度挖掘日志数据中的关联性，明确攻击行为与攻击影响，形成面向海量数据的深度分析能力。

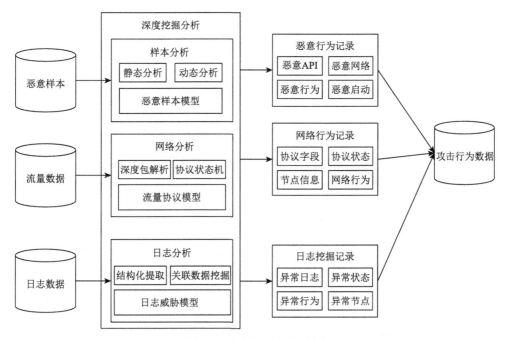

图 6-5　深度分析技术框架

1）恶意软件样本分析

恶意软件样本分析技术主要分为静态分析技术和动态分析技术，相关内容已在第 2 章进行了详细介绍。为达到深度分析的能力要求，结合静态分析和动态分析手段，并以机器学习、深度学习作为辅助判断手段，可以提高恶意软件的行为分析效率与精度。

恶意软件智能监测架构如图 6-6 所示，包括特征提取、特征处理以及特征判断三个阶段。

特征提取是恶意软件分析的一个重要工作，通过结合动态分析和静态分析，提取出程序确定的关联特征，主要包括字节序列、操作码序列、可阅读字符串、文件头部信息、熵、动态链接库相关信息、运行时状态信息以及通过神经网络自动提取的特征信息。

特征处理阶段主要对提取出的特征集合进行处理，包含信息增益、主成分分析、特征清洗、小波变换等方法，以提升训练效率和精确度。特征提取中包含许多非结构性数据信息，因此还需要编码等操作，以满足后续的模型训练与分析判断。

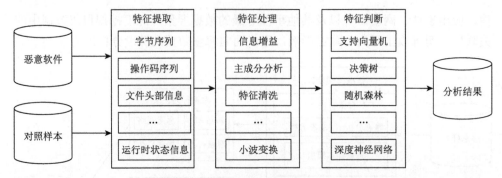

图 6-6　恶意软件智能监测框架图

特征判断阶段主要通过机器学习、深度学习等技术，将处理后的数据通过支持向量机、决策树、随机森林、深度神经网络（卷积神经网络、循环神经网络、图神经网络）等算法模型，形成快速有效的样本分析和判断能力。

2）网络流量数据分析

已知协议的网络流量细粒度分析，可以通过深度包解析技术将流量数据进行解析，获得各类型字段内容数据。但针对自定义协议或加密的流量数据，由于协议规格未知或流量内容被加密处理，可行的分析方法是通过协议逆向技术对网络流量进行深层次分析，从而获得流量中的字段内容信息。

协议逆向分析技术的主要目标是获取未知协议的协议规范，包括协议语法、语义以及协议状态信息。协议逆向分析主要包括协议报文格式提取、协议字段划分、协议语义推断、协议状态机构建等多个阶段，其技术主要分为基于网络踪迹的协议逆向分析技术和基于指令序列的协议逆向分析技术。

基于网络踪迹的协议逆向分析技术通过字符序列对比、统计分析和数据挖掘等方法，对截获的流量进行聚类分析，获取协议语法、语义等信息，利用报文的时序关系推断协议状态机。该方法与平台无关，具有普适性，但遇到加密流量数据时，由于报文特征被加密技术破坏，无法获得有效的分析信息。

基于指令序列的协议逆向分析方法将协议作为污点数据源，利用动态污点分析技术跟踪数据解析过程，依据解析程序的污点数据和上下文信息获取协议规范和状态信息。但该方法依赖于具体平台与指令序列，实现过程复杂、难以移植，且协议客户端和服务端程序有时难以获取。

3）日志数据分析

日志数据分析技术通过集中收集并监控信息系统中的系统日志、设备日志、网络日志、应用日志、行为日志等日志信息，经过过滤、归并和告警分析处理，进行海量数据的深度挖掘与关联分析。日志数据分析一般分为四个阶段，包括日志获取、日志筛选、日志整合及日志分析。

日志获取的对象一般为各类型系统软件、网络设备、安全设备及数据库等。日志获取过程是采集各类设备的日志，并将各类日志转化成统一格式，便于后续的日志处理与分析。日志筛选的目的是找出恶意行为或疑似存在恶意行为的事件，通过对比恶意行为的特征及对应日志的属性，确定恶意攻击事件。日志整合通过将同一攻击路径上的相关事件信息关联，通过分析行为内容、行为方向等是否一致来确定日志是否属于同一攻击事件。日志分析通过系统的关联规则和联动机制，将不同分析器中产生的报警进行融合关联，即分析一段时间内多个事件间及事件中的关系，找出事件的根源。目前主流的日志分析方法有基于规则的日志分析和基于数理统计的日志分析。前者通过对已知攻击的分析提取出相应的规则建立规则库，并在系统运行时进行规则匹配，产生告警信息；后者通过将网络流量、系统利用率等相关数据进行数理统计计算，通过异常检测方法产生告警信息。

6.1.3 主动安全中的活现要素

1. 概述

活现作为主动网络安全的最后一个环节，核心是通过精准追踪溯源实现对攻击的画像和还原。活现依赖于智感、透析环节，需要深度剖析数据间的关联关系，结合多领域数据信息（物理域、网络域、社会域），达到靶向性溯源画像的目的。

活现的最高目标是能够追踪溯源到具体的攻击者。在历史上有过多次溯源成功的案例[15]。然而，随着网络技术的快速发展，特别是在攻击过程中利用境外网络跳板、僵尸网络、虚拟网络等通信技术，使得定位溯源的难度和成本不断提升，其中非受控环境溯源是公认的溯源难题。

攻击溯源与人员画像的目标对象为攻击组织及其背后的政治团体，活现技术从网络画像、攻击画像、组织画像、黑客画像多个维度展开，综合应用蜜罐技术、攻击取证技术、溯源图技术、社会情报知识、攻击同源技术等，进行画像归因。

活现分为受控场景与非受控场景的追踪溯源，受控场景是境内的网络环境与实体信息管理环境，可通过结合多种数据的关联融合形成全要素的溯源数据集，包含攻击者的身份证号、生物特征、手机号、行为特征、社会关系等，实现对境内网络犯罪人员的精准溯源追踪与定位。非受控场景是利用境外网络跳板、僵尸网络、虚拟网络、暗网等场景实施网络攻击，精准追踪溯源定位一直是难题，目前可行的方案主要包括利用蜜罐、攻击取证等方式来主动获取溯源信息，对获取的攻击样本，进行样本挖掘与比对分析，可基于目前已掌握的APT攻击手段、攻击指纹特征等信息进行关联分析，形成确定性的溯源证据链条。

根据溯源途中能够掌握的信息、网络攻击介质识别确认、攻击链路的重构以及追踪溯源的深度和细微度，可将网络攻击追踪溯源分为四个层次[15]。

第一层追踪（Level1）：追踪溯源攻击主机（attribution to the specific hosts involved in the attack）。

第二层追踪（Level2）：追踪溯源攻击控制主机（attribution to the primary controlling host）。

第三层追踪（Level3）：追踪溯源攻击者（attribution to the actual human actor）。

第四层追踪（Level4）：追踪溯源攻击组织机构（attribution to an organization with the specific intent to attack）。

2. 活现的技术体系

由于攻击者的目的不同，其开展网络攻击的过程行为存在较大差异。基于此，活现需要以智感、透析的数据积累为支撑，建立完善的数据监控体系，构建攻击事件的溯源关系图，实现完整数据链条上的追踪溯源，技术体系如图6-7所示。数据源信息池由网络安全威胁情报以及网络攻击事件数据构成，形成攻击事件溯源节点的描述。攻击事件溯源节点信息经数据处理、本体映射、实体对齐形成攻击事件溯源关系图，从中提取样本、方式、策略、目的、关联信息等形成攻击者画像。而攻击取证、数据取证、信息取证等则为溯源过程提供技术手段和原始数据。

不同攻击者都有自己独特的攻击方式，因此针对攻击方式的分析一直是追踪溯源与用户画像的一个重要研究方向。目前的研究主要基于溯源图方式，还原攻击者的每一个攻击行为，分析攻击者的行为与实质性影响，建立攻击画像的行动数据库。

攻击工具是另外一个与攻击画像具有强关联的方面，有组织的攻击者往往掌握大量的工具及合作渠道（零日、远控、其他等特种供应）。由于攻击组织在使用这些攻击工具的时候会包含攻击组织特有的指纹特征，从捕获样本中挖掘出攻击组织的同源性关系则是追踪溯源的另一个重要突破点。

攻击者的长期活动必然会留下攻击痕迹与活动信息，安全厂商由此建立起威胁情报数据，通过威胁情报数据开展追踪溯源活动，建立攻击活动的关联分析。

除以上技术外，活现还通过蜜罐、水印、诱饵、主动反控等技术手段，进行反向取证、定位取证、用户取证、画像取证、事件取证等，实现立体多维度证据确定，形成有效的定向取证与实体画像，下面分别介绍这些关键技术。

1）蜜罐溯源技术

蜜罐溯源技术本质上是一种对攻击方进行欺骗的技术，通过布置一些作为诱饵的主机、网络服务或者信息，诱使攻击方对它们实施攻击，从而可以对攻击行为进行捕获和分析，了解攻击方所使用的工具与方法，推测攻击意图和动机，让防御方清晰地了解他们所面对的安全威胁，并通过技术和管理手段来增强实际系统的安全防护能力。

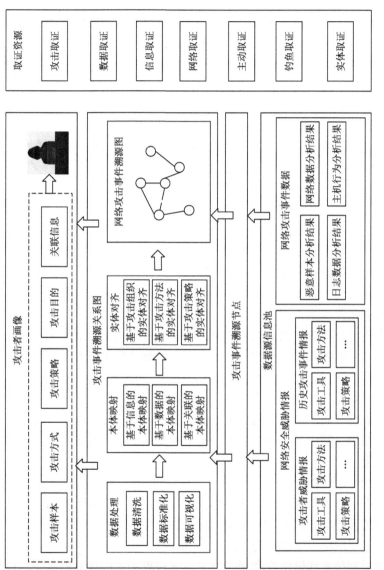

图 6-7　活现技术体系

蜜罐溯源技术分为四个阶段：收集数据、分析数据、控制反制、追踪定位。收集数据的过程是综合运用蜜罐部署的诱饵与 IDS 相关技术采集数据，分析恶意网络攻击的行为及其命令控制机制。分析数据的过程是完成对攻击载荷的深度分析，提取出控制指令，获取攻击者的相关信息。控制反制的过程是利用掌握的相关攻击者信息，通过相关漏洞、钓鱼传播、虚拟劫持等手段进行反制。追踪定位的过程是在成功控制攻击者服务器或通信主机后，采取相应技术取证手段进行溯源定位与证据收取，形成有效的主动防御能力。

蜜罐溯源技术的优点有：①收集数据的保真度高，一般都是攻击者的恶意攻击数据，因此具有低误报的特点；②有很大可能性会完整收集到新的攻击样本。其缺点有：①部署在公网上目标过于发散，分析成本高；②部署在内网中捕获样本困难，存在被攻击者越权逃逸的风险。新的蜜罐溯源技术增加了高交互、强审计的设计，同时结合漏洞反制、文件追踪等技术，进行主动式的攻击溯源。

2）恶意软件分析技术

为进一步获得追踪溯源的相关技术细节，需要分析恶意软件的行为机理和特征。恶意代码分析就是利用一系列程序分析技术方法、流程和逆向工具，识别恶意代码关键程序结构、行为特征的过程。通过同源性分析技术，结合恶意代码的编程语言、习惯、风格等特征，分析恶意代码的命令控制机制以及传播机制，进而确定恶意代码的源头，实现追踪定位。

恶意代码分析的技术方法主要包括静态分析和动态分析两大类（详细技术介绍见第 2 章）。静态代码分析方法在不实际执行软件代码情况下对恶意代码进行自动化或辅助分析，通常包括使用反病毒引擎扫描识别已知的恶意代码家族和变种，逆向分析恶意代码的关键程序信息、模块构成、内部数据结构、关键控制流程和机理，提取特征码。动态代码分析方法则通过在受控环境中执行待分析的恶意代码，利用系统、网络甚至指令层次上的监控技术手段，获取目标代码的行为机理和运行结果。

3）主动取证技术

主动取证技术是通过攻防博弈来获得攻击者身份信息的追踪溯源技术，是最具穿透力的溯源取证技术，利用漏洞反制、文件追踪等主动穿透取证手段，溯源到隐藏在僵尸网络或暗网后的攻击者。

漏洞反制技术通过漏洞利用工具主动突破攻击者的计算机系统，以达到控制攻击者并主动获取相关证据的目的，难点是需要在攻击者不知情的情况下进行探测分析以发现攻击者系统的脆弱性。

文件追踪技术通过在文件中嵌入溯源标记，设计策略将文件投递给攻击者，由攻击者在外部环境触发，从而获得攻击者的信息。

6.2　基于主动网络安全的卫星互联网威胁遏制

　　如前所述，主动网络安全作为可有效遏制体系化网络攻击的重要理念和实践指导，同样能应用于建立卫星互联网的威胁遏制体系，如图 6-8 所示，体系分为目标、对象、技术、思路四个层面。从目标上看，需要建立行之有效的卫星互联网安全威胁预警体系，实时采集、提取并分析针对卫星互联网恶意攻击样本，追踪溯源攻击事件背后的组织和背景，及时采取应对措施，消除各类威胁。从对象上看，涉及天基、地基等基础设施，包括通信、管理、服务基础网络，为航空、航海、遥感、遥测、商务通信、广播等多种应用提供服务的软硬件平台，各类通用或专用的移动接入终端设备等。从技术上看，需要涵盖漏洞挖掘、通信网络检测、追踪溯源等。从思路上看，以智感、透析、活现为核心要素的主动网络安全体系应用到卫星互联网中，已经不仅仅是计算机网络和系统的安全问题，而是天地一体、网电一体的安全问题。天基部分的核心平台是星载的嵌入式处理和应用系统，因此智感还需关注卫星在设计研制与制造阶段的威胁感知；针对天地之间的无线互联互通，透析还需要关注从信号到流量的网电一体化协同分析与检测，这就要融合网络与无线电的深度分析技术。而活现的重点是关注在卫星互联网的跨域数据交换以及非受控环境接入场景下的追踪溯源。基于上述思路，可以建立并部署卫星互联网主动网络安全系统，及时分析识别空间段、地面段、用户段以及供应链的各种攻击，精确溯源定位攻击源，系统地遏制卫星互联网面临的各种威胁。

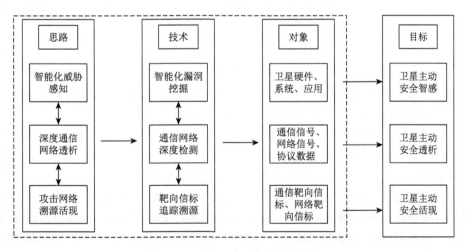

图 6-8　卫星互联网威胁遏制体系

　　针对卫星互联网这类覆盖全球的超复杂基础网络设施平台，也亟须建立匹配的安全保障基础平台，形成网电一体化的安全防护能力，构建起基于主动网络安全的卫星互联网威胁遏制体系，需要聚焦于三个方面：

一是掌握卫星互联网漏洞脆弱点发现的主动权，着力发展智能化漏洞挖掘技术，面向卫星互联网中的底层硬件、系统固件、网络组件、平台系统等展开全面高效的漏洞挖掘与分析，建立漏洞管理体系。

二是确保卫星互联网网络监控权，着力发展智感、透析的通信网络分析技术，对覆盖国土的卫星网络进行合法的监听与分析，在保证通信安全和个人隐私的前提下，建立卫星互联网的安全检测与防护能力，防备利用卫星互联网的违法犯罪以及敌对破坏活动。

三是建立通信协议标准的自主权，明确境内通信标准与通信方式，设立具有靶向信标的卫星互联网追踪溯源技术，建立境内卫星互联网使用管辖，明确营运机制与运营范围，形成恶意行为可追踪、可溯源、可定位的能力，有效遏制恶意攻击与恶意行为的影响，具备事后处置能力。

下面重点讨论卫星互联网威胁遏制体系中的三项关键技术。

6.2.1　智能化漏洞挖掘技术

卫星互联网包含数量庞大的天基、地基设备设施，潜在的脆弱性风险点分布极其广泛，需要建立覆盖设计、制造、发射、部署、运维的全生命周期漏洞发现能力，总体方案如图 6-9 所示。在卫星互联网的设计、制造和发射、运维各阶段，都需要针对性地开展安全风险评估、形式化安全分析、源码级或二进制级的漏洞分析、接口和集成系统的安全测试等，其中智能化的漏洞分析是核心。本书的第 2 章和第 4 章已专门就漏洞挖掘的基本概念和原理进行了介绍，目前漏洞挖掘面临的主要问题是需要耗费大量的人力和时间进行排查与分析，漏洞分析的速度跟不上漏洞产生的速度，必须通过自动化、智能化等方法来提高检测效率。关于智能化漏洞挖掘的技术发展及研究情况已在 6.1.1 节进行了介绍。

图 6-9 中，智能化漏洞挖掘技术应用到卫星互联网生命周期的各个阶段：天基节点的漏洞生命周期可分为卫星的需求分析、方案设计、生产制造、总装发射、组网运维；地基节点的漏洞生命周期可分为地面站的需求分析、方案设计、生产制造、部署实施、运维管理；终端应用的漏洞生命周期可分为应用系统的需求分析、方案设计、开发测试、部署实施、运维管理。天基、地基、终端各阶段虽有不同，但均可以结合智能化漏洞挖掘技术。在需求分析阶段，基于智能化漏洞挖掘的基本知识建立智能化安全风险评估；在方案设计阶段，针对方案中各类系统、协议等建立安全建模，结合智能化漏洞挖掘技术进行形式化漏洞风险判断；在生产制造/开发测试阶段，针对生产过程中涉及的源代码级与供应链环节开展智能化

漏洞挖掘工作，严格把控卫星各个部件的可靠性与安全性；在总装发射/部署实施阶段，将各系统部件进行测试验证，确保各模块之间的接口安全与集成安全智能化测试；在组网运维/运维管理阶段，针对协议安全、网络安全开展各类持续性智能化漏洞挖掘，并建立漏洞管理机制。卫星节点发射到太空后远程维护加固成本高，因此在安全加固方面存在滞后等现象，而地面站、终端应用中存在的漏洞缺陷则可以通过补丁升级等方式进行快速更迭，从而有效地保障系统的安全性。

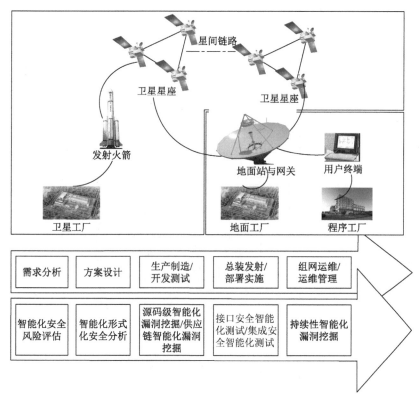

图 6-9　卫星互联网智能化漏洞分析总体方案

6.2.2　通信网络深度检测技术

卫星网络的无线通信具有网电一体特性，在信号和协议层面均采用压缩、编码、加密等机制，且通信协议一般不公开，给非法利用或劫持卫星带来了方便。本书第 2 章对非法利用或劫持卫星的原理和机制进行了分析，为预防卫星信道的非法利用，需要建立卫星信号监测系统，形成针对未知卫星通信协议的捕获、解析、判断能力。如图 6-10 所示，卫星数据接收处理分为信号接收处理、网控信令处理、解密与业务还原、协议解析与存储。

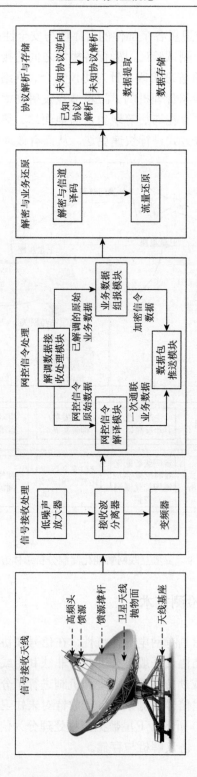

图 6-10 卫星互联网信号处理流程图

卫星地面接收站接收信号，通过天线抛物面把空中的卫星信号能量反射到一个焦点，馈源收集聚焦的能量，利用高频头传递给信号接收处理部分。

信号接收处理部分通过低噪声放大器降低馈线的损耗，提升信号质量，并利用接收波分离器进行卫星信号分离，由变频器变频到基带信号（或中频信号）。

网控信令处理部分接收变频后的解调数据包并进行识别，分为网控信令数据包和业务数据包，分别推送给网控信令解译模块和业务数据组报模块。网控信令处理模块将接收到的网控信令数据包按照信令类型不同，分别解译出相关信令信息，包括波束分布情况、经纬度、卫星运行情况、业务通联信令信息等。业务数据组报模块将每次接收到的业务数据包中各个时槽的业务数据分离组包，当网控信令指示有业务上线时，根据网控信令中的业务指示信息，提取各个时槽中单独的业务数据分离缓存；对没有网控信令指示的业务数据，或者跳频跳时生成的业务数据，寻找到业务起点和终点，以数据包的形式分离出来，同时根据其通联情况，按照同类型的业务信源形式缓存。

解密与业务还原部分对加密信令数据进行还原处理。不同制式的卫星，解密与译码单元各不相同，以 GMR-1 的业务解密流程（图 6-11）为例，首先提取加密的随路信令和业务数据，生成数据流交给解密模块；解密模块利用随路信令数据中的线性相关条件求取会话密钥 KC，利用求得的密钥 KC 对加密的随路信令和业务数据进行解密，并进一步对解密后的业务数据（语音、传真、数据）进行 FEC 信道译码，最后将解密后的明文再经 FEC 译码后的数据组成业务明报文。

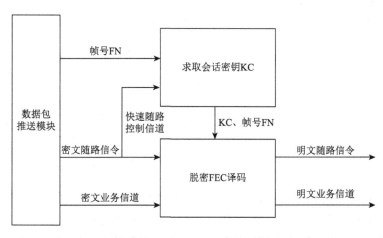

图 6-11　解密与译码模块原理图

协议解析与存储部分执行协议的解析和解析后数据的存储。针对已知协议直接进行深度解析，针对未知协议先进行协议逆向分析，再进行数据深度解析，并将解析结果进行存储。尤其需要指出的是，卫星网络加密技术应用的推广，大大增加了卫星通信网络的检测难度，尽管采用机器学习、深度学习等技术在一定程度上可以分析出加密流量数据中存在的通信行为或者表征信息，但仍难以分析出加密流量深层内容信息。目前可行的方案是通过分析加密流量的协议设计与实现机制，对加密流量通信行为进行关联分析，挖掘数据和态势展现。

6.2.3　靶向信标追踪溯源技术

无线接入的特点使卫星互联网的流量难以监管，尤其针对非受控的卫星网络，流量监管更是一个巨大的难题。在无线通信领域，目前各国通常采用信标技术来实现对无线电信号的定位，以此类推，卫星互联网也需要建立具有信标体系的接入技术通信协议标准。从无线通信维度和网络通信维度综合考虑，卫星互联网的信标可由面向追踪溯源的扩频网络信标和互联网协议网络信标组成。

面向追踪溯源的扩频网络信标机制如图 6-12 所示[16]，将原始网络信标、TokenID 以及生成的随机扩频序列相乘得到扩频后的网络信标，植入原始流量中进行无线传输。监测端的接收器收到植入信标的信号，将待解扩的网络信标乘以随机序列，获得解扩后的网络信标，实现对无线信号的定位和追踪。

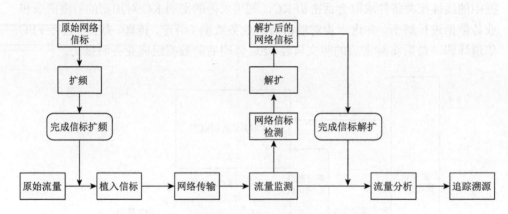

图 6-12　面向追踪溯源的扩频网络信标机制

互联网协议网络信标的设计要求不影响现有网络设备的正常运行，因此需要与地面互联网兼容[17]。目前主流的网络层信标设计技术包括包标记、代数编码等。包标记技术是利用有标识功能的传输节点（即带有标识功能的路由器），对网络数据包进行标记处理，将路径信息以特定格式附加在数据包中，在接收端就可通过收集标识的数据包进行路径分析。代数编码技术将路径编码信息写入 IP 数据包头的 15B 空间用于后期的路径分析。这两种信标技术均可应用于卫星互联网的信标构建。

6.3　卫星互联网安全前沿技术

近年来区块链、人工智能等前沿技术的出现与应用为解决卫星互联网安全问题带来新的启迪。区块链技术具有去中心化、内容不可篡改等特点，可以应用于卫星互联网的安全架构设计。本节基于区块链技术，讨论卫星互联网的天基节点路由抗毁和安全组网技术的原理与设计方案。

6.3.1　基于区块链的天基节点路由抗毁技术

卫星互联网天基节点呈现出高度的动态分布式特征，需要构建路由可靠的分布式网络以保持卫星互联网的通信能力[18]。利用区块链的共识技术和智能合约特性，可以构造出节点在出现故障或遭受攻击后的快速恢复机制。基于区块链的卫星互联网天基节点网络结构如图 6-13 所示。

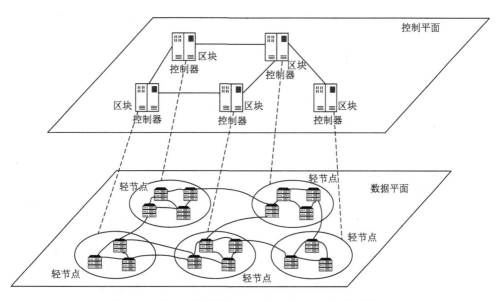

图 6-13　基于区块链的卫星互联网天基节点网络结构图

该网络利用软件定义网络技术管理，通过区块链记录拓扑更新及链路状态的信息，形成全局视图。

本节介绍基于区块链的路由抗毁技术方案。卫星互联网的天基是由在地球轨道上高速运转的卫星构成的无线自组织网络，该网络的高度动态性对稳定路由带来严重影响，易引起数据传输的中断。通过区块链技术构建的天基节点网络，可以依据节点所拥有的账本信息生成路由，在受到不同干扰的情况下保证网络正常通信，提升网络稳定性，在节点进行数据传输时，通过账本信息和路由选择算法生成稳定的路由，并通过代理节点进行数据转发，确保稳定安全的传输，实现了分布式路由抗毁。该方案结合了区块链的网络特性，通过多个路由协议实现数据抗毁，技术实现上主要有以下两步。

1）检验网络中存活节点

为了将存活节点信息通过共识算法动态更新到区块链共识账本中，需要每隔一段时间就探测网络中的存活节点。

2）通过账本信息生成稳定的路由

通过账本信息生成稳定的路由包括账本信息的存储和路由创建。账本信息用于替代传统网络中的路由表，每一条记录包含目的地址、网络掩码、优先级、就近下一跳的 IP 地址、输出接口以及开销等信息。基于区块链的特性，账本在同步后会在所有节点上保留相同的副本，即使出现个别路由信息丢失，节点仍可以根据任何保存的账本快速选择路由。小规模的天基节点网络路由创建使用无线自组网按需平面距离向量路由（adhoc on-demand distance vector routing，AODV），只在需要网络信息传输时才进行路由的建立。对于路由协议中节点的广播操作变为查询内部账本操作。大规模的天基节点网络路由创建通过代理实现，如图 6-14 所示。

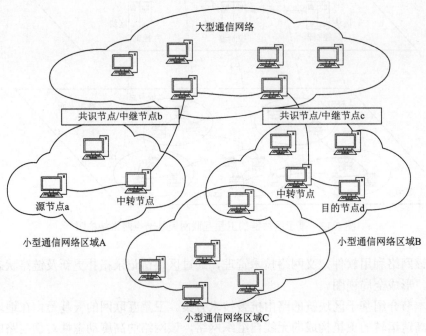

图 6-14　通信代理图

当源节点 a 将数据包发送到 a 所在区块中选举出的记账节点（共识节点）b 时，链路间通信复用记账节点，b 寻找大型网络中的下一跳，用代理的方式进行网间传输，因为节点 b 已经接入大型网络中，所以可以通过账本查询路由，连通到所在区域区块链的共识节点 c，通过两个共识节点进行代理转换，将 b 连通到目的节点 d 所在区块的记账节点 c。ab、cd 所在的区域所有节点分别有一份存活节点的账本。因此，通过小型通信网络传输方式可以在一定跳数内连接到目的节点，当网络某节点发生意外时，通过账本能及时与其他存活节点建立连接，从而防止网络中断，提升网络鲁棒性。

6.3.2　基于区块链的安全组网技术

针对卫星互联网安全威胁的防范问题，近年来学术界开展了区块链在这一领域的应用研究，探索通过区块链技术构建安全的卫星互联网天基节点网络，其中主要的研究点是节点的分叉合并、数据的安全存储等问题。如图 6-15 所示，在节点管理层面，利用节点的状态判定、离线重连等技术，解决分叉合并问题；在共识机制层面，结合 K-medoids 聚类与改进的 PBFT 算法，实现高性能共识；在外部存储层面，通过分布式混合存储机制、链上链下访问控制策略以及数据分布式隐私保护搜索技术，实现数据引用的安全性；在模拟仿真层面，利用 NetWorkSimulator2、GT-ITM（Georgia tech internetwork topology models）拓扑生成器，生成大规模网络节点，模拟卫星互联网络中断、间歇和低带宽特征，测试区块链体制在不同恶劣程度的卫星互联网环境中应用的性能优势，对区块链体制进行适应卫星互联网络特性的改造和验证。下面就其中的关键技术进行讨论。

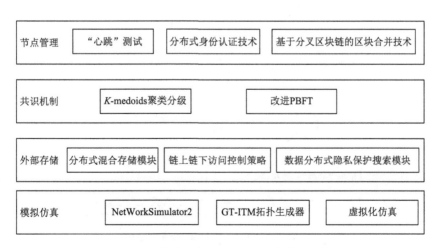

图 6-15　基于区块链的自适应防御技术架构

1. 离线节点自动重连技术

针对卫星互联网天基节点高动态性带来的连接断续问题，为实时监测节点的连接状况，利用"心跳"机制进行连接确认。该机制除验证节点的连接状态，还需要确认节点之间的存储状态是否一致，因此连接的确认消息中还应包含节点的当前状态。在利用"心跳"机制确认节点连接状态之后，通过身份认证验证节点的身份，只允许合法的节点接入区块链卫星网络。

"心跳"机制还可用于故障检测，传统的"心跳"机制检测方法是设定一个超时时限 T，只要在 T 之内没有接收到对方的"心跳"包便认为对方宕机，方法简单有效，使用广泛。在传统方式下，目标主机会每间隔 t 发起"心跳"，而接收方采用超时时间 T（$t<T$）来判断目标是否宕机，接收方首先要非常清楚目标的"心跳"规律（周期为 t 的间隔）才能正确设定一个超时时间 T，而 T 的选择依赖于当前网络状况、目标主机的处理能力等很多不确定因素，因此在实际中往往会通过测试或估计的方式为 T 赋一个上限值。上限值设置过大，会导致判断"迟缓"，但会增大判断的正确性；过小，会提高判断效率，但会增加误判的可能性。由于存在网络闪断、丢包和网络拥塞等实际情况，在工程实践中，一般认为连续多次丢失"心跳"才可认定故障发生。

由于区块链没有中心化的节点，"心跳"验证的过程存在于节点和其他所有节点之间。收到验证消息的节点不仅需要记录该状态信息，还需将该消息转发给其他节点。如图 6-16 所示，只有当节点与任何同一分片网络的其他节点都不存在有效连接时，该节点才被判定为离线状态。进行存活验证的目的除确认节点的连接状态之外，还需验证节点间的存储状态是否一致。

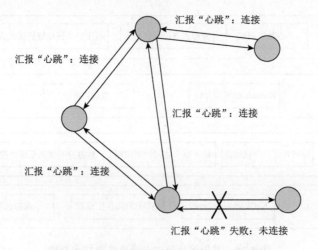

图 6-16　区块链网络中的"心跳"技术实现

卫星互联网需对接入的节点进行身份认证。通过节点身份标识的自动生成与管理技术，每个节点都会有一个独一无二的身份验证信息，该信息构成了"心跳"验证信息的一部分。节点在收到验证信息后，主动验证是否为已注册的合法用户以及是否来自该身份对应的节点。每个节点只转发通过了身份验证的节点所发送的"心跳"消息。接收验证消息的处理过程如图 6-17 所示。

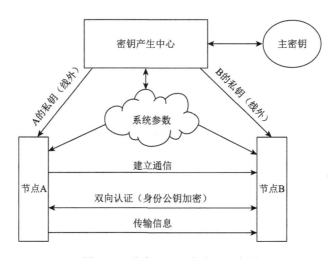

图 6-17 节点处理消息流程示意图

节点 A、B 之间进行通信认证的过程如下[19]：

（1）B 向 A 发送信息 Request||IDB||time，其中，Request 为建立认证请求，IDB 为 B 的身份信息，time 为时间戳。

（2）A 接收到 B 的请求后向 B 发送认证回复信息 E(Reply|IDA||N_1||time||HASH, IDB)，其中，Reply 为请求的回复，IDA 为 A 的身份标识，N_1 为由 A 产生的随机数，time 为时间戳，HASH 为上述信息的哈希值以进行完整性校验，返回信息使用 B 的公钥进行加密。

（3）B 接收到 A 的返回信息，利用自己的私钥对消息解密，得到 A 的身份标识，对随机数 N_1 按照双方事先约定的变换 f 进行变换返回给 A，内容为 $E(f(N_1)||N_2||time||HASH, IDA)$，其中，$f(N_1)$ 为对随机数 N_1 的变换，N_2 为由 B 生成的随机数，time 为时间戳，整个消息哈希运算后由 A 的公钥进行加密。

（4）A 收到 B 的信息，利用自己的私钥进行解密，得到 $f(N_1)$，并用自己刚才生成的 N_1 计算 $f(N_1)$，检查是否一致，若一致则通过了对 B 的身份认证，同时对收到的 N_2 进行 f 变换，内容为 E(confirm||$f(N_2)$||time||HASH, IDB)，其中，confirm 为认证通过确认，time 为时间戳，对消息哈希运算后面用 B 的公钥进行加密发送给 B。

（5）B 收到 A 的认证确认信息后，利用自己的私钥进行解密，用生成的 N_2 计算 $f(N_2)$，与收到的 $f(N_2)$ 比较是否一致，若一致则通过对 A 的身份认证，向 A 发送确认信息 E(confirm$\|m\|$time$\|$HASH, IDA)，其中，confirm 为对 A 的身份认证结果，time 为时间戳，HASH 为整个消息的哈希值，消息与其哈希值通过 A 的公钥进行加密。

（6）A 与 B 完成双向身份认证，建立正常通信。

2. 区块链分叉合并技术

大规模天基节点组成的区块链网络往往采用分片技术提高共识效率，为保障网络连接正常，不受节点动态变化的影响，需要解决分叉合并的问题。如图 6-18 所示，基于分叉区块链的分叉合并技术包括区块链数据同步检测技术、区块链主链选择技术、分叉区块验证技术、区块链同步技术和离线交易重传技术。

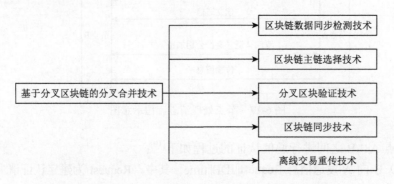

图 6-18　基于分叉区块链的分叉合并技术的技术路线图

区块链数据同步检测技术的基本原理是，先通过区块内容对比来判断分叉的区块链是否一致，再判断区块链分叉或者更新是否及时。区块链主链选择技术是从分叉的区块链中选择出主链，一般来说，针对 PoW 算法，选择工作量最大，即最重子树作为主链。卫星互联网的天基节点区块链中，可选择 order 节点数量最多的区块链子网作为主链。主链选好后，利用分叉验证技术，验证分叉区块的合法性，并检查区块内容的正确性。区块验证结束后，将分叉区块的验证内容及结果记为一条特殊交易信息，写入最新生成的区块中。交易生效之后，分叉区块子链被视为区块链主链的枝丫，利用区块数据同步技术，将只包含主链或分叉子链的区块同步至本地进行区块链数据更新。离线交易重传技术提供交易存储及交易重传功能，由于单个离线节点产生的交易不能传给 order 节点，需要将临时产生的交易存储起来，还需要检查交易是否已写入区块，及时删除重复交易。

3. 链上链下协同的分布式混合存储

为解决区块链链上数据存储容量的限制以及数据的安全问题，需要建立链上链下协同的分布式混合存储架构，如图 6-19 所示，包含两个核心功能，即基于区块链的数据外包存储和一体化的数据多功能去重复加密。

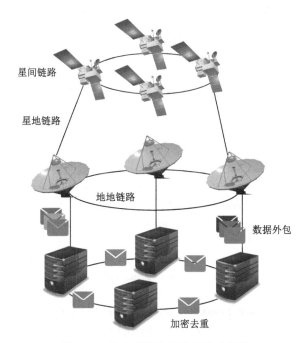

图 6-19　分布式混合存储系统功能图

1）基于区块链的数据外包存储

针对卫星互联网天基、地基多种设备存储能力的差异，设计一种基于区块链的外包存储方案，形成各种设备共存的分布式外包模型，可根据不同的存储场景，提供星地、星间、地地的可靠存储服务，按类型、时间等条件将存储需求形成文件，对文件和关键字段进行有利于完整性校验和检索的属性加密计算，并将密文外包到最近的节点。利用密码算法计算存储数据的摘要索引信息，形成标签元数据，存储于区块链上，便于在保障安全的前提下对数据进行访问、共享、搜索和一致性验证。

2）一体化的数据多功能去重复加密

针对卫星互联网天基和地基节点存储容量的限制和安全访问的要求，需要实现高性能的去重复加密算法，算法能提供密文搜索等同于明文搜索的匹配特性，利用相似度技术有效优化冗余存储，实现数据高效存储和安全访问。

6.4 本 章 小 结

本章首先系统地介绍了主动网络安全的模型、核心要素、关键技术；然后基于主动网络安全的理念，针对卫星互联网天地一体化特征以及设计制造与发射运维全生命周期安全威胁的分布特点，提出了对应的威胁遏制体系架构和关键技术；最后对利用区块链这一前沿技术实现卫星互联网天基节点可靠组网的原理和方案进行了介绍。

参 考 文 献

[1] 邹权臣, 张涛, 吴润浦, 等. 从自动化到智能化: 软件漏洞挖掘技术进展[J]. 清华大学学报(自然科学版), 2018, 58(12): 1079-1094.

[2] Bao T, Burket J, Woo M, et al. {BYTEWEIGHT}: Learning to recognize functions in binary code[C]. The 23rd USENIX Security Symposium, Baltimore, 2014: 845-860.

[3] Brumley D, Jager I, Avgerinos T, et al. BAP: A binary analysis platform[C]. Computer Aided Verification: 23rd International Conference, Snowbird, 2011: 463-469.

[4] Chua Z L, Shen S, Saxena P, et al. Neural nets can learn function type signatures from binaries[C]. The 26th USENIX Security Symposium, Vancouver, 2017: 99-116.

[5] Xu X. Neural network G based graph embedding for cross G platform binary code similarity detection[C]. Proceedings of the ACM SIGSAC Confevence Computer and Communications Security, NewYork, 2017: 363-376.

[6] Godefroid P, Peleg H, Singh R. Learn&fuzz: Machine learning for input fuzzing[C]. The 32nd IEEE/ACM International Conference on Automated Software Engineering, Urbana, 2017: 50-59.

[7] She D, Pei K, Epstein D, et al. Neuzz: Efficient fuzzing with neural program smoothing[C]. IEEE Symposium on Security and Privacy, San Francisco, 2019: 803-817.

[8] Nichols N, Raugas M, Jasper R, et al. Faster fuzzing: Reinitialization with deep neural models[J/OL]. https://arxiv.org/pdf/1711.02807.pdf[2017-4-5].

[9] Rajpal M, Blum W, Singh R. Not all bytes are equal: Neural byte sieve for fuzzing[J/OL]. https://arxiv.org/pdf/1711.04596[2017-4-5].

[10] Spieker H, Gotlieb A, Marijan D, et al. Reinforcement learning for automatic test case prioritization and selection in continuous integration[C]. Proceedings of the 26th ACM SIGSOFT International Symposium on Software Testing and Analysis, Daejeon, 2017: 12-22.

[11] Chen P, Chen H. Angora: Efficient fuzzing by principled search[C]. IEEE Symposium on Security and Privacy, San Francisco, 2018: 711-725.

[12] Grieco G, Grinblat G L, Uzal L, et al. Toward large-scale vulnerability discovery using machine learning[C]. Proceedings of the 6th ACM Conference on Data and Application Security and Privacy, New York, 2016: 85-96.

[13] Li Z, Zou D, Xu S, et al. Vuldeepecker: A deep learning-based system for vulnerability detection[J/OL]. https://arxiv.org/pdf/1801.01681.pdf[2018-6-10].

[14] 绿盟科技, 广州大学网络空间先进技术研究院. APT 组织情报研究年鉴[EB/OL]. http://blog.nsfocus.net/wp-content/

uploads/2022/01/APT.pdf [2022-1-5].

[15]　祝世雄, 陈周国, 张小松. 网络攻击追踪溯源[M]. 北京: 国防工业出版社, 2015.

[16]　任传伦, 任秋洁, 刘晓影, 等. 一种面向追踪溯源的扩频网络信标生成方法, 中国: 202110565747[P]. 2021-8-24.

[17]　任传伦, 郭世泽, 任秋洁, 等. 面向追踪溯源应用的多层协议网络信标植入检测方法[J/OL]. https://wenku. baidu.com/view/7039ed38bbf3f90f76c66137ee06eff9aff84977.html[2021-5-18].

[18]　朱晓明, 王崇宇, 朱宇坤, 等. 基于区块链的分布式网络抗毁数据传输技术[J]. 无线电通信技术, 2021, 47(3): 277-283.

[19]　黄仁季, 吴晓平, 李洪成. 基于身份标识加密的身份认证方案[J]. 网络与信息安全学报, 2016, 2(6): 32-37.

附录　卫星互联网安全常见专业名词术语注释

名词	英文全称	注解
ACL	access control list	访问控制列表
ACTS	advanced communication technology satellite	先进通信技术卫星
ADAS	advanced driving assistance system	高级驾驶辅助系统
ADC	analog to digital converter	模数转换器
AEAD	authenticated encryption with associated data	带有关联数据的认证加密
AES	advanced encryption standard	高级加密标准
AGC	automatic gain control	自动增益控制
AIT	assemble integrate and test	总装集成测试
AKA	authentication and key agreement	认证与密钥协商
AMSS	aeronautical mobile satellite service	航空移动卫星服务
AODV	adhoc on-demand distance vector routing	无线自组网按需平面距离向量路由
API	application programming interface	应用程序接口
APT	advanced persistent threat	高级持续性威胁
ARP	address resolution protocol	地址解析协议
ASIC	application specific integrated circuit	专用集成电路
ASS	amateur satellite service	业余卫星服务
ATT&CK	adversarial tactics, techniques, and common knowledge	将真实环境中使用到的对抗技术，组织成的一套策略
BCH	Bose-Chaudhuri-Hocquenghem	BCH 码是一种有限域中的线性分组码，具有纠正多个随机错误的能力，通常用于通信和存储领域中的纠错编码
BF	beam forming	波束成形
BICM	bit interleaved coded modulation	比特交织编码调制
BIOS	basic input output system	基本输入输出系统
BPSK	binary phase shift keying	二进制相移键控
BSS	broadcasting satellite service	广播卫星服务
BSS-HDTV	broadcasting satellite service-high definition television	高清卫星电视服务
BSS-sound	broadcasting satellite service-sound	高品质卫星音频服务

续表

名词	英文全称	注解
BSS-TV	broadcasting satellite service-television	卫星电视服务
CA	certificate authority	证书颁发机构
CAM	content addressable memory	内容可寻址存储
CBCD	cloned buggy code detector	克隆代码检测
CCSDS	Consultative Committee for Space Data System	空间数据系统咨询委员会
CDMA	code division multiple access	码分多址
CEMR	compact explicit multi-path routing	紧凑显式多路径路由
CIDF	common intrusion detection framework	公共入侵检测框架
CNES	Centre National d'Etudes Spatiales	法国国家空间研究中心
CNNVD	China National Vulnerability Database of Information Security	中国国家信息安全漏洞库
CNVD	China National Vulnerability Database	中国国家信息安全漏洞共享平台
COTS	commercial off-the-shelf	商用现货
CPE	customer premise equipment	客户前置设备，实际是一种接收移动信号并以无线 WiFi 信号转发出来的移动信号接入设备
CR	cognitive radio	认知无线电
CVE	common vulnerabilities and exposures	通用漏洞披露
C&C	command and control	命令和控制
DAC	digital to analog converter	数模转换器
DAMA/SCPC	demand assignment mutiple access/single channel per carrier	按需分配多路访问/单路单载波
DARPA	Defense Advanced Research Projects Agency	美国国防部高级研究计划局
DDC	direct digital controller	数字下变频器
DDoS	distributed denial of service	分布式拒绝服务
DDR-SDRAM	double data rate-synchronous dynamic random-access memory	双倍数据率同步动态随机存取存储器
DES	data encryption standard	数据加密标准
DF	decode forward	解码后前送
DNS	domain name system	域名系统
DoS	denial of service	拒绝服务
DPI	deep packet inspection	深度包检测
DRFM	digital radio frequency memory	数字射频存储器
DSA	dynamic spectrum allocation	动态频谱分配

续表

名词	英文全称	注解
DSOC	distributed security operation center	分布式安全操作中心
DSP	digital signal processing	数字信号处理
DTH	direct to home	直接入户
DTN	delay tolerant network	延迟容忍网络
DUC	digital up converter	数字上变频器
DVB	digital video broadcast	数字视频广播，一套用于数字电视的国际开放标准
DVB-RCS	digital video broadcasting-return channel via satellite	DVB 联盟于 1999 年制定的交互式点播多媒体卫星通信系统规范
DVB-S	digital video broadcasting-satellite	卫星电视的原始 DVB 标准
DVB-S2	digital video broadcasting-satellite-second generation	一种数字电视广播标准，DVB-S2 的性能明显优于 DVB-S，主要是允许在相同的卫星转发器带宽上增加可用比特率。在相同的卫星转发器带宽和发射信号功率下，测得的 DVB-S2 性能比 DVB-S 提高了大约 30%
DVTR	dynamic virtual topology routing	动态虚拟拓扑路由
ECC	elliptic curve cryptography	椭圆曲线密码
EESS	Earth exploration satellite service	地球探测卫星服务
EHF	extreme high frequency	极高频
EIRP	equivalent isotropically radiated power	等效全向辐射功率，卫星或地面站在某个指定方向上的辐射功率，理想状态下等于功放的发射功率加上天线对辐射功率的增益
ELB	explicit load balancing	显式负载均衡
ELINT	electronic intelligence	电子情报平台
eMMC	embedded multi-media card	嵌入式多媒体卡，主要针对手机或平板电脑等产品的内嵌式存储器标准规格
EMP	electromagnetic pulse	电磁脉冲
EPROM	erasable programmable read-only memory	可擦可编程只读存储器
ETSI	European Telecommunications Standards Institute	欧洲电信标准化协会
evil twin attack	—	邪恶双胞胎攻击
FDMA	frequency division multiple access	频分多址
FEC	forward error correction	前向纠错
FHSS	frequency-hopping spread spectrum	跳频扩频
FNR	false negative rate	漏报率

续表

名词	英文全称	注解
FPGA	field programmable gate array	现场可编程门阵列
FPR	false positive rate	误报率
FSM	finite state machine	有限状态机
FSS	fixed satellite service	固定卫星服务
FTP	file transfer protocol	文件传输协议
GC	group controller	组控制器
GE	gate equivalent	等效门
GEO	geostationary Earth orbit	地球同步轨道，地球轨道的一种，在该轨道上卫星等的轨道周期等于地球的自转周期
GIDO	generalized intrusion detection object	通用入侵检测对象
GMDSS	global maritime distress and safety system	全球海上遇险与安全系统
GMR	geostationary Earth orbit-mobile radio interface	地球同步轨道移动无线接口
GNSS	global navigation satellite system	全球导航卫星系统
GPRS	general packet radio service	通用无线分组服务
GPS	global positioning system	全球定位系统
GRAB	galactic radiation and background	银河辐射与背景
GSE	generic stream encapsulation	通用流封装
GSM	global system for mobile communication	全球移动通信系统
G/T	antenna gain/noise temperature	接收天线增益 G 与接收系统噪声温度 T 的比值，反映地面站接收系统的重要指标，值越高，地面站接收系统性能越好
HDD	hard disk drive	机械硬盘
HEO	highly elliptical orbit	高椭圆轨道，地球轨道的一种
HIDS	host-based intrusion detection system	基于主机的入侵检测系统
HPA	high power amplifier	高功率放大器
HPM	high power microwave	高能微波
HSR	high-availability seamless redundancy	高可用性无缝冗余
HSRP	hierarchical satellite routing protocol	分层卫星路由协议
HTTP	hypertext transfer protocol	超文本传输协议
HTTPS	hyper text transfer protocol over secure socket layer	超文本传输安全协议，在 HTTP 的基础上通过传输加密和身份认证，保证了传输过程的安全性
IDS	intrusion detection system	入侵检测系统

续表

名词	英文全称	注解
IETF	Internet Engineering Task Force	互联网工程任务组
IFS	inter-frame space	帧间隔
IMAP	Internet message access protocol	因特网消息访问协议
IMO	International Maritime Organization	国际海事组织
IMU	inertial measurement unit	惯性测量单元
INMARSAT	international maritime satellite system	国际海事卫星系统，目前全球运营的典型卫星网络之一，是最早的 GEO 卫星移动系统，目的是增强海上船只与陆地的通信连接，提高船只安全保障
IOMMU	I/O memory management unit	I/O 内存管理单元
ION	Institute of Navigation	美国导航学会
IP	internet protocol	互联网协议
IPSec	internet protocol security	互联网协议安全
Iridium	—	铱系统，目前全球运营的典型卫星网络之一，由美国摩托罗拉提出的全球卫星移动通信方案
ISL	inter-satellite link	星际链路，用于卫星之间通信的链路
ISO	International Organization for Standardization	国际标准化组织
ISP	internet service provider	互联网服务提供商
ISU	Iridium subscriber unit	手持机，Iridium 系统的用户终端之一
ITU	International Telecommunication Union	国际电信联盟（联合国组织）
JTAG	Joint Test Action Group	联合测试工作组
KVM	kernel-based virtual machine	基于内核的虚拟机
LAN	local area network	局域网
LDPC	low-density parity-check	低密度奇偶校验
LEO	low Earth orbit	低地球轨道，地球轨道的一种
LMSS	land mobile satellite service	陆地移动卫星服务
LNA	low-noise amplifier	低噪声放大器
LWC	light weight cryptography	轻量级密码
MAC	medium access control	介质访问控制，用于解决当局域网中共用信道的使用产生竞争时，如何分配信道的使用权问题
MEO	medium Earth orbit	中地球轨道，地球轨道的一种
MeSS	meterological satellite service	气象卫星服务
MF-TDMA	multifrequency-time division multiple access	多频时分多址

续表

名词	英文全称	注解
Milstar	—	美国空军的军事战略与战术中继系统
MIMO	multiple input multiple output	多输入多输出,为极大地提高信道容量和频谱利用效率,在发送端和接收端都使用多根天线,在收发之间构成多个信道的天线系统
MLSR	multilayer satellite routing	多层卫星路由
MMSS	maritime mobile satellite service	海上移动卫星服务
MSS	mobile satellite service	移动卫星服务
MTD	message transceiving device	信息收发装置,Iridium 系统的用户终端之一
NAS	network attached storage	网络附属存储
NASA	National Aeronautics and Space Administration	美国国家航空航天局
NAVSAT	navigation satellite system	导航卫星系统
NCC	network control center	网络控制中心
NCU	network control unit	网络控制单元
NFC	near field communication	近场通信
NFS	network file system	网络文件系统
NIDS	network-based intrusion detection system	基于网络的入侵检测系统
NIST	National Institute of Standards and Technology	美国国家标准与技术研究院
NMC	network management center	网络管理中心
NOA	navigate on autopilot	自动驾驶导航
NVD	National Vulnerability Database	美国国家计算机通用漏洞数据库
OBP	on board processing	星上处理
OBS	on board switching	星上交换
OFDM	orthogonal frequency division multiplexing	正交频分复用
OSI	open system interconnection	开放式系统互联
OSVDB	Open Source Vulnerability Database	开源漏洞库
PBFT	practical Byzantine fault tolerance	实用拜占庭容错
PDA	personal digital assistant	个人数字助理
PDCP	packet data convergence protocol	分组数据汇聚协议
PES	private Earth station	个人地球站,是 VSAT 的别称
PHM	prognostics and health management	预测和健康管理

名词	英文全称	注解
PII	personally identifiable information	个人身份识别信息
PKI	public key infrastructure	公钥基础设施
PLC	programmable logic controller	可编程逻辑控制器
POP	point of presence	入网点，位于网络企业的边缘外侧，是访问企业网络内部的进入点，外界提供的服务通过 POP 进入，这些服务包括 Internet 接入、广域连接以及电话服务
PoS	prove of stake	权益证明
PoW	prove of work	工作量证明
PPM	pulse-position modulation	脉冲位置调制
PPPoE	point-to-point protocol over ethernet	基于以太网的点对点协议
PRN	pseudo random noise	伪随机噪声码
PRP	parallel redundancy protocol	并行冗余协议
QAM/PSK	quadrature amplitude modulation/phase shift keying	正交振幅调制/相移键控
QoS	quality of service	服务质量
QPSK	quadrature phase shift keying	正交相移键控
QUkey	quantum key	量子优盾
RAIM	receiver autonomous integrity monitoring	接收机自体完好性监控
RCST	return channel satellite terminal	回传信道卫星终端
RDSS	radio determination satellite service	无线电测定卫星服务
REE	rich execution environment	通用执行环境
RF	radio frequency	射频
RFID	radio frequency identification	射频识别
RLC	radio link control	无线链路层控制
RLE	run-length encoding	游程编码
RNSS	radio navigation satellite service	无线电导航卫星服务
RPM	receive power monitor	接收功率监视
RR	radio regulation	无线电规则
RRC	radio resource control	无线资源控制
RREQ	route request	路由请求
RSA	Rivest-Shamir-Adleman	RSA 算法，是 1977 年由 Ron Rivest、Adi Shamir 和 Leonard Adleman 一起提出的

续表

名词	英文全称	注解
RSTP	rapid spanning tree protocol	快速生成树协议
RTCP	real-time transport control protocol	实时传输控制协议
RTOS	real-time operating system	实时操作系统
RTP	real-time transport protocol	实时传输协议
RTT	round-trip time	往返时延
SAHEL	—	一个基于卫星网络的非洲远程医疗项目
SAS	satellite access station	卫星接入站
SATMED	—	一个基于卫星的非洲电子健康通信平台
SaVi	satellite constellation visualization	一款卫星星座的可视化和分析软件
SCC	satellite control center	卫星控制中心
SDA	Space Development Agency	美国国防部太空发展局
SDARS	satellite digital audio radio service	卫星数字音频无线电服务
SDMA	space division multiple access	空分多址
SDN	software-defined network	软件定义网络
SDR	software-defined radio	软件无线电
SE	secure element	安全组件
SEMA/DEMA	simple and differential electromagnetic analysis	简单和差分电磁分析
SES	Ses Global	欧洲卫星公司，成立于 1985 年，总部设在卢森堡。该公司通过运营 ASTRA、AMERICOM 及 NEW SKIES 卫星系统为客户提供电视、广播和多媒体直接到户的信息传送服务，也是目前世界上最大的卫星供应商
SEU	single event upset	单粒子翻转
SGRP	satellite grouping and routing protocol	卫星分组路由协议
SHA	secure hash algorithm	安全哈希算法
SIM	subscriber identity module	用户识别模块
SLC	satellite link control	卫星链路控制
SMAC	satellite medium access control	卫星介质访问控制
SMB	server message block	服务器信息块，是一种 IBM 协议，用于在计算机间共享文件、打印机、串口等。SMB 协议可以用在因特网的 TCP/IP 之上，也可以用在其他网络协议如 IPX 和 NetBEUI 之上
SMTP	simple mail transfer protocol	简单邮件传送协议
SNG	satellite news gathering	卫星新闻采集

名词	英文全称	注解
SNMP	simple network management protocol	简单网络管理协议
SNR	signal to noise ratio	接收信噪比
SoC	system on chip	单片系统
SOC	satellite operation center	卫星操作中心
SOS	space operation service	空间运营服务
SP	substitution and permutation	"替代-转换"网络
SpaceX	—	太空探索技术公司，CEO 为马斯克，是目前最有名的卫星互联网公司之一
SPA/DPA	simple and differential power analysis	简单和差分功耗分析
SPCP	satellite payload control point	卫星有效载荷控制点
SPN	slicing packet network	切片分组网
SQL	structured query language	结构化查询语言
SRS	spatial reference service	空间参考服务
SSD	solid state disk	固态硬盘
SSID	service set identifier	服务集标识
SSL	secure sockets layer	安全套接层
STK	system tool kit	原为 "satellite tool kit"，卫星工具包
S-UMTS	satellite component of the universal mobile telecommunications system	卫星扩展标准
TALED	Telecommunication，Localization and Real-time Environment Detection	意大利一项对坎帕尼亚森林火灾进行区域预测的项目
TCG	trusted computing group	可信计算组
TCP	transmission control protocol	传输控制协议
TDMA	time division multiple access	时分多址
TEA	tiny encryption algorithm	微型加密算法
TEE	trusted execution environment	可信执行环境
Telnet	—	连接终端和应用程序的协议
TF	TransFlash	量子传输闪存
Thuraya		舒拉亚卫星，目前全球运营的典型卫星网络之一，能够为移动用户提供包括语音、数据、传真和短信的通信服务
ToS	terms of service	服务条款，存在于 IP 数据包头中，包含控制显式拥塞通知 ECN 和区分服务标识 DiffServ